猴 面 包 树

遇见元素

[美] 海上云 著

浙江教育出版社·杭州

图书在版编目（CIP）数据

遇见元素 /（美）海上云著. -- 杭州 : 浙江教育出版社, 2024. 11. -- ISBN 978-7-5722-8604-9

Ⅰ. 0611-49

中国国家版本馆CIP数据核字第2024JN3764号

引进版图书合同登记号　浙江省版权局图字　11-2024-430

遇见元素

YUJIAN YUANSU

[美] 海上云　著

总 策 划　李　娟　　**执行策划**　邓佩佩
责任编辑　操婷婷　　**责任校对**　王晨儿
美术编辑　韩　波　　**责任印务**　曹雨辰

出版发行　浙江教育出版社（杭州市环城北路177号）
印　　刷　北京盛通印刷股份有限公司
开　　本　787mm×1092mm　1/16
印　　张　18.25
字　　数　320 000
版　　次　2024年11月第1版
印　　次　2024年11月第1次印刷
标准书号　ISBN 978-7-5722-8604-9
定　　价　78.00元

序

我们的世界是化学的世界，我们的生活每时每刻都离不开化学。

从你起床时刻起，化学元素和化学反应早已经恭候了。拿起的牙刷是高分子塑料，牙膏里的氟元素为你护牙，早餐的稀饭和馒头的主要成分是碳水化合物，鸡蛋里的蛋白质给你营养和能量……瓷碗是二氧化硅和氧化铝的混合物制品，锅是铁合金的，饭勺是不锈钢的，手机里的芯片来自硅、电池来自锂，你自己血肉的DNA，也是碳、氢、氧、氮和磷元素组成的。

即使你躺在椅子上什么也不做，你的身体就是一台飞速运转的生化机器：吸入的氧气，进入肺部和血液，被血红蛋白里的铁元素运往全身。你的知觉，你的思维，你体内的每一根神经，它们的生物电信号被细胞内的钾离子、钠离子、镁离子、钙离子调控。

你的会心一笑，或许是因为别人的一句赞许，或许是因为电视里的某个笑话，但在生理上需要体内某一类离子浓度变化产生一个信号。但仅仅有这些还是不够的。你的身体将摄入的物质分解，转化成ATP化学键的能量，磷元素的化学键断裂的一刹那，让你有能量控制肌肉，嘴角上扬，笑出声来。

虽然你不知道每一步如何运作，但是，亿万年来的生物演化使这些生化反应已经成为一个精密的系统和条件反射的习惯。每个器官各居其位，各司其职，在你出生前就已经开始工作，日复一日，年复一年。

作为趣味性的科普读物，这本书紧扣中学的化学课程，但不重复课堂上的实验和方程式计算。

- **你身体里的氧气，或许曾经游历过我的身体。**
- **轮胎里的励志故事：当世界不停地给你痛苦，你就让它“滚”。**
- **硅基生物是否存在？**
- **化学界两大奇梦是真是假？**
- **为什么构成地球生命的氨基酸都是左型的？**

这本书讲的是各种元素被发现的故事，各种元素在地球演变史上的作用、在人类历史上的影响、在身体里的功能以及在日常生活中的用途。

我一直认为，兴趣是自觉学习的重要动力。希望读者能够在轻松愉悦的阅读中了解化学知识和原理是怎么被科学家发现的，还能从更广阔的视野中积累相关的物理学、地质学、生物学、历史、人文、农业方面的知识。本书通过讲述故事和多种学科的交叉，帮助读者更好地理解原子、电子壳层模型、离子键、共价键、金属键、立体化学、手性等抽象的概念，而每一章后的短文、短诗、段子等，是内容的延伸和深化。

构建在化学基石上的世界，比化学课本上描述的更为辽阔。

六十多种元素，七千秭个原子，组成了我们的身体。我不知道是什么造成了你我的不同，但是我知道，世间万物在元素原子层面有着某种关联。

写完本书的我，相比之前的我，身上的原子已经有了变化，而我自己对于化学的理解也更深了一层。

《兰亭集序》中有“当其欣于所遇，暂得于己，快然自足”，本书取名《遇见元素》，记录了我对于化学的所遇和所得。

来吧，翻开书页，来遇见这些元素。

目 录

基础篇

前传

【基础篇】

元素初探

当看到山川河流、树木生长、鸟儿飞翔，你有没有产生过疑问：这些事物有什么共性？它们是不是由一些最基本的东西构成的？如果我们把这些最基本的东西称为元素（element），那么，世界上有哪些元素？

西方第一位哲学家、古希腊的泰勒斯（约公元前625—公元前547年），是第一个尝试完全用自然因素解释自然现象的人，他猜测宇宙万物都是由同一种基本元素构成的，那就是水——万物皆是水。

泰勒斯的学生阿那克西曼德却不赞同这一观点，认为基本元素不可能是水，而是某种不明确的无限物质——万物皆不明。

阿那克西曼德的学生阿那克西美尼再次反叛，认为基本元素是气，气浓缩成了风，风浓缩成了云，云浓缩成了水，水浓缩成了石头，然后由这一切构成了万物——万物皆是气。

再后来，宣称“人不能两次踏进同一条河”的赫拉克利特冒火了：万物由火而生，所以永远处于变化之中。

然后，古希腊出了一位统一派的神医哲学家恩培多克勒，他综合了前人的看法，再添加“土”。他认为万物由四种物质性元素，即水、火、气、土组成，这四种元素是永恒存在的。

:: 西方“四元素说”

在东方，古代中国的哲学家则出手不凡，认为世间万物是由“五元素”组成：金、木、水、火、土，而且它们很玄妙，既相生又相克。金生水、水生木、木生火、火生土、土生金；金克木、木克土、土克水、水克火、火克金。随着这五大元素的盛衰，人类的命运跌宕起伏，宇宙万物循环不已。从起源的时间来看，这个“五元素说”，实际上比希腊的“四元素说”出现得更早。

:: 东方“五元素说”

按照东方的“五元素说”，西方属金，东方属木，有意思的是，在西方的“四元素说”中却没有金和木。

我们都知道5>4，而这两种学说的优劣胜负却无从比较。

关于元素的溯源，在哲学家的思考和发问之外，东西方的先人们有另外两派正干着神秘的事儿：

一派“炼丹”，想从各种东西中炼出包治百病和长生不老的丹药。

另一派“炼金”，从各种东西中炼出金属（特别是黄金）。

这种情况一直持续了一千多年，直到英国出现了一位怀疑者。

这位怀疑者叫波义耳，出生于1627年1月25日，当时的东方中国是明朝末年。

波义耳的父亲是当时英国最富有的人——“伟大的科克伯爵”。波义耳童年早慧但体弱，曾经有一次因吃药差一点夭折，这对他的一生造成了很大的影响。自那以后他自己吃药自己配，不信宫廷太医，也不信江湖郎中。他8岁时进入伊顿公学；11岁时，去瑞士、意大利游学，对伽利略的天文学著作与实验万分崇拜；17岁，他回到爱尔兰继承父亲的产业，看守庄园的同时开始了他的科学研究。

在波义耳之前的时代，人们对于科学的认知是基于前人的论断，比如，对于苏格拉底、亚里士多德的言论，即使是错误的也深信不疑：女人的牙齿比男人少；两个铁球从高处掉落，重的比轻的先着地；等等。

伽利略用实验验证的方法使年轻的波义耳醍醐灌顶。波义耳从他收集和祖传的药方着手进行配方和验证，居然成了远近闻名的药方大师——治疗儿童佝偻病的神医。

1654年，波义耳前往牛津。他不是去大学求学，而是在自己祖传的领地上建立了实验室，并利用牛津的大学氛围进行学术交流和招聘人才。他聘请的一个小助手，便是后来和牛顿堪称一时瑜亮的罗伯特·胡克。

:: 波义耳（1627—1691年）

1661年，波义耳模仿伽利略的名著《关于托勒密和哥白尼两大世界体系的对话》的格式，发表了《怀疑派化学家》。

在这部著作中，波义耳批判了一直存在的"四元素说"，认为元素应该是某种原始的、简单的、没有任何掺杂的物质。元素不能用任何其他物质生成，也不能彼此相互生成。

他在实验中，把砂子和灰碱两种东西混合在一起，经过加热可以熔化成透明的玻璃，但生成的玻璃再也不会分解成土、水等物质。把灰碱和油脂烧煮会变成肥皂，但将肥皂加热所得到的产物是跟碱和油脂完全不同的渣块。

这些变化都说明，物质的组成和性质是复杂的，绝对不是单一的四元素，而是有无数种。

波义耳认为，实验和观察是一切的基础。他在研究五倍子浸液时发现，这种溶液和铁盐在一起，就会形成一种黑色的溶液，可以当墨水用。后来人们沿用这个配方，生产了高质量的墨水，在一个多世纪中一直供人们使用。

他在实验中观察并总结了波义耳定律“在定量定温下，空气的压强和它的体积成反比”，发明了测酸碱度的测试纸，发现了后来照相底片用的硝酸银。

虽然波义耳的化学研究仍然带有炼金术色彩，但《怀疑派化学家》一书仍然被视作化学史上的里程碑。波义耳在书中旗帜鲜明地宣告：化学研究的是物质及其变化，必须抛弃古代传统的空谈方法，而应像物理学那样，立足于严密的实验基础之上。由于波义耳在化学实验与理论两方面都有重要贡献，为近代化学奠定了初步基础，故被认为是近代化学的奠基人。

接过“近代化学”大旗并再攀高峰的，是英吉利海峡对岸的法国。

1743年，拉瓦锡出身于法国一个贵族家庭。父亲是大律师，母亲是贵族后裔。作为家中的独子，父亲自然希望拉瓦锡能继承他法学的衣钵，但拉瓦锡偏偏

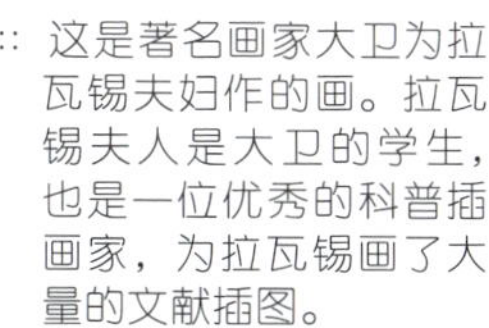

:: 这是著名画家大卫为拉瓦锡夫妇作的画。拉瓦锡夫人是大卫的学生，也是一位优秀的科普插画家，为拉瓦锡画了大量的文献插图。

迷上了自然科学。上大学时，他一有空就去别的学院旁听化学和物理课。

他20岁就取得了法律学士学位和律师从业证书，后来端起了税务局的“金饭碗”。于是，他白天收税，晚上做化学实验。他的实验室也是自费建立的。

在当时，大多人对于“四元素”中的火有很多迷思，认为它与一种神秘的“燃素”有关。燃烧是什么？是物质失去“燃素”，而空气得到“燃素”的过程。

1772年，他买了一颗钻石放在充满氧气的玻璃容器里，然后用放大镜聚焦阳光对准钻石，钻石居然燃烧了，化作一缕青烟和一撮黑炭。这应该是当时最昂贵的实验。这证明了钻石和木炭是由相同的元素构成的。

1773年，拉瓦锡获知英国化学家普里斯特利的实验：将氧化汞加热时，得到了一种气体，这种气体使蜡烛燃烧得更明亮，还能帮助人呼吸。

拉瓦锡很快在自己的实验室里重复了氧化汞加热实验，并得到了相同的结果。他判断这种气体是一种新的元素，并将其正式命名为氧气。他通过进一步实验得出结论：所谓燃烧，就是物质和空气中的氧气发生反应，放出光和热。他又对空气的成分作了分析：空气中有1/5的氧气，可以帮助燃烧；还有4/5的其他气体（拉瓦锡称之为“窒息空气”），不能帮助燃烧。

1782年，拉瓦锡重复了英国科学怪杰卡文迪许的氢气实验，将制备的氢气在氧气中燃烧，产生了水。他明确提出：水不是元素，而是氢和氧的化合物，纠正了两千多年来把水当作元素的错误概念。

氧气和氢气并不是拉瓦锡第一个发现的，相关的燃烧实验也不是他第一个做的，但是，他第一个从中得到了前所未有的推断。

“四元素”中的水和火，都被拉瓦锡揭开了真面目，是时候创立新的学说了。1789年，拉瓦锡发表了《化学基础论述》，书中列出了他制作的化学元素表，一共列举了33种化学元素，分为4类：

- 属于气态的简单物质：氧气、氮气、氢气。
- 能氧化和成酸的简单非金属物质：硫、磷、碳、盐酸基、氟酸基、硼酸基。
- 能氧化和成盐的简单金属物质：锑、砷、银、镍、铋、钴、铜、锡、铁、锰、汞、钼、金、铂、铅、钨、锌。
- 能成盐的简单土质：石灰、苦土、重晶石、矾土、石英。

从这个化学元素表可以看出，拉瓦锡不仅把一些合成的化合物列为元素，而且把光和热也当作元素了。不过，这已经比哲学家和波义耳有很大进步了。

在研究"燃烧"的一系列实验中，拉瓦锡通过精确的测量，发现物质虽然在一系列化学反应中改变了其状态，但参与反应的物质的总量在反应前后都是相同的。这便是化学反应的基本定律——质量守恒定律。所谓化学反应，只是元素的重新组合，生成新的物质而已！

拉瓦锡被后世尊为"近代化学之父"，在化学界的地位相当于物理学界的牛顿。

序号	法文	英文	中文	序号	法文	英文	中文
1	Lumière	Light	光	18	Étain	Tin	锡
2	Calorique	Caloric	热	19	Fer	Iron	铁
3	Oxygène	Oxygen	氧	20	Manganèse	Manganese	锰
4	Azote	Azot	氮	21	Mercure	Mercury	汞
5	Hydrogène	Hydrogen	氢	22	Molybdène	Molybden	钼
6	Soufre	Sulphur	硫	23	Nickel	Nickel	镍
7	Phosphore	Phosphorus	磷	24	Or	Gold	金
8	Carbone	Carbon	碳	25	Platine	Platina	铂
9	Radical muriatique	Muriatic radical	盐酸基	26	Plomb	Lead	铅
10	Radical fluorique	Fluoric radical	氟酸基	27	Tungstène	Tungsten	钨
11	Radical boracique	Boracic radical	硼酸基	28	Zinc	Zink	锌
12	Antimoine	Antimony	锑	29	Chaux	Lime	石灰（氧化钙）
13	Argent	Silver	银	30	Magnésie	Magnesia	苦土（氧化镁）
14	Arsenic	Arsenic	砷	31	Baryte	Barytes	重晶石（硫酸钡）
15	Bismuth	Bismuth	铋	32	Alumine	Alumine	矾土（氧化铝）
16	Cobolt	Cobalt	钴	33	Silice	Silice	石英（二氧化硅）
17	Cuivre	Copper	铜				

:: 拉瓦锡的元素表

非常不幸的是，法国大革命爆发后，拉瓦锡由于在科研之外兼任包税官，因而成为革命的对象，被推上了断头台。拉瓦锡被指控的罪行是担任过包税官，以叛国定罪。这是什么逻辑？！叛国罪，是当时最常用的"口袋罪"。没有确实充分的证据，没有完善的法律手续，没有辩护权和辩护人，一切都由法庭自导自演。

当他向法庭要求宽限几天行刑，以整理最后的化学实验结果时，得到的回答是："共和国不需要学者，也不需要化学家！"

1794年5月8日，巴黎的街头有多少人伤痛，多少人悲泣？

著名数学家拉格朗日痛心地说："把他的脑袋砍下，只要一眨眼。可是这样的脑袋，哪怕100年也不可能再长出来。"

穿越时空的"燃烧"对话

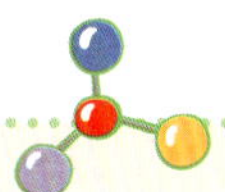

波义耳： 我做了一个"燃烧吧火素"的实验。把金属放在密封的试瓶，不让杂物进入，然后加热试瓶，熔化金属。等做完实验再打开试瓶，称金属灰的质量，发现金属灰的质量大于燃烧之前的金属！一定有一种东西进入金属。我们把它叫作"火素"：金属 + 火素 = 金属灰。

拉瓦锡： 前辈，您的实验有漏洞。我也做了很多次这样的实验。完成实验后，我在打开试瓶之前就称质量，连瓶子带金属一起称。燃烧前后的质量没变。您打开瓶子称重，质量增加了，这是因为后来进入瓶子的氧气和金属起了氧化反应，这增加的质量，来自氧气。我把这个实验叫作"燃烧吧氧气"。

波义耳： 是氧气，不是火素？

拉瓦锡： 对！我在打开瓶子的时候，听到"呲呲"的声音，是外面的氧气涌进了瓶子。就是这部分新的氧气，让质量增加了。

波义耳： 我也听到过"呲呲"的声音啊。我一直说实验和观察最重要，居然自己还是犯了错。

拉瓦锡： 您之后有化学家提出了"燃素说"，他们认为"物质 − 燃素 = 灰"，一直流行了上百年。

波义耳： 幸亏有您纠正啊。您是一位了不起的化学家，全世界都需要您！

【基础篇】

原子现身

当拉瓦锡在做氧气燃烧实验的时候，英吉利海峡对岸有一个少年正在贫穷的乡村小学刻苦奋斗着。截取时光的一瞬，看同一时代两位科学家的人生境遇和社会地位有着天壤之别，但是，最后殊途同归，他们都成了闻名世界的科学家。

1766年，道尔顿出身于英国一个贫困家庭，但好学不倦。他在一所乡村小学读书，居然在12岁时做了“孩子王”，给其他孩子上课。后来他因贫困失学务农，但坚持自学拉丁文、希腊文、法文、数学和自然哲学。他19岁时成了一所寄宿学校的校长，并坚持去大学进修学习。

从贫困的失学少年到受人尊敬的大学教授，他孜孜不倦研究科学，其成才之路在200多年之后看来，仍然令人赞叹不已。

道尔顿接受了拉瓦锡的氧化理论，并继续对物质本源和元素进行探索。

他发现当 12 g碳在16 g氧气中燃烧，正好可以形成28 g的化合物（我们现在称为“一氧化碳”）。

当12 g碳在32 g氧气中燃烧时，会形成44 g的另一种化

12 g 碳

16 g 氧气

:: 道尔顿（1766—1844年）

合物（我们现在称为“二氧化碳”）。

12 g 碳　　32 g 氧气

这两个化学反应中，消耗掉的氧气的比例是32:16，简化后为 2:1，这引起了道尔顿的兴趣。

这里面有什么玄妙呢？为什么正好是2:1、是整数倍？为什么没有中间值（比如1.5：1）？

碳和氧是不同的元素，这两个化学反应似乎在暗示着两个不同的场景：如果在第一个化学反应中，是每1个碳的微粒和1个氧的微粒结合，那么，第二个化学反应就是每1个碳的微粒和2个氧的微粒结合。这样才产生了2:1的耗氧比例。

这个微粒原子是元素最基本的单位，也是最小的单位。

他想起古希腊哲学家德谟克利特的原子论思想：万物的本源是原子和虚空，原子是一种不可分割的物质微粒。

1803年，他大胆提出了新的原子论。道尔顿的原子论比德谟克利特的更系统，他指出不同元素的原子具有不同的质量。

- 化学元素由不可分的微粒——原子构成。原子是微小的粒子，小到看不见，是在化学变化中不可再分的最小单位。
- 特定元素的所有原子都是相同的，质量都相同。
- 不同元素原子的性质和质量各不相同，原子质量是元素基本特征之一。
- 原子不能被创造、毁灭或分裂——这一点直到 100 多年之后，因原子的核裂变和核聚变而被推翻。
- 在化学反应中，原子相互连接或分离。不同元素化合时，原子以简单整数比结合形成化合物。如果一种元素的质量固定，那么另一种元素在各种不同化合物中的质量一定成简单整数比。比如，在前面的例子中，1 个碳原子可以与 1 个氧原子形成化合物，也可以和 2 个氧原子形成化合物，但不能和 1.5 个氧原子形成化合物。

道尔顿以氢原子为基准，用相对比较的办法，测量得到了各元素相对于氢原子的质量，并发表了原子量表。

在他的化学体系中，化合物被列为二元、三元、四元（由两个、三个、四个等原子组成的分子）等。例如：元素X的1个原子与元素Y的1个原子结合是二元化合物；元素 X 的1个原子与元素 Y 的2个原子结合，是三元化合物。

在道尔顿看来，所谓化学反应，就是原子完成重组，生成新的物质。在反应之前与之后，原子还是原来的那些原子，不增不减，物质却不再是原来的物质。

道尔顿的原子说，非常简单明了，以至于“一眼看去，并不显眼”。关于物质由原子组成的学说，道尔顿从来没有认为是他的首创。然而，如果把古代原子论和道尔顿的原子论加以比较，就会发现它们之间有很大的区别。

:: 道尔顿发表的第二个元素表，内含 20 种元素、发明的符号以及测得的原子量。

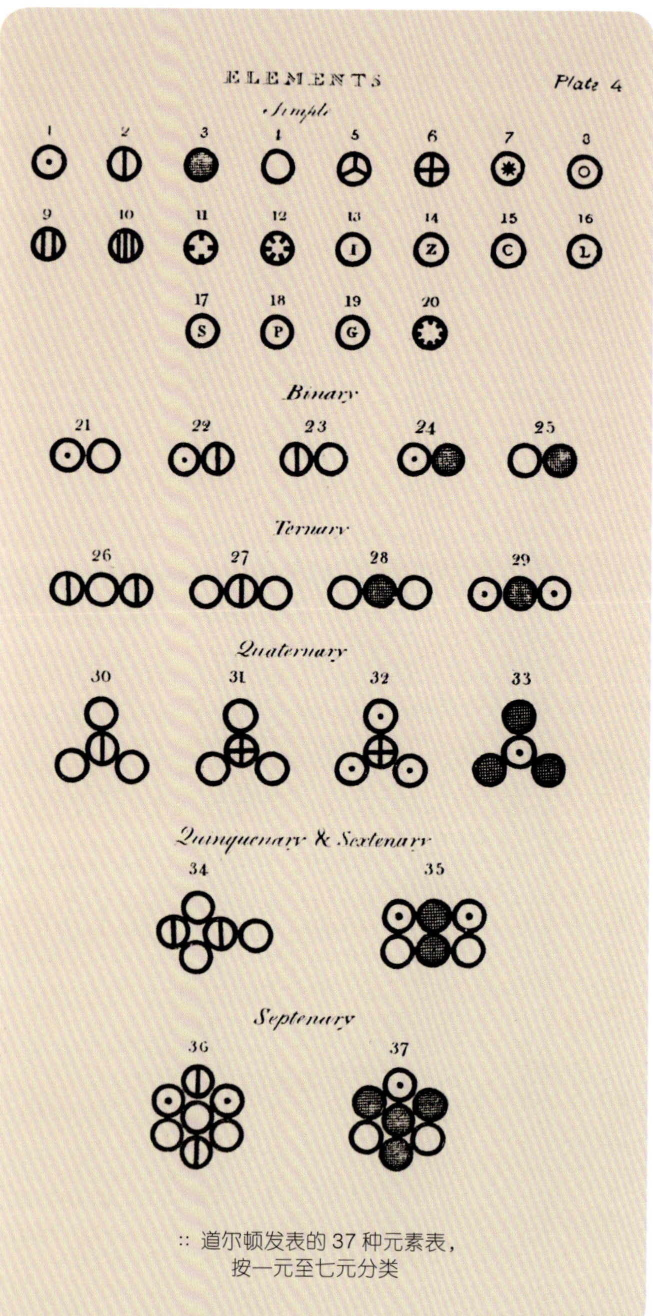

:: 道尔顿发表的 37 种元素表，
按一元至七元分类

古代的原子论认为不同物质的原子，本质都是相同的，只是形状不同罢了。比如你喝咖啡，水的原子和杯子的原子是同一种原子。水的原子圆而光滑，相互之间可以流动，而杯子的原子粗糙不平，一起构成坚硬的固体。很明显，这是不对的，不然你为什么不去咀嚼杯子呢?

道尔顿认为这些原子在本质上是不同的。他把原子和元素的概念联系起来，认为元素是由原子构成的。有多少种不同的元素，就有多少种不同的原子，同种元素的原子大小、质量都相同，但是，不同元素的原子绝对不同。我们所看到的化学反应，实际上是各种原子之间的相互作用、分离和合成。

虽然道尔顿的原子论是一种假说，但是它是一种定量的科学理论，同古希腊模糊的猜想有本质上的区别。

为了纪念道尔顿，在生物化学、分子生物学和蛋白组学中经常用kDa（千道尔顿）来表示蛋白质等生物大分子。

道尔顿面临的一个挑战，是如何精确测量各个原子的质量。虽然他也测出了各原子相对于氢原子的质量，但是很不精确，有的甚至是错误的。

远在北欧的瑞典，有一位同样出身寒门的化学家，接受了这个挑战。他就是贝采尼乌斯。

贝采尼乌斯出身贫寒，从小在逆境中成长。自幼父亲早逝，母亲改嫁后不久也病逝。俗话说：寒门生贵子。贝采尼乌斯从小就聪明过人，虽然没有上学的条件，却能坚持刻苦自学。1802年，他获得医学博士学位。

从18世纪开始，在欧洲的历史上，更多贫民出身的科学家出现在历史舞台上。他们被好奇心驱使，通过学校学习，有的甚至自学，刻苦钻研，持之以恒，在科学史上焕发出耀眼的光彩。他们中有一些人投身于化学这门需要昂贵原材料和实验仪器的科学中。

贝采尼乌斯在化学领域中的最大贡献是精确测量原子的质量。因为自然界的氧化物种类丰富，贝采尼乌斯决定把氧的原子量作为基准，规定它的原子量为100。他以氧作标准来测定其他元素的原子量，从而使原子量的测定工作大大地简化和精准了。

具体步骤是先测量一种物质的质量，再测量燃烧之后产生的氧化物的质量，如果知道这个氧化物中原子和氧原子的比例，就能算出这种元素的原子相对于氧原子的质量。

当氢气和氧气发生燃烧反应生成水时，氢气的体积和氧气的体积比是2∶1，也就是说，2瓶氢气和1瓶氧气作为原料，正好完成化合反应，不多也不少。所以，他判断1个水的微粒有2个氢原子和1个氧原子。

同时，他称了2瓶氢气和1瓶氧气的质量，两者之比是11.1∶88.9，也就是说2个氢原子和1个氧原子的质量之比是11.1∶88.9。

由这样假定测得的氢与氧的原子量之比接近1∶16。

他以氧的原子量100作为测量的标准，则氢的原子量为6.64。

他对当时已知40多种元素的2 000多种单质或化合物进行了分析，取得了惊人的成果。到1830年时，贝采尼乌斯发表的最后一张原子量表，表上的原子量与2000年测量的完全相同。

贝采尼乌斯测定的原子量使道尔顿的原子理论获得了更广泛的接受，这也成为很多年以后，俄国科学家门捷列夫发现元素周期表的基础。

贝采尼乌斯在化学领域中第二大贡献，是他首先倡导以元素符号来表示各种化学元素。他提出，用化学元素的拉丁

:: 贝采尼乌斯（1779—1848年）

文名前1~2个字母表示元素。如果第一个字母相同，就用前两个字母加以区别。例如：Na与Ne、Ca与Cd、Au与Al……。这就是一直沿用至今的化学元素符号系统。

此外，他还提出了化合物的书写规则，把各种原子的数目以数字标在元素符号的右下角，例如CO_2、SO_2、H_2O等。这就是我们今天使用的物质化学式。

在此之前，元素的使用符号没有统一的标准。他因此被称为“统一元素王国的人”。

贝采尼乌斯还提出了电化二元论，来解释原子是如何聚在一起形成物质的。他认为化合物的成分中，有两种电性质不同的微粒，分别带正电荷和负电荷，静电吸引力使它们聚在一起。他的理论开创了各原子间相互关系的探索。

原子论不仅是现代化学的基石，也是现代物理学的定海神针。1965年诺贝尔物理学奖得主费曼曾这样评价原子论对于人类的重要性：假如在一次浩劫中所有的科学知识都被摧毁，只剩下一句话留给后代，怎样的话可用最少的词汇包含最多的信息呢？我相信，这就是原子假说。

关于原子量的虚拟对话

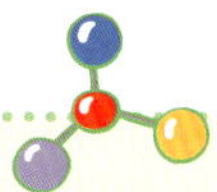

道尔顿： 原子量，应该以氢为基准，因为它的原子最轻、最简单。

贝采尼乌斯： 原子量，应该以氧为基准，因为它和很多元素发生氧化反应，可以用化学方法测量其他原子的质量。

道尔顿： 物理学家听我的。

贝采尼乌斯： 化学家听我的。

……

两派相争持续了100多年，你用你的氢，我用我的氧。

1961年，“武林盟主”国际纯粹与应用化学联合会（IUPAC）宣布：用碳-12（C-12）原子质量的1/12 作基准。碳-12有6个质子、6个中子和6个电子，它的1/12接近氢原子质量。道爷，您没意见吧？碳的化合物是地球上最丰富的，比氧化物的多太多了，贝爷，您也赞成吧？

道尔顿： 哈哈，不错不错，这和我的数据差不多，物理学家听你的。

贝采尼乌斯： 这和我的思路一致，化学家听你的。

3

【基础篇】

分子原子之争

之前讲到贝采尼乌斯测量氢原子相对于氧原子质量的时候，说到他的一个假设，1个水分子中，有2个氢原子和1个氧原子。他的这个假设，来自一位法国科学家的实验观察。

这位法国科学家叫盖 · 吕萨克，比贝采尼乌斯大一岁。

盖 · 吕萨克研究各种气体的化学反应，他发现这些气体的体积符合一个规律：参加同一反应的各种气体，在同温同压下，其体积成简单的整数比。

- 比如，氧气和氢气按体积 1 : 2 的比例，合成 2 体积的水蒸气，比例是 1 : 2 : 2。
- 1 瓶氧气 + 2 瓶氢气 ⟶ 2 瓶水蒸气
- 氮气和氢气按体积 1 : 3 的比例，合成 2 体积的氨气，比例是 1 : 3 : 2。
- 1 瓶氮气 + 3 瓶氢气 ⟶ 2 瓶氨气

这就是著名的气体化合体积定律。

盖 · 吕萨克将自己的化学实验结果与原子论相对照，发现它们之间似乎可以相互印证。于是，他提出了一个新的假说：在同温同压下，相同体积的不同气体含有相同数目的原子。

- 1 个氧原子 + 2 个氢原子 ⟶ 2 个“水复合原子”
- 1 个氮原子 + 3 个氢原子 ⟶ 2 个“氨气复合原子”

他自认为这一假说是对道尔顿原子论的支持和发展，并为此而高兴。

没料到，当道尔顿得知盖 · 吕萨克的这一假说后，立即表示坚决反对和严重抗议。因为道尔顿在研究原子论的过

:: 盖 · 吕萨克（1778—1850 年）

程中，也曾提出过这一假设，但被他自己否定了。

若按照盖·吕萨克的假说，1个氧原子和2个氢原子生成了2个“水复合原子”，那么，1个“水复合原子”岂不是由0.5个氧原子和1个氢原子结合而成？1个“氨复合原子”岂不是由0.5个氮原子和1.5个氢原子结合而成？

原子是不能再分的，这是原子论的一个基本点。怎么可能有半个原子存在？盖·吕萨克这是要动摇原子论的根基啊，还说是为了支持原子论！道尔顿当然要跳起来反对盖·吕萨克的假说，他指责盖·吕萨克的实验靠不住。

盖·吕萨克当然相信自己的实验是精确的，拒不接受道尔顿的反对。于是，英吉利海峡的上空弥漫着化学争论的“硝烟”。他们两人都是当时著名的科学家，对于他们之间的争论，其他化学家没敢轻易表态。即使贝采尼乌斯也表示，看不出他们争论的是与非——当然，他在测量原子量时，还是站在了盖·吕萨克一边。

就在这时，意大利的阿伏伽德罗对这场争论产生了浓厚的兴趣。阿伏伽德罗出身于意大利的显贵家族，但是，在20岁获得律师学位和执照的他对科学情有独钟。这一点和拉瓦锡非常相似。

:: 阿伏伽德罗（1776—1856年）

他仔细地了解了盖·吕萨克和道尔顿的气体实验以及他们的争执，发现了矛盾的焦点。1811年，他提出了分子的概念，认为单质或化合物在游离状态下能独立存在的最小质点称作分子，单质分子由多个原子构成。

在水的化合反应中，

1个氧分子 + 2 个氢分子 ⟶ 2个“水复合分子”

每个气体分子是由2个原子构成的。也就是说，

2个氧原子 + 4 个氢原子 ⟶ 2个“水复合分子”

每个“水复合分子”中，有2个氢原子和1个氧原子。用简单的化学反应式表示如下：

$$O_2 + 2H_2 \longrightarrow 2H_2O$$

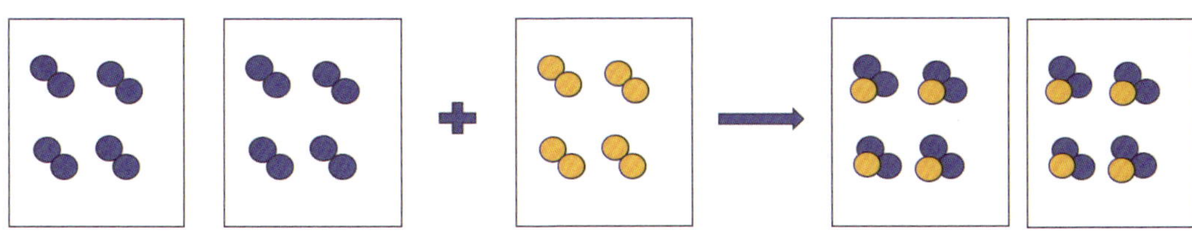

在氨气的化合反应中，用简单的化学反应式表示如下：

1个氮分子 + 3 个氢分子 ⟶ 2个“氨气复合分子”

$N_2 + 3\ H_2 \longrightarrow 2\ NH_3$

阿伏伽德罗反对当时流行的气体分子由单原子构成的观点，认为氮气、氧气、氢气都是由2个原子组成的气体分子。1个水分子中有1个氧原子和2个氢原子，一清二楚。

他修正了盖·吕萨克的假说，提出“在同温同压下，相同体积的不同气体含有相同数目的分子”。

“原子”改为“分子”，一字之改，正是阿伏伽德罗假说的高妙之处。他的分子原子论，解决了盖·吕萨克和道尔顿的争议，也为贝采尼乌斯的原子量提供了依据。

但是，这个假说长期不为科学界所接受，主要原因是当时科学界还不能区分原子和分子。

道尔顿坚决反对：明明原子是根本，怎么冒出分子来抢风头?

盖·吕萨克也坚决反对：改一个字就想发表新定律?

贝采尼乌斯也坚决反对：只有正电性的微粒和负电性的微粒才能结合在一起，同种原子的电性相同，怎么可能结合在一起?

一直到1860年，欧洲大约140位化学家在德国举行第一次国际性化学会议——卡尔斯鲁厄会议，才重新提起阿伏伽德罗假说，并逐渐被全世界科学家接受。当时的听众中有一位德国化学家，在听到阿伏伽德罗假说后茅塞顿开，暂且按下不表。

不同气体的原子大小不一，里面的原子个数也不同。1个水分子有2个氢原子和1个氧原子，1个氨气分子有3个氢原子和1个氮原子。为什么阿伏伽德罗是对的呢？为什么在同温同压下，相同体积的不同气体含有相同数目的分子呢?

因为气体的体积是指所含分子占据的空间，通常条件下，气体分子间的平均距离约为分子直径的10倍，因此，当气体所含分子数确定后，气体的体积主要决定于分子间的平均距离而不是分子本身的大小。打个比方，我们让很多大个子进入101教室，让很多小个子进入同样大小的102教室，人和人之间都相隔5 m。那么，101教室里的大个子数和102房间里的小个子数，应该是一样多的。

阿伏伽德罗常数为12 g碳-12所含的原子数量，它的值为6.02×10^{23}，是自然科学重要的基本常数之一。

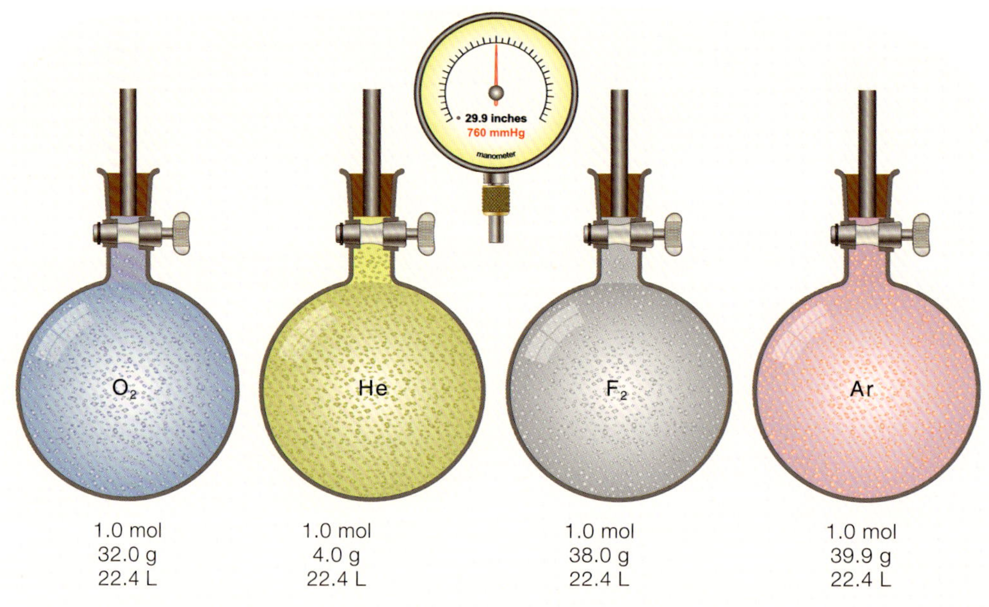

:: 在同温同压下，相同体积的不同气体含有相同数目的分子

阿伏伽德罗的分子论在发表50年后被人重新发现并接受；孟德尔的基因遗传学说和豌豆实验在发表30年后被春风吹醒。科学的发展不是一帆风顺的。

这两位还不是最惨的。发现无理数的希帕索斯被扔入大海，阿里斯塔克的日心说直到1 700年以后才重见天日，他们的命运更为多舛。

真理和真相，往往需要我们付出很大的代价。但是，时间终会拂去一切阴霾，不管它多么厚实。

关于原子量的虚拟对话

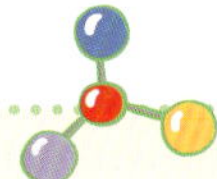

想象一个虚拟的场景，让道尔顿、贝采尼乌斯、盖·吕萨克和阿伏伽德罗四位化学大师在同一个微信群，他们会怎么交流呢？

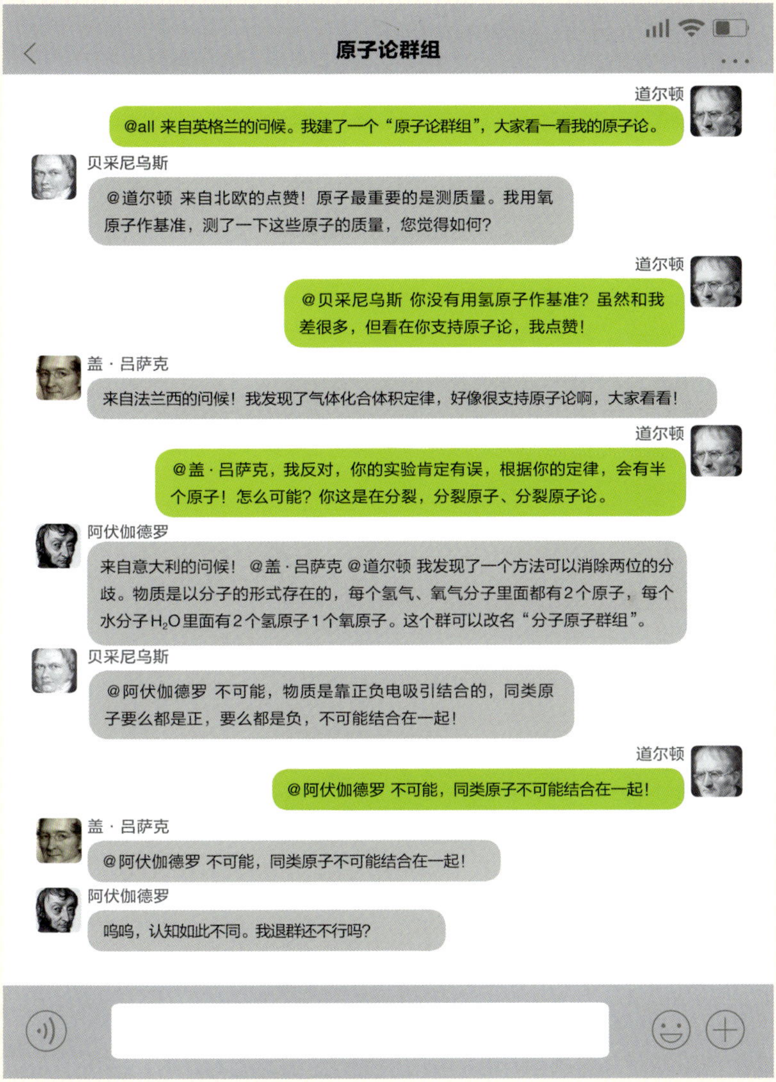

原子论群组

道尔顿：@all 来自英格兰的问候。我建了一个“原子论群组”，大家看一看我的原子论。

贝采尼乌斯：@道尔顿 来自北欧的点赞！原子最重要的是测质量。我用氧原子作基准，测了一下这些原子的质量，您觉得如何？

道尔顿：@贝采尼乌斯 你没有用氢原子作基准？虽然和我差很多，但看在你支持原子论，我点赞！

盖·吕萨克：来自法兰西的问候！我发现了气体化合体积定律，好像很支持原子论啊，大家看看！

道尔顿：@盖·吕萨克，我反对，你的实验肯定有误，根据你的定律，会有半个原子！怎么可能？你这是在分裂，分裂原子、分裂原子论。

阿伏伽德罗：来自意大利的问候！@盖·吕萨克 @道尔顿 我发现了一个方法可以消除两位的分歧。物质是以分子的形式存在的，每个氢气、氧气分子里面都有2个原子，每个水分子H_2O里面有2个氢原子1个氧原子。这个群可以改名“分子原子群组”。

贝采尼乌斯：@阿伏伽德罗 不可能，物质是靠正负电吸引结合的，同类原子要么都是正，要么都是负，不可能结合在一起！

道尔顿：@阿伏伽德罗 不可能，同类原子不可能结合在一起！

盖·吕萨克：@阿伏伽德罗 不可能，同类原子不可能结合在一起！

阿伏伽德罗：呜呜，认知如此不同。我退群还不行吗？

【基础篇】

元素周期表第一弹

19世纪初，英国化学家道尔顿提出了原子论后，化学家把原子论同元素的概念相联系，通过测定各元素的原子量来建立更为准确的元素分类方式。

所谓原子量，是指单一原子的相对质量。最初道尔顿以氢原子作为基准，原子量是其他的原子相对于氢原子的质量，里面有很多错误之处。后来贝采尼乌斯采用氧原子作为基准，大大提高了准确性。

1829年，德国化学家德贝莱纳发现，元素的原子量与元素的化学性质之间一定存在着某种规律性。

比如锂、钠、钾这三种活跃的金属，它们的原子量是等差数列；钙、锶、钡的原子量，是等差数列；氯、溴、碘的原子量，也是等差数列。

这种规律被称为“德贝莱纳三元素组”。

:: 德贝莱纳（1780—1849年）和“德贝莱纳三元素组”

元素	原子量	元素	原子量	元素	原子量
Li	6.9	Ca	40.1	Cl	35.5
Na	23.0	Sr	87.6	Br	79.9
K	39.1	Ba	137.3	I	126.9

:: “德贝莱纳三元素组”

现在的化学书上，大多没有德贝莱纳的名字，他的成就渐渐被人遗忘。但是，他的生平极不平凡。作为一个车夫的儿子，德贝莱纳可以接受正规教育的机会很少，因此，他去给一位药剂师当学徒，同时广泛阅读，并参加过一些科学讲座。1810年，他成了一名大学教授。大作家歌德是他的学生。两人亦师亦友，保持了一生的交情。

1865年，英国化学家纽兰兹独立提出“八音律”分类法。他按照原子量的递增顺序对当时已知的所有元素进行排列，发现元素的性质存在着周期性的重复，每七种元素为一周期，共八个周期。

No.	No.	No.	No.	No.	No.	No.	No.
H 1	F 8	Cl 15	Co&Ni 22	Br 29	Pd 36	I 42	Pt&Ir 50
Li 2	Na 9	K 16	Cu 23	Rb 30	Ag 37	Cs 44	Os 51
G 3	Mg 10	Ca 17	Zn 24	Sr 31	Cd 38	Ba&V 45	Hg 52
Bo 4	Al 11	Cr 19	Y 25	Ce&La 33	U 40	Ta 46	Tl 53
C 5	Si 12	Ti 18	In 26	Zr 32	Sn 39	W 47	Pb 54
N 6	P 13	Mn 20	As 27	Di&Mo 34	Sb 41	Nb 48	Bi 55
O 7	S 14	Fe 21	Se 28	Ro&Ru 35	Te 43	Au 49	Th 56

:: 纽兰兹（1837—1898 年）和“八音律”

学过初中化学的读者可以仔细看一下这个表，里面没有稀有气体，因为那些元素要在几十年之后才被发现。

这时候，德国著名的化学家本生的弟子中，出现了两位出类拔萃的科学家，揭开了元素的规律。

师兄叫迈耶尔，1830年8月19日出生于德国。

1860年，30岁的迈耶尔在卡尔斯鲁厄会议上听到了阿伏伽德罗的学说，茅塞顿开，接受了阿伏伽德罗的分子论。1869年，他把当时已知的元素按原子量递增的顺序排列，绘出了原子量与原子体积的关系曲线，发现了元素的熔点、挥发性和电化性等具有周期性。

他的这个发现是非常了不起的。不过，他的光芒却被来自俄国的师弟门捷列夫掩盖了。

1834年，门捷列夫出生在俄国的西伯利亚。在他几个月大时，身为中学校长的父亲双目失明，

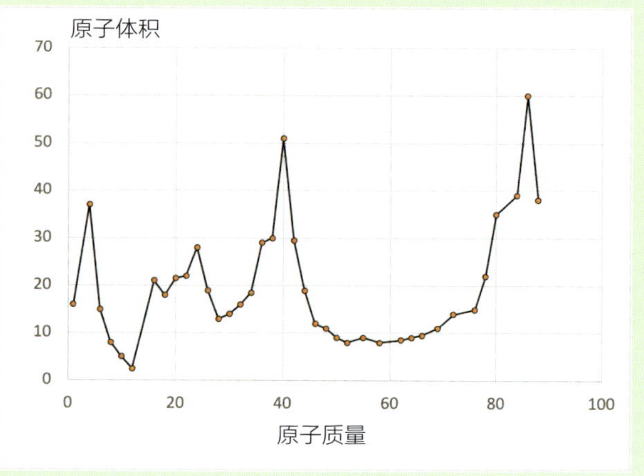

:: 迈耶尔（1830—1895 年）和他的发现

失去了工作。母亲照料着一个大家庭，还管理着一个玻璃工厂。为了送门捷列夫上大学，母亲几乎变卖了全部财产，带着门捷列夫，搬到了彼得堡。就在门捷列夫获准进入彼得堡师范学院时，他的母亲去世了。这位性格坚毅的母亲给了门捷列夫很大影响。

他后来去德国的本生门下求学，学成后回到了俄国。

门捷列夫对几百种物质逐个进行分析测定，发现了一些规律：有的元素特性很相似，但又有差异；元素的性质会随原子量的增加而呈周期律的变化。但是，这些规律却又模模糊糊难以说清楚。

日有所思，夜有所梦。传说这位喜欢打牌的科学家有一天晚上做了一个梦，忽然大悟。醒来后，他把当时已经知道的66种元素的名称都写在纸牌的背面，按照玩纸牌的顺序排好。横着排，原子量顺序递增；竖着排，化学性质相似——这完全是一个人玩纸牌的接龙游戏啊。

这个就是1869年门捷列夫发现元素周期表的故

:: 门捷列夫（1834—1907 年）

事，他的梦，属于化学界“两大奇梦”之一。

门捷列夫绘制的化学元素周期表，比他的师兄迈耶尔的更为详尽。而且，他比师兄更加自信。

他不仅将已有的元素按照规律编排，还在表中留下了空位，虚席以待，认为这些位置上应该有某种未知的元素，还没有被发现。更厉害的是，他还对空缺的元素的性质做了“神预测”。

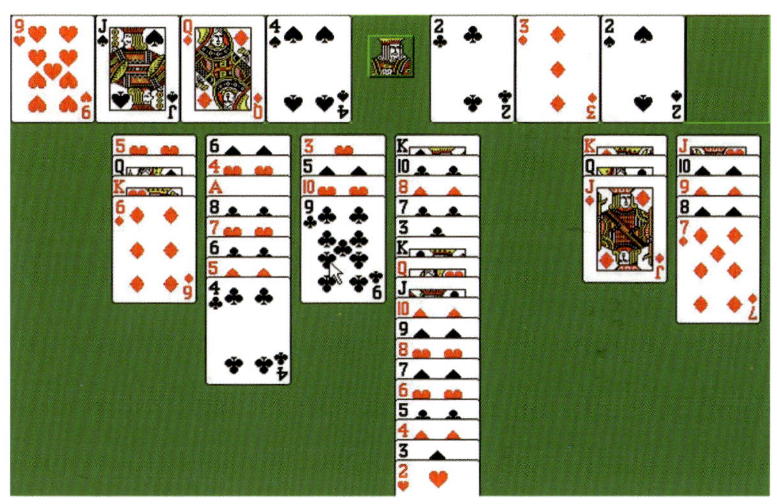

族Ⅰ	族Ⅱ	族Ⅲ	族Ⅳ	族Ⅴ	族Ⅵ	族Ⅶ	族Ⅷ
H=1 Li=7	Be=9.4	B=11	C=12	N=14	O=16	F=19	
Na=23 K=39	Mg=24 Ca=40	Al=27.3 ??=44	Si=28 Ti=48	P=31 V=51	S=32 Cr=52	Cl=35.5 Mn=55	Fe=56, Co=59, Ni=59
Cu=63 Rb=85	Zn=65 Sr=87	??=68 Y=88	??=72 Zr=90	As=75 Nb=94	Se=78 Mo=96	Br=80 ??=100	Ru=104 Rh=104 Pd=105 Ag=108
……	……	……	……	……	……	……	……
…	……	……	……	……	……	……	……

:: 纸牌接龙和门捷列夫的元素周期表（红圈标出了空位和预测的原子量）

在钙和钛中间还有一种未知元素，原子量为44，他称之为“艾卡硼”，“艾卡”来自梵语，意思是一，“艾卡硼”就是硼加一。

在锌和砷之间，还有两种未发现的元素，分别是“艾卡铝”和“艾卡硅”，原子量为68和72。

在钼和钌之间有一种元素，原子量为100。

很多化学家批评这是瞎胡闹，把科学搞成了纸牌游戏。但是，历史的发展却让大家大吃一惊。

1874年，酿酒师出身的法国化学家布瓦博得朗发现了一种新元素，取名为“镓”。它的原子量、原子体积、化学性质和物理性质，与门捷列夫表中空缺位置的“艾卡铝”都相同，唯独密度不同。

门捷列夫就给布瓦博得朗去信，大概意思是说，你把密度再测一下，验证一下你的数据是否正确。

布瓦博得朗本着严谨的科学态度重新测量，发现重测的结果居然与门捷列夫的数据完全相同。

1885年左右，德国的弗莱堡地区发现了一座银矿，化学家温克勒在其中找到了一种未知的新元素。1886年，温克勒成功地将其分离出来，因为他是德国人，所以他用“germanium”来命名它，翻译成中文就是“锗”。这是基尔比发明的第一个集成电路所用的半导体材料。

等到温克勒测出了锗的原子量，他不禁惊呆了。锗就是“艾卡硅”，门捷列夫十几年前不仅预言了这种新元素的存在，还描述了一遍这种元素的性质。更为神奇的是，这些预言跟温克勒的测定完全吻合。

1879年，元素钪被发现，和门捷列夫预言的“艾卡硼”一模一样。

门捷列夫：“艾卡硅”的原子量应该是72。

温克勒：锗的原子量是72.59。神了！

门捷列夫：密度应该约为5.5。

温克勒：密度是5.35。太神了！

门捷列夫：氧化物的比重应该是4.7。

温克勒：一点都没错，确实是4.228。简直太神了！

门捷列夫：它的颜色是深灰色，带金属光泽。

温克勒：真是深灰色的金属。吃惊了！

门捷列夫：它的二氧化物是一种特别耐火的材料。

温克勒：二氧化锗真的很耐烧。您有水晶球？

1937年，（在元素周期表发表近70年后），铝和钌之间的锝被发现。

人们终于认识到了门捷列夫理论的准确性。随着时间的推移，他预言的元素一一被科学家发现。真所谓“一表在手，万物我有”。

门捷列夫的元素周期表对当时以及后来的化学发展起到了决定性的作用。虽说按图索骥含有贬义，但是，化学家们在之后很长时间内，就是“按表索元”“按门索素”的。

人们为了纪念门捷列夫，将1955年发现的第101号元素命名为钔。

从杂乱无章的事物中寻找规律，这样的习惯不知道人类是怎样形成的。几千年前甚至几万年前，这种好奇、想象和总结的能力驱使古人将一年分为四季；把星空中的星星连成线，想象出神仙、神兽和一个个神话；从龟壳的裂痕中看到数字和洛书。同样，这种能力也让德贝莱纳、门捷列夫等人前后接力，找到了元素之间的规律。

关于元素周期的“卡拉 OK”

德贝莱纳： 一个篱笆三个桩，一个好汉三个帮，三种元素结成帮。

纽兰兹： 八音盒的旋律，下着美丽的咒语，下一种元素，应该放在哪里?

迈耶尔： 沿着江山起起伏伏温柔的曲线，追寻你的周期，你的电性和熔点。

门捷列夫： 梦开始的地方，一切还给自然。周期开始的地方，一切应验我的梦。

5

【基础篇】

原子和电子壳层模型

在道尔顿提出原子论之后，虽然有不少科学家接受了他的理论，但是，人们对原子到底是什么形状的，是由什么构成的，都一无所知。以至于将近100年后，仍有人否定原子的存在。备受爱因斯坦尊敬的大科学家马赫曾问道：原子是有色的、发热的、发声的、坚硬的？事实是，我们无论如何也没有感觉到原子。

20世纪初，卡文迪许实验室的汤姆孙发现了比原子更小的电子，由此建立了一个原子模型：原子是球体，带正电的物质均匀地分布于球体内，带负电的电子一个一个地镶嵌在球内各处。原子中正负电荷总量相等。你可以把原子想象成西瓜，瓜籽儿就是电子。

1911年，他的学生卢瑟福通过“金箔实验”，用α射线撞击金箔，发现大部分射线穿“箔”而过，少量拐弯，极少数反弹了回来。他推测原子内部绝大部分是空的，中心是一个很小的核，外围是绕着核的电子。于是，他提出了一个类似行星系统的模型。

但是，这个模型有一个致命的缺陷：电子在绕核飞行的过程中会发出辐射，能量会越来越少，最后，电子会坠落到原子核上。所有的原子很快就湮灭，也就不会有我们这个宇宙存在。

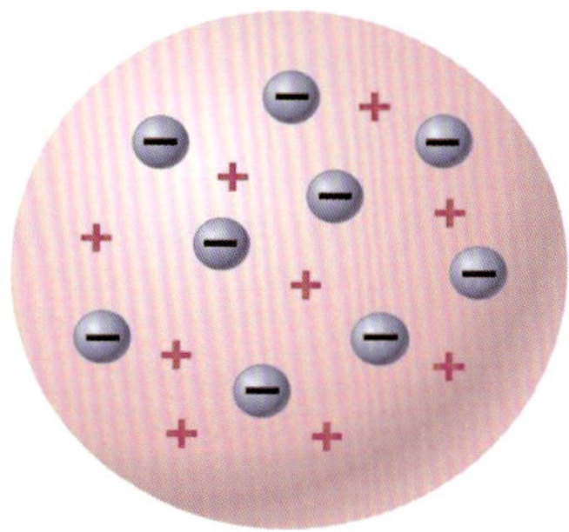

:: J.J. 汤姆孙（1856—1940 年）和“葡萄干布丁”原子模型

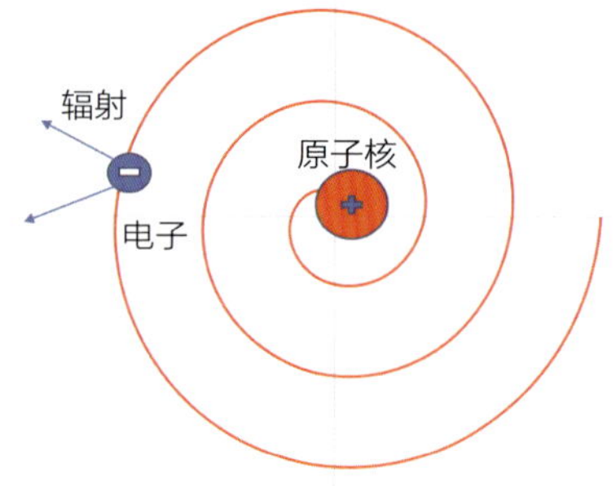

:: 卢瑟福（1871—1937 年）和“行星”原子模型的缺陷（电子坠落到原子核）

1913年，卢瑟福的学生玻尔提出了改进的原子模型：

:: 玻尔（1885—1962 年）

电子只能在量化的轨道能层上飞行，比如它可以在第一个能层（n=1）上飞，这里能量最低。当电子吸收到足够的能量（比如光），就能从低能层跳跃到高能层（比如n=2）。相反地，当电子从高能层跳到低能层时，会损失能量，发射出光波。这个光波的频率由普朗克公式决定。

在玻尔的模型中，电子是一个平时很规矩，但偶尔会出大招的家伙。电子吃了“兴奋剂”就往楼上跳，有时会大喊着跳到楼下，发出它耀眼的光芒——一朵不一样的烟火。

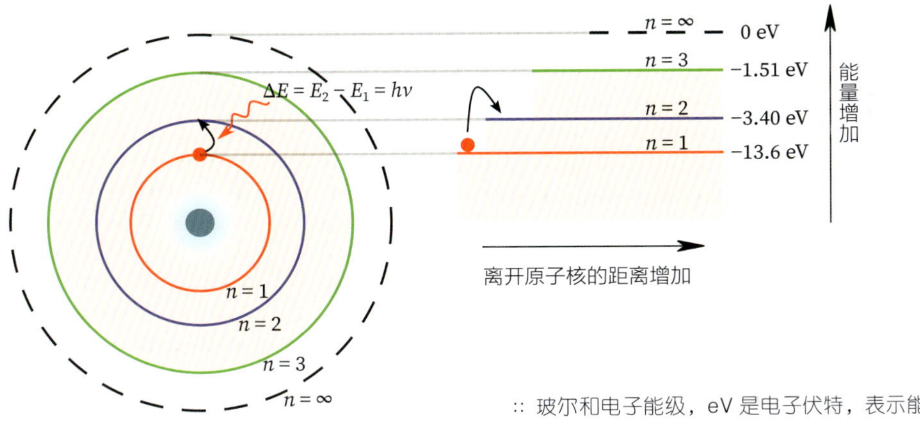

:: 玻尔和电子能级，eV 是电子伏特，表示能级

1926年，德国物理学家薛定谔推导出了波动方程。他认为，在微观世界电子的运动和宏观世界不一样，电子的运动是由波动方程决定的。

90% 概率出现的区域

:: 薛定谔（1887—1961 年）和电子云

后来，物理学家玻恩把薛定谔方程中的波函数解释为一种概率：电子出现的位置是一种概率。电子在原子核外的运动，不是我们平时画出来的一个圆圈（圆圈暗示着是在一个平面上），而是一个球状的。电子一会儿出现在这里，一会儿出现在那里，“神出鬼没”，留下的“行迹”像云一样笼罩在原子核的外面。

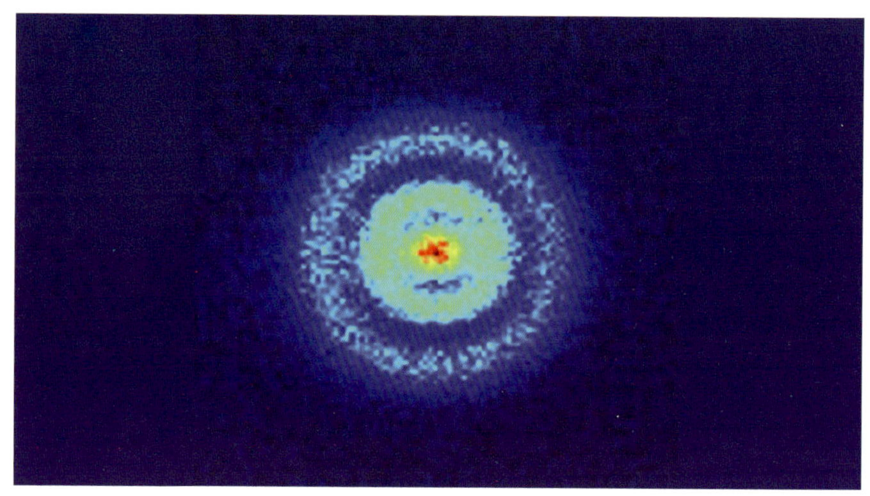

:: 2013 年拍摄到的氢原子外围电子云的照片

但是，薛定谔却从不接受这种解释。

很可惜，薛定谔方程的命运并不由薛定谔做主，恰如薛定谔猫的生死，并不由猫决定。

当原子外围有多个电子时，它们是按照一定的规律，分布在不同的能级。

通过对电子能级的进一步分析，科学家发现在同一电子壳层中的电子，能量也不完全相同，可进一步分为若干个亚层。电子亚层分别用 s、p、d、f 等符号表示。

按照薛定谔方程，可以算出不同亚层的电子云形状不同。这些电子云形状和轨道，会在后文有机篇中“遇事不决，量子力学”一节中被应用到。

- **s 亚层的电子云是以原子核为中心的球形。**
- **p 亚层的电子云是 3 个纺锤形。**
- **d 亚层的电子云是 5 个花瓣形。**
- **f 亚层的电子云形状比较复杂，如图所示。**

所以，s 亚层有 1 个轨道，p 亚层有 3 个轨道，d 亚层有 5 个轨道，f 亚层有 7 个轨道。按照泡利不相容原理，每个轨道可容纳 2 个电子，一个电子上旋，另一个电子下旋。

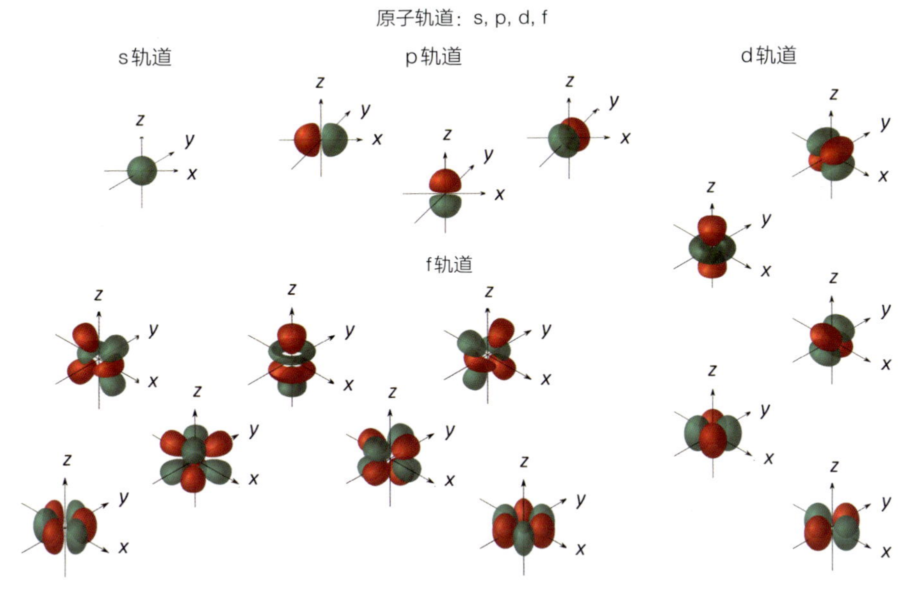

:: 电子亚层的电子云形状

由于亚层的存在，同一个电子壳层中的电子能量不同，甚至出现低电子壳层的高亚层能量大于高电子壳层的低亚层，即所谓的能级交错现象，比如3d的能量高于4s。

各壳层中的亚层能量由低到高排列如下：

- 1s（可容纳 2 个电子）
- 2s，2p（可容纳 2、6 个电子）
- 3s，3p（可容纳 2、6 个电子）
- 4s，3d，4p（可容纳 2、10、6 个电子）
- 5s，4d，5p（可容纳 2、10、6 个电子）
- 6s，4f，5d，6p（可容纳 2、14、10、6 个电子）
- 7s，5f，6d，7p（可容纳 2、14、10、6 个电子）

描述一个电子有四个参数：处于哪一个壳层，哪一个亚层，亚层的哪一个轨道，是上旋还是下旋。这就是电子的四个量子数。

多个电子分布时，电子先占据低能级的轨道，再慢慢逐渐填充高能级轨道。每个轨道只能有两个电子。

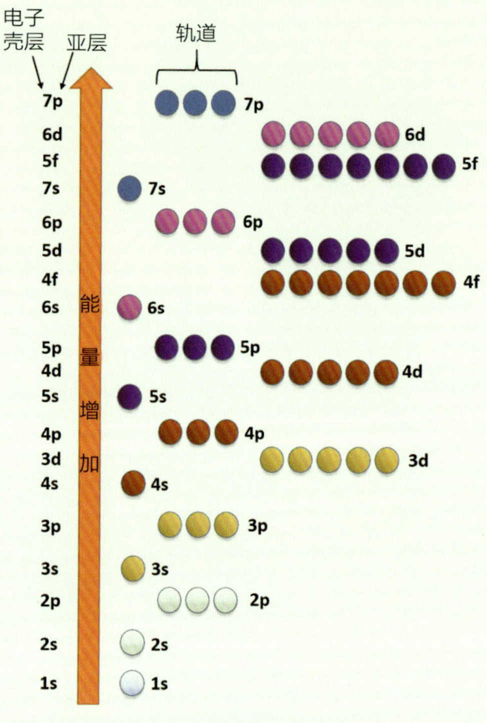

:: 电子亚层的能量比较

这些复杂的能级分布，决定了不同元素的原子在外围的电子是如何分布的，继而决定了原子的物理特性和化学特性。

有的元素最外层只有1或2个电子，很容易失去电子（如金属），变成正电性的离子。

有的元素最外围有6或7个电子，很容易去抢夺电子（如氯、氟），变成负电性的离子。

正负离子通过静电吸引，结合成化合物。

有的元素不抢不丢，容易和其他原子共享电子（如碳）。

有的元素外围正好布满电子，非常稳定、自给自足（如稀有气体）。

原子之间通过电子的失去、获取、共享或不共享，形成了分子。

最后，我们来看一下原子内部原子核和电子的比例。如果把原子放大到体育场的大小，原子核就像蓝莓或花生米那么大，而电子只有细菌那么小。

就是这么小、这种空间结构的原子，构成了宇宙万物；就是这么小的电子，决定了原子之间的化学反应和化合物的特性。

我们的身体中，约有7 000秭个原子，它们是碳、氢、氧、氮等。这些原子之间通过化学键，组成了分子、大分子、细胞、组织、器官，最后组成了身体。这是何等神奇的事！

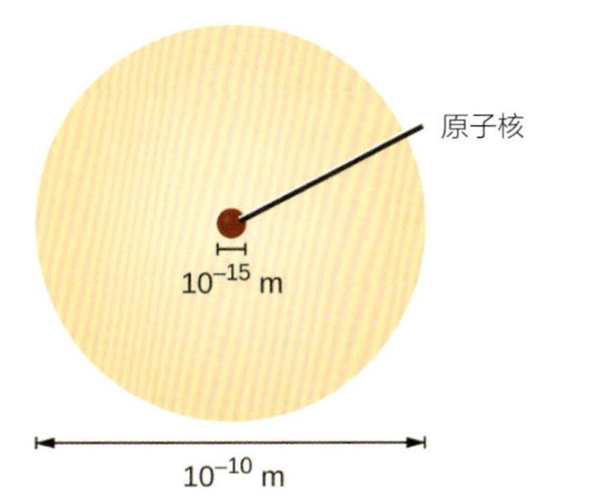

:: 原子和原子核大小对比

电子模型的“卡拉 OK”

汤姆孙：

卖布丁的爷爷驾到！一群孩子欢笑地将爷爷围绕！

吹着夏天的风，轻轻地撩起发丝！再尝尝葡萄布丁的味道！

卢瑟福：

原子内部遥远的角落，挂着一颗蓝蓝的核子，飞快地转动。

薛定谔：

你说我像云，捉摸不定，其实你不懂我的心。

你说我像梦，忽远又忽近，其实我也不懂我的心。

【基础篇】

元素周期表第二弹

门捷列夫编制他的元素周期表时，是以原子量进行排序并寻找其中的规律的。也就是说，大伙儿排队，是按“体重”来排的。

他在排表时发现，按照“体重”排列会出现一些不规则的情况。

比如，氩的原子量为39.9，而钾的原子量是39.1，按照“体重”排列，“瘦钾”应排在“胖氩”前面。

但是，从化学性能上来说，钾比氩更为活跃，所以氩要排在钾的前面。

是先氩后钾，还是先钾后氩？这个问题怎么解决呢？另外在钴（58.9）和镍（58.7）、碲（127.6）和碘（126.9）之间，也有同样的不规则现象。

门捷列夫按照他敏锐的直觉，在这三组元素的次序上，并没有以原子量排序，而是按化学反应的特性做了特别处理，让这三组元素互换次序，氩在钾前，钴在镍前，碲在碘前。但是，科学要以理服人，这种特别处理背后有没有科学依据呢？

1913年，在卢瑟福主管的卡文迪许实验室里，来了一个小伙子莫塞莱。他中学读的是伊顿公学，大学读的是牛津大学。伊顿－牛津的配套，他这是追随波义耳的脚步了。在卢瑟福的那些才华横溢的年轻助手当中，他是最聪明的小师弟。

他用X射线去撞击各种元素，元素受到入射的X射线激发时，会发射出带有特定波长的特征性谱线。这就是元素的X射线标识光谱。

:: 莫塞莱（1887—1915年）

他把各种元素发出的X射线一一记录下来，然后把所有谱线频率的平方根，与该元素在元素周期表中排列的顺序号画出来，居然发现它们成线性关系。

按照这个谱线规律，确确实实氩在钾前，钴在镍前，碲在碘前，元素的次序不按原子量，而是按谱线和化学性质。

莫塞莱提出了原子序数的概念。原子序数不仅是原子核中含有的正电荷数，也是原子外围的电子数。

当元素周期表以原子序数排列时，先前的矛盾之处豁然而解了，所有的元素都按部就班，没有出现乱插队的情况。

从原子量到原子序数，看似差别不大，也基本上不影响排列次序（除了之前提到的几个例外），但是，实际上这是一个质的飞跃——这已经是从微观的原子模型来研究元素了。

莫塞莱还指出，他的这种方法可用来发现一些“失踪”的元素：43、61、72、75，并预言这些元素光谱的性质。几年后，莫塞莱预言的元素均被找到。

莫塞莱成功地解释了周期律。这与卢瑟福发现原子核、玻尔解释氢原子发光并称当时物理学的三大发现。这三大发现本身又是密不可分的。

第一次世界大战爆发以后，莫塞莱辞去了他在牛津大学的研究工作，以志愿者的身份入伍并成为英国军队的一位工程兵军官。1915年8月10日，莫塞莱在战役中中弹身亡，享年27岁。

有不少科学家为其悲伤惋惜：如果莫塞莱能活到1916年，他可以获得那年的诺贝尔物理学奖。他的老师卢瑟福说：“莫塞莱研究生涯起步的这两年的研究成果，已经足以为他带来一枚诺贝尔奖章。”

因为莫塞莱的阵亡，英国政府制定了新的参战资格政策，不再准许那些成就突出或者大有前途的科学家被招入军中服役。一个科学家的战场应该在哪里？在理性和血性之间，很难做出抉择。

1918年，莫塞莱的老师卢瑟福发现了原子核中的带正电的质子，才发现这个原子序数就是原子核

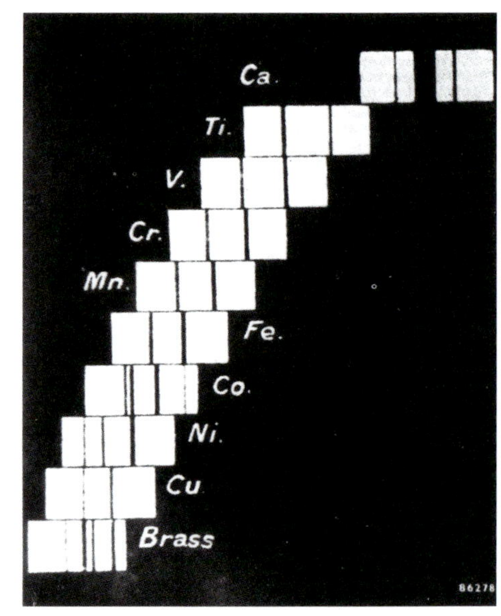

:: 莫塞莱的发现

中的质子数。

当读完本书，你才会充分体会莫塞莱的伟大之处：用原子序数对元素排列，才是真正的有条不紊。两个相邻元素的原子量可能相差很大，而且毫无规律可言，但是，它们原子核内的质子数只差1。也就是说，从氢元素到最后一种元素，它们的质子数分别是1，2，3，4，……质子数是本质，是某种元素区别于其他元素的身份证号码。

我们来看现代的元素周期表。

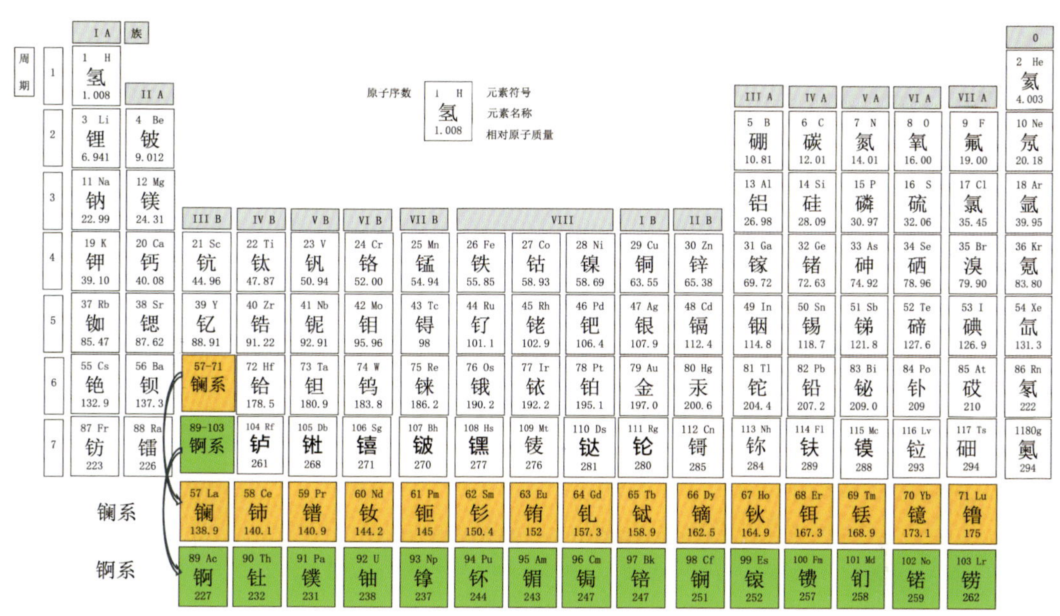

:: 现代元素周期表

以原子序数排序

所有原子的中心是原子核，电子围绕原子核运行。原子核由质子和中子构成，每个质子带一个单位的正电荷，中子不带电；而每个电子各带一个单位的负电荷。原子本身呈电中性，所以质子带的正电荷总数与外围电子带的负电荷总数相等。

按照原子的这种构成，我们来推测一下最简单的原子是什么样的？它的中心是一个质子，外围是一个电子，正负电荷中和。这就是氢原子！我们在之前说过电子云和概率分布，但是，为了简化

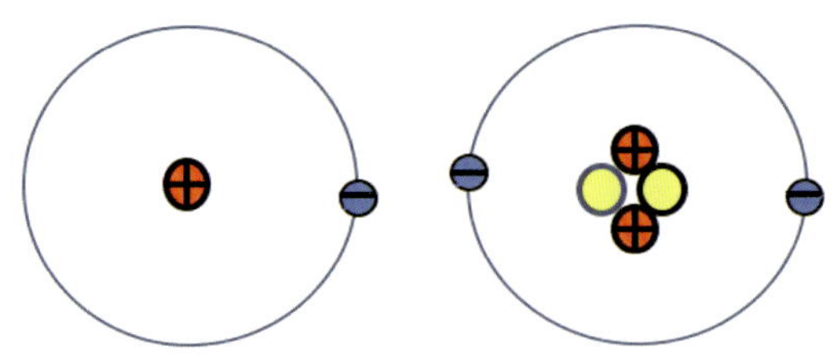

:: 氢原子和氦原子模型

仍然采用玻尔的模型：用圆圈来表示电子轨道，把电子、质子和中子画成圆点，+ 和 − 代表电荷极性。

接下来的氦原子呢？

以电子层数为行

原子核有两个质子，外围两个电子，正负电荷中和。且慢，因为两个质子在原子核中紧靠，而它们都带正电荷，相互排斥。这时候，需要加入中子将质子约束在一起，起到一种黏合剂的作用。所以，第二号元素还有两个中子。这就是氦原子的模型！

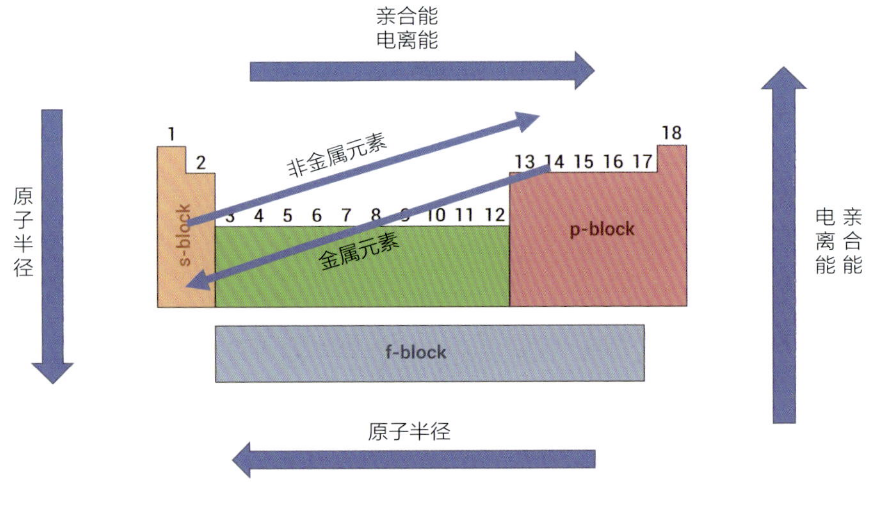

:: 元素的规律

在元素的排序中，原子序数越高，原子的电子数随之增加。那么，多个电子是一窝蜂地在周围飞吗？

非也，原子中的电子是以电子壳层的形式排列的。每一层电子壳可容纳特定的电子数量，离开原子核近的壳层，能量较低。电子会先占据低能量、离原子核近的壳层。正是这些电子壳层，决定了原子的行为方式以及周期表的形状。

周期表的每一行，称为一个周期，与元素的电子壳层数相同。从左到右，电子数依次递增，越来越不容易失去电子（电离能增加），越来越容易获得电子（亲合能增加）。

- **第一壳层最多可容纳 2 个成员，氢原子有 1 个，氦有 2 个。它们占据周期表的第一行。**
- **第二行有 8 个成员。**
- **第三行有 8 个成员。**
- **第四行有 18 个成员。**
- **第五行有 18 个成员。**
- **第六行有 32 个成员（14 个镧系元素移出单独成行）。**
- **第七行有 32 个成员（14 个锕系元素移出单独成行）。**

如果用扑克牌做类比，氢和氦是宇宙中最多的元素，也是宇宙大爆炸时最早生成的元素，可称为“大王”和“小王”。每一行的周期元素，类似于扑克牌的一种花色，共有6种花色，每种花色分别有8、8、18、18、32、32张牌。

以电子层数为行

周期表的每一列，称为族。同一族中，由上而下，最外层电子数相同，但是电子壳层数逐渐增多，原子半径增大。元素金属性递增，非金属性递减。

以第四主族为代表，从上往下看：6号元素碳（C）是非金属，14号元素硅（Si）是半导体，32号元素锗（Ge）是金属。也就是说，元素是从非金属到金属在递变。

第二主族全是金属，从上到下，各种元素的金属性依次增强。

镧锕系的另类排队

按照电子亚层的原理，元素周期表应该排成图中的窄长条，从左到右分别是s、f、d、p区，分别与之前提到的电子亚层相对应。为了能更好地排版和显示，常常将f区单独取出来，放到周期表下面。这便是镧系和锕系能够“特立独行”的原因。这好比打扑克牌，手上的牌太多，就会把有的牌放到桌上。

有人将元素螺旋状排列，从里到外像花瓣一样展开，并将镧系和锕系旁逸斜出，构成了如此好看的图案。

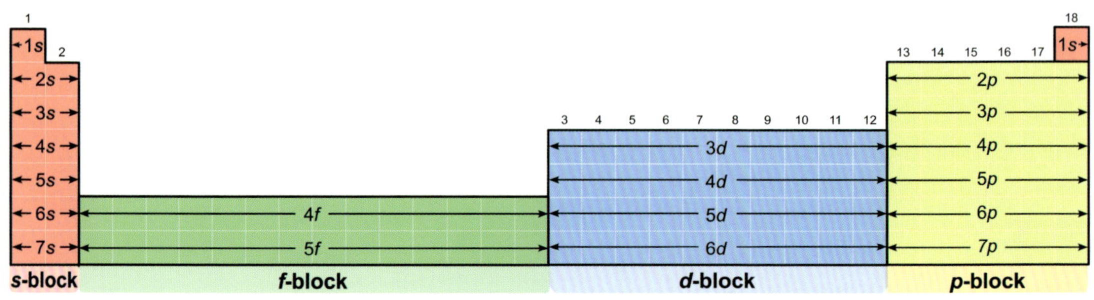

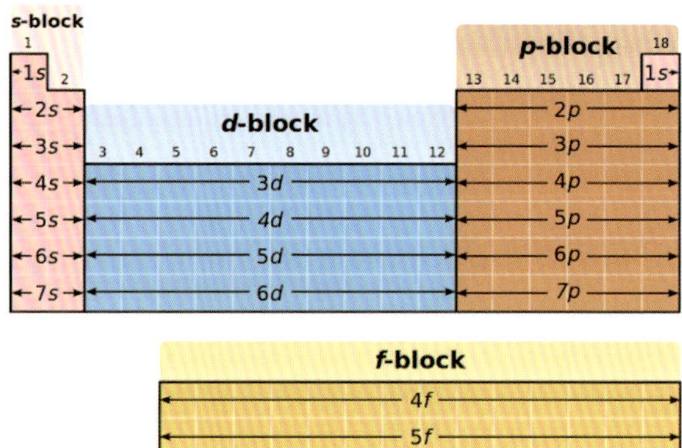

:: 元素周期表的 s、f、d、p 区

迄今为止，化学家们已经发现了118种元素。那么，118号元素是不是元素周期表的终点呢？

第119号元素将是一个新周期的起点，它有8个电子壳层，最外围的电子数是1，是非常活跃的金属，目前还没有被发现或在实验室生成。

谁会是抓到这张新牌的幸运儿呢？

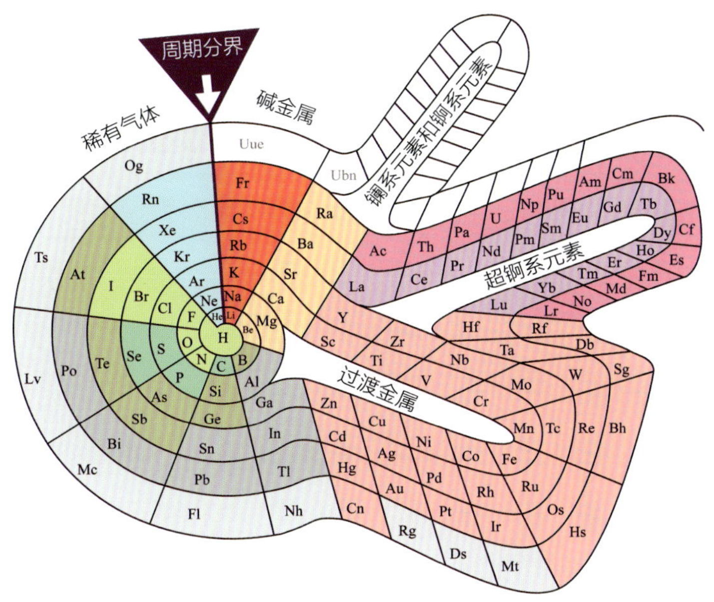

:: 另类元素周期表

关于原子序数的虚拟对话

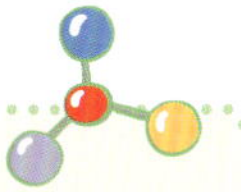

门捷列夫： 当原子量无法决定次序的时候，我相信化学特性和我的直觉。

莫塞莱： 你的直觉是正确的，X射线谱证明你的排列是对的。

门捷列夫： 我的直觉告诉我，这些空位上有未发现的元素，我有信心。

莫塞莱： 你的直觉是正确的。我也预言有未发现的元素，我有信心。

门捷列夫： 哈哈，Moseley，Mendeleev，一笔写不出两个M。

元素篇
正传

【元素篇】

宇宙中的第一元素——氢

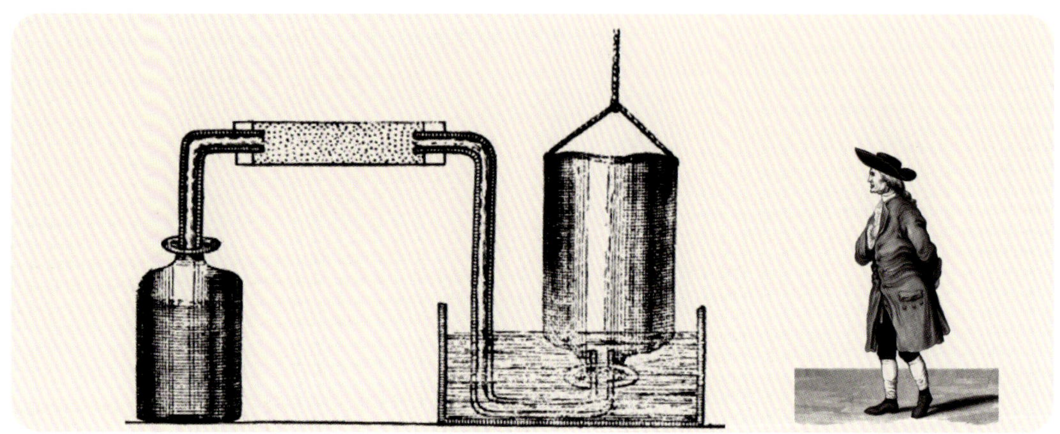

:: 卡文迪许和制取氢气实验装置

18世纪，英国科学家卡文迪许公爵发现铁与酸在一起会产生一种气体。这种气体在空气中可以燃烧，并生成水。

几年后，法国化学家拉瓦锡重复了卡文迪许的实验，确认了可燃气体是一种新的元素，并将其命名为氢（Hydrogen），意思是“成水元素”。

按照大爆炸理论：

氢（元素符号H），正是宇宙初期最早产生的最简单的原子。“道生一，一生二，二生三，三生万物”。氢，可以说是那个“一”。

宇宙中最早可能形成的原子，具有最简单的结构：一个带负电的电子e，加上一个带正电的质子p。因为正负电荷中和抵消，原子表现出电中性。

当质子和电子一对一组合成氢原子的时候，偶然会有意外发生。

宇宙中还有一种微观粒子，叫中子，质量比质子略微大一点。但是，它不带电，是中性的。这个不带电的中子会插上一脚，和质子一起形成原子核。

正常的氢原子是一个质子加一个围着转的电子，它还有一个别名叫氕（piē），元素符号P。

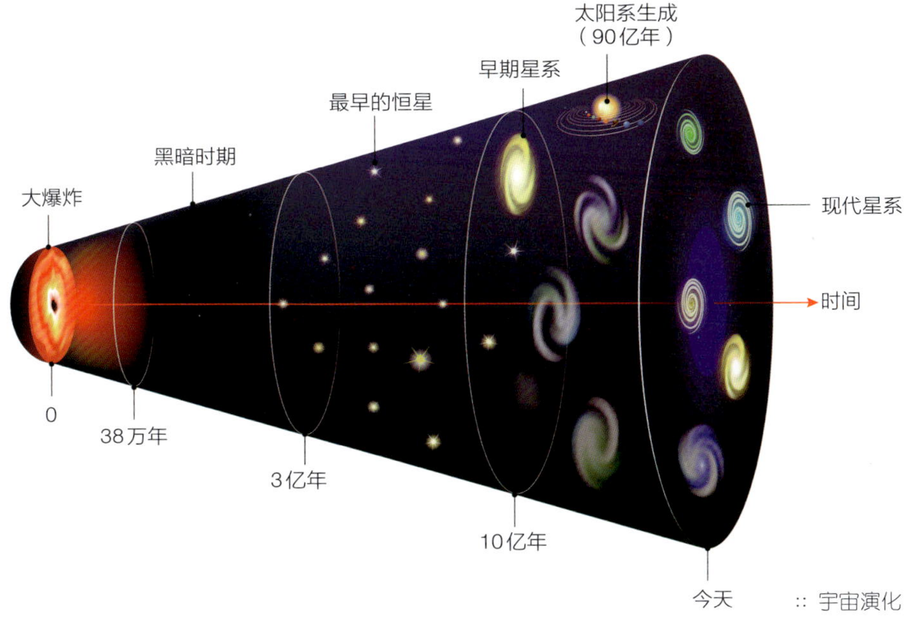

:: 宇宙演化

又过了约3亿年，恒星和星系诞生；

又过了约90亿年，太阳系和地球诞生。

一个质子，一个中子，加一个围着转的电子，叫氘（dāo），元素符号D，外号“重氢”。氘的发现是科学界在19世纪30年代初的一件大事。发现者尤里因此获得了1934年诺贝尔化学奖。他和学生米勒做了一个实验，模拟原始地球大气中雷鸣闪电能促成有机物（特别是氨基酸）的产生，论证了生命起源的化学进化过程——我们将在另一本书《读懂基因》中详细讲解。

一个质子，两个中子，加一个围着转的电子，叫氚（chuān），元素符号T，外号“超重氢”。

中文翻译者的文字水平非常高，造了“氕”“氘”“氚”三个字。它们是气字头，下面一撇表示质子，一竖表示中子。

这种含有相同质子数和电子数，但是中子数不同的元素，称为同位素（Isotope）。“氕氘氚”是得到特别待遇的同位素，有专门的名字。化学里的其他同位素都只是在元素后面加上一个数字而已。

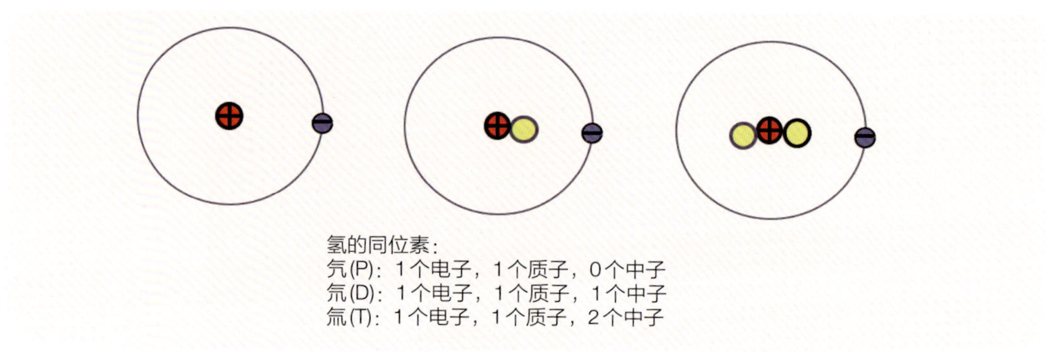

:: 氢的同位素

自然界中天然的氢的同位素，氕占99.98%，氘占0.026%，氚非常稀有。

后来，科学家在实验室里又合成了：氢-4（1个质子、3个中子、1个电子），氢-5（1个质子、4个中子、1个电子），氢-6（1个质子、5个中子、1个电子），氢-7（1个质子、6个中子、1个电子）。氢后面的数字，表示原子核里共有几个质子和中子。

这些合成得到的同位素很不稳定，寿命只有10^{-23} s量级。寿命这么短暂的同位素没有专门的名字，倒也不冤。在氢的同位素中，你只需要记得“氕氘氚”三兄弟就行了。

科学家发现，第一层的电子要唱“二人转”——需要两个电子才稳定。

当两个氢原子靠近的时候，会发生什么？

各自的原子核都想把对方的电子抢占过来唱“二人转”，各不相让。最后，平衡协议达成了，两个原子共享两个电子。我的电子是你的，你的电子也是我的。两朵云融合成一朵云。两个电子在这朵大云中“神出鬼没”。

这就是两个电子之间形成的“共价键”（Covalent Bond）。键的英文是“bond”，含有纽带、联系的意思。“共”是关键词，代表了微观粒子之间的协调。共价键，使得两个氢原子合成了氢分子，用H_2来表示。H既表示氢元素，也表示氢原子，而H_2表示的是氢分子。

1923年，尤里的导师美国化学家路易斯提出的共价键理论，解答了当年阿伏伽德罗、道尔顿、贝采尼乌斯的疑问。分子，不仅仅可以通过正负电荷的静电吸引力生成，而且，还可以通过共享电子生成。借用《007》电影里的一句经典台词：My name is Bond，Covalent Bond。

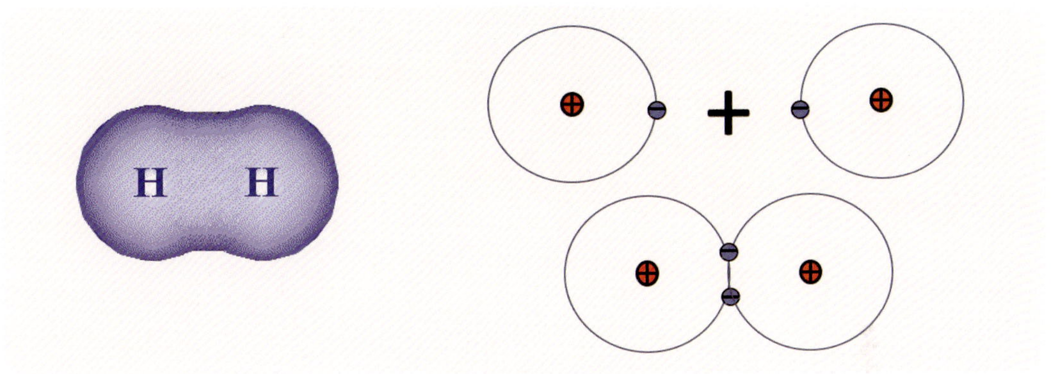

:: 氢原子以共价键形成氢气分子

宇宙中最多的元素就是氢。从整个宇宙中原子的数目来看，氢占所有原子总数的75%。

但是，在地球上独立存在的氢（氢气）却不多。空气的成分中，氢气仅占1/2 000 000。

所以，在宇宙中几乎无处不在的氢，在地球上确实很少——幸亏很少啊，不然随便点一根火柴就能把空气点燃！

在地球的早期历史上，大气中曾经存在1%的氢气，那时候，还没有氧气，还没有生命存在。

现在地球上绝大部分的氢都以化合物的形式存在于水中。

而在太阳系中最大的行星——木星，表面是一层3 000km厚的大气，主要成分是氢气，在大气层下面，是一层很厚的液氢层。

木星的核心，压力大到我们难以想象的程度，原子与原子之间的距离已经被压缩到了非常近。氢原子的每个原子核周围，都围绕着十几个来自其他氢原子的电子。这些电子可以像金属中的电子一样，在原子核的间隙中自由穿行，被各个原子核“共享”。这时候的氢具有了金属的一些性质，被称为“金属氢”。

受木星的“启发”，科学家在地球的实验室里也成功地将氢气“变成”了金属。

太阳为什么能发出光和热?

在太阳的内部，4个质子（氕核）合成氦核和2个正电子、2个中微子。人工核聚变是氢的同位素氘、氚等原子的原子核发生核聚变反应，瞬时释放出巨大能量。

根据氢的核聚变原理，人们制造出了威力远大于原子弹的核武器——氢弹。

:: 金属氢
图源：Loubeyre, P., Occelli, F. & Dumas, P. Nature 577, 631–635 (2020)

氢弹，先在内部引爆一颗原子弹，产生强大的压力，再引发氘氚核聚变，产生第二次更大规模的爆炸。

1961年，苏联的沙皇氢核弹在北极引爆，其威力是轰炸广岛的原子弹的3 000倍，大约是5 000万吨当量。当时爆炸冲击波绕地球三次，火球直径达4.6 km，蘑菇云高达67 km。

这是人类制造出来的威力最大的核武器。

如果有一天人类能实现氢核聚变的可控释放，那么就不再需要担心能源耗竭的问题了。氢原子在宇宙中可谓是取之不尽的。

在我们的体内，氢元素占了体重的9.5%。它是以多种有机物质的形式出现的：在汗水和细胞液的水分里，在血液和肌肉的蛋白里，在皮下脂肪里，在每一个细胞的核酸里。

我们喝下一杯360 mL的水，里面约有$2.408\ 8\times10^{24}$个氢原子。

它们“呼啸而下”，进入你的体内，浸润你的细胞，让你的关节滑润，让你的肌肉富有弹性，让你的笑容动人。

氢是一种可燃烧的气体，既有沛然莫之能御的威能，又有化为绕指柔的润物细无声。

当年卡文迪许发现这种自然界中的元素时，以为它是非常稀有的。没想到它在我们的体内是如此丰沛。

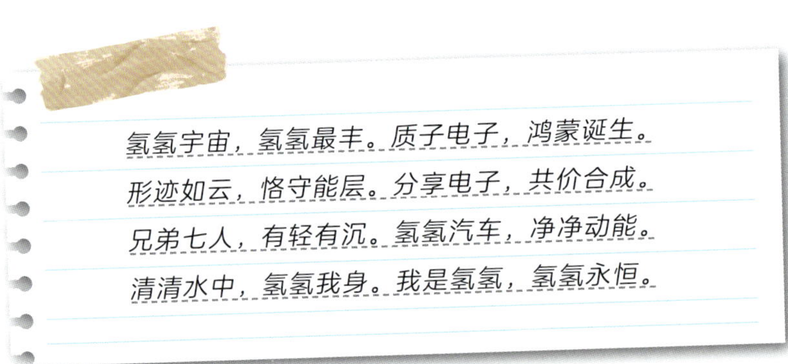

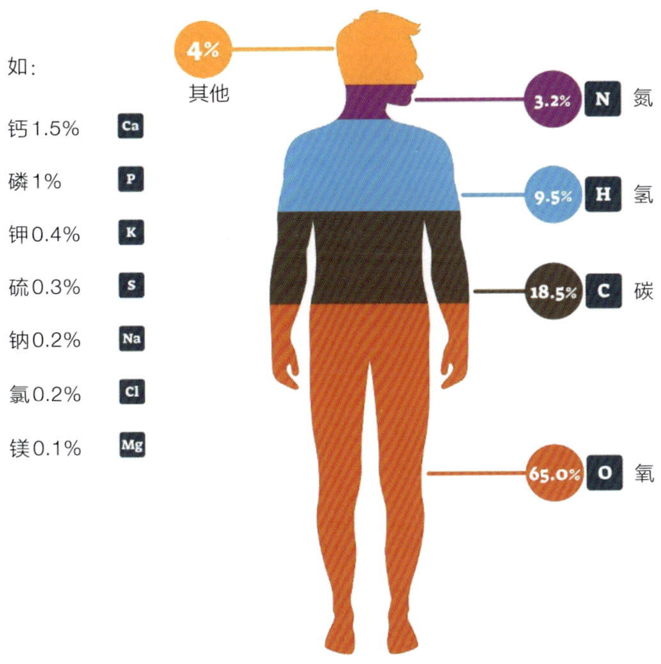

:: 人体中的元素

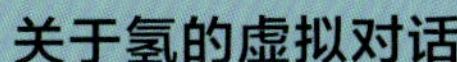

关于氢的虚拟对话

可以设想一下卡文迪许和拉瓦锡这两位同时代的科学家的对话：

卡文迪许： 氢，可以燃烧得如此猛烈。

拉瓦锡： 它也能化作柔弱的水。

卡文迪许： 水能载舟，亦能覆舟。

拉瓦锡： 它的内心封存着的威力，我用生命得到了体验。

2

【元素篇】

最酷的元素——氦

:: 皮埃尔·让森
（1824—1907 年）

:: 约瑟夫·诺曼·洛克耶
（1836—1920 年）

1868年，天文学家让森和洛克耶在观察日全食的太阳光谱时，发现了一条黄色的光谱线。他们认为，这条黄色的光谱线来自一种新的元素。

当时科学家只在太阳上发现这种元素。洛克耶用希腊语里的太阳“Helios”命名了这种元素——氦（Helium），缩写为He。

后来，人们在地球上也发现了这种元素。

氦原子核内2个质子、2个中子，核外2个电子。

它和氢一样，是宇宙中最早诞生的元素之一。在宇宙中的丰度仅次于氢，占宇宙所有原子数的24%。元素中的老大氢和老二氦加起来，占了99%。

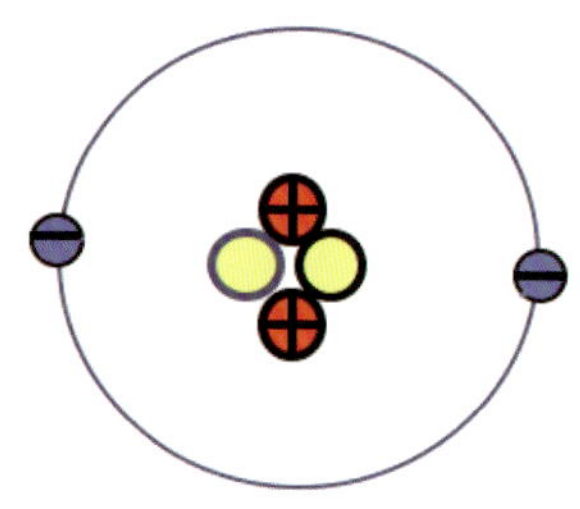

氦原子(He)：2个电子，2个质子，2个中子

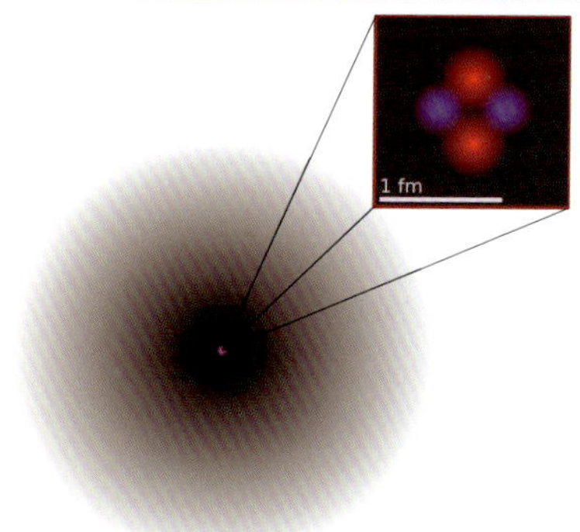

:: 氦原子模型和氦原子的电子云照片

fm(飞米)=10^{-15}m，pm(皮米)=10^{-12}m，A(埃)=10^{-10}m

因为原子的第一能层最多可以容纳两个电子，所以，在氦原子这里，两个电子正好占据最低能层，既不用去和其他原子共享电子，也不必去抢别的电子。它自己的两个电子关了门唱“二人转”。

氦气，单个原子就可以单独存在，并不需要像氢气一样利用共价键来合成分子。可谓是“夫唯不争，天下莫能与之争”。

所以，在正常情况下氦原子非常稳定，属于稀有气体，又称惰性气体，很难和其他原子结合形成化合物——惰性气体的英文名字（Noble Gas）更好听一些，透着贵气——不卑、不亢、不争。

氦气因这种惰性而被用作电焊时的隔离剂。那些建筑工地上飞舞的电焊火花，每一朵里都有氦气的身影。电焊工们的气定神闲，离不开氦气的“扑救”。

:: 氦气用于电焊

氦是宇宙间第二丰盈的元素，在地球这个角落却是稀有之物。因为它一般不和其他原子形成化合物，而氦气本身的密度很低，一旦裸露在空气中，很容易挣脱地球的引力，飘然而去，进入浩瀚无垠的太空。

地球上仅存的氦，来自地底下放射性元素的α衰变—— 一个重原子裂变成一个略轻的原子，并释放出α粒子。这个α粒子，就是氦的原子核，也就是当年卢瑟福“金箔实验”中轰击原子核的“子弹”。

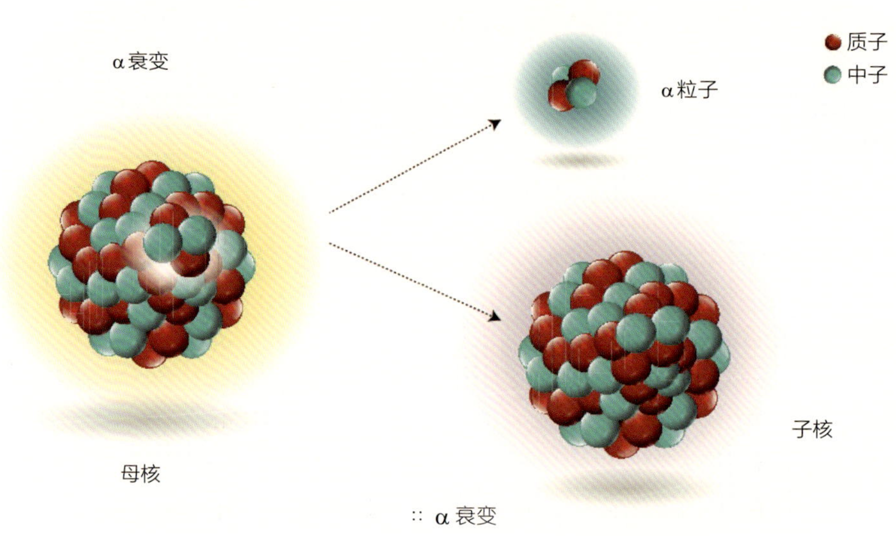

:: α衰变

这些氦被密封在地底，和天然气共存。人们开采天然气时，会同时开采里面的氦。

有的温泉（如黄石公园）也有氦气逸出。

氦的短缺，将是人类面临的资源困境之一。

氦有多达9种同位素，氦-2~氦-10，都有2个质子，分别有0~8个中子。

其中，只有氦-3和氦-4是稳定的元素，存在于自然界中。在氦的同位素中，你只需要记得氦-3、氦-4两兄弟就行了，它们分别占了99.999863%和0.000137%。

氦在核聚变中扮演重要的角色。

氢核聚变时，氘和氚一起，聚变产生氦和中子（我们说到核反应的时候，只看原子核中的中子和质子，忽略外围的电子）。这是氢弹中的核聚变，也是太阳上的核聚变。氦是氢聚变后的产物。

科学家认为，如果以氦为原料进行核聚变，不会产生辐射，过程更安全。

:: 月壤采掘

嫦娥5号从月亮采集回来的月壤，里面富含氦-3。月亮上的氦-3来自哪里？来自太阳风。

太阳在内部核聚变过程中，会产生大量的氦-3，而这些氦-3经过太阳风的吹拂，落到周围的星球上。地球由于覆盖着厚厚的大气层，太阳风不能直接抵达地表，所以地球上氦-3的天然储量非常低。不过，如果没有大气层的保护，太阳风直接吹到地面，人类不可能生存。

而月球几乎没有大气，太阳风可直接吹拂到月球表面，氦-3也就大量地“沉积”在了月球的尘土中。月球上的氦-3含量估计在百万吨以上，可供人类使用万年之久。不远的将来，人类很可能抢着去月亮挖土。

当年让森和洛克耶在太阳上发现这种元素的时候，没想到我们可以在月亮上找到它。氦同样来自太阳的赐予。

除了月亮之外，木星上也富有氦，而且，那里下的雨就是氦雨！木星上的美丽斑纹，就是一场场浩大恒久的氦雨——这是何等奢华的雨，下在我们淋不到的地方。

氦有着所有元素中最低的熔点和沸点，而且在-272℃以下，氦会转化为超流体，可以克服重力从杯沿往上流出来。

同时，液氦还具有极高的导热能力。

这些性质使得氦成为宇宙间最酷的元素：液氦是绝佳的制冷剂。

物理学家、计算机工程师、外科医生和核工程师都要利用液氦的制冷能力。

粒子对撞机、量子计算机、核磁共振成像、核反应堆，都离不开液氦制冷。

氦，让对撞机在极端低温下实现超导；让核磁共振设备“冷静”下来，看清你身体里的细微变化；让量子“冷静”下来，不受磁场和热噪声的干扰。这是真的酷，非常冷的酷。

氦的另一个用处在动画电影《飞屋环游记》里有着完美的展示。气球销售员卡尔从小就想成为一名探险家，去南美洲的“仙境瀑布”探险。但是人生忙碌，直到78岁高龄，他才下定决心完成自己一生的夙愿。他在自己的屋顶系上成千上万个五彩缤纷的氦气球，飞向梦想中的“仙境瀑布”……这是多么温馨、多么酷的故事。

气球之所以能升到高空，是因为里面填充的氦气密度远小于空气。那么，这样的飞升有没有可能呢？

氦气球能拉升起物体，是因为浮力定律。氦气球受到的浮力，等于它排开的空气所受的重力。空气的密度大约是1.225 kg/m^3。如果要拉起65 kg的你，需要有61.26 m^{3}的氦气球。

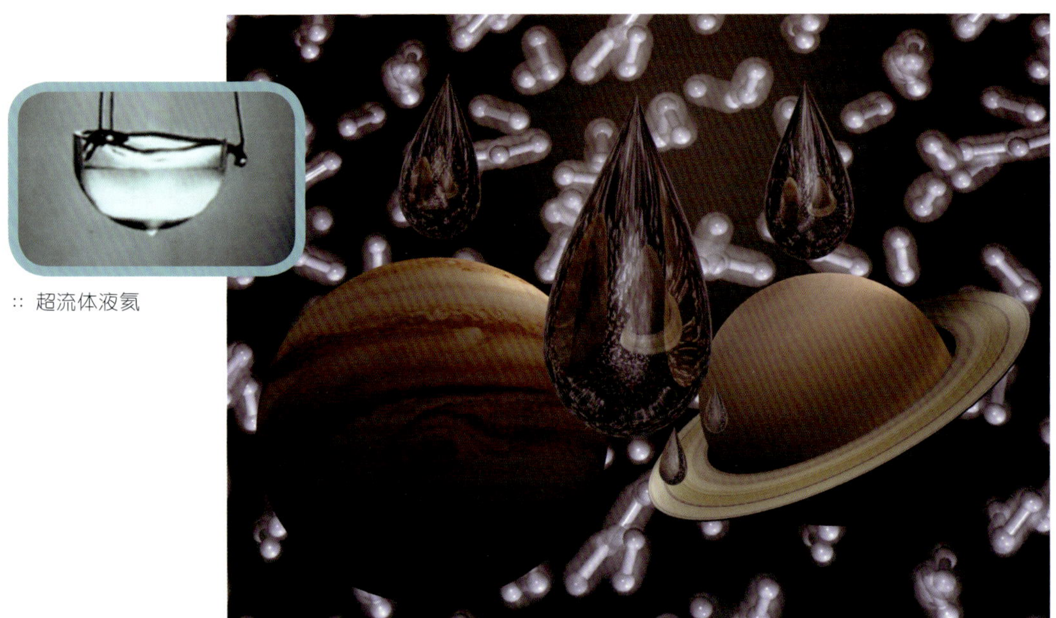

:: 超流体液氦

:: 木星上的氦雨
图源：https://www.llnl.gov/Illustration by Jonathan DuBois Creative Common copyright license

:: 液氦的制冷应用（量子计算机和核磁共振仪）

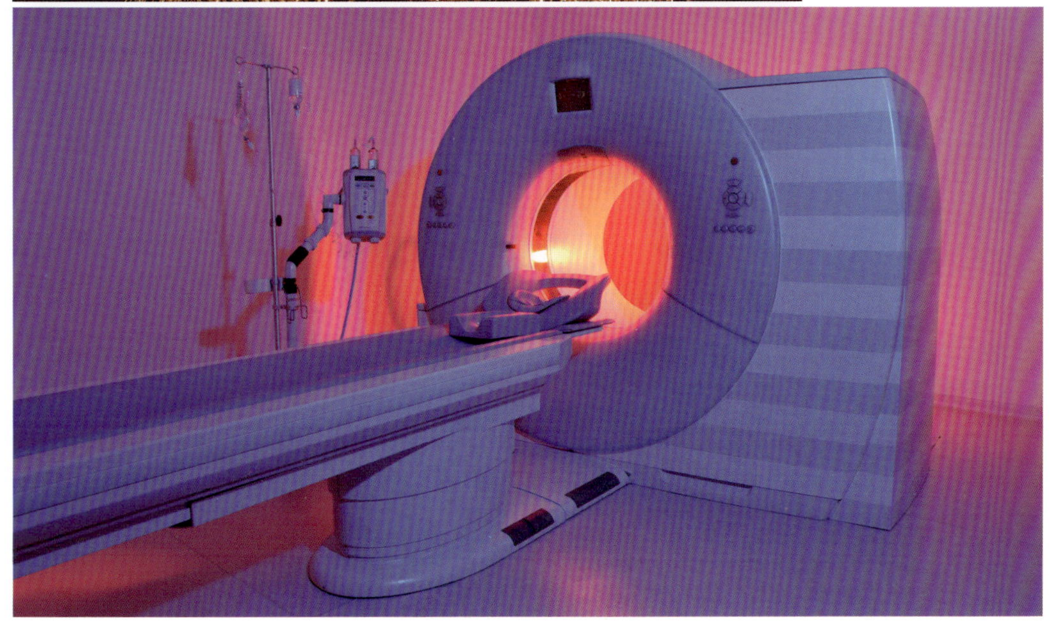

我们平时在游乐园看到的气球，半径为 15 cm，体积接近0.014 m^3。粗略估算，你需要4333个氦气球就能飞起来。

假设你们家有一只3 kg的公鸡，一只12 kg的卷毛狗。你想让“鸡犬升天”，请问需要多少个半径为 15 cm的氦气球？

黑的白的红的黄的　紫的绿的蓝的灰的
你的我的他的她的　大的小的圆的扁的
好的坏的美的丑的　新的旧的各种款式
各种花色任你选择　飞得高高越远越好
——《气球》歌词

等到哪一天我们真的买不起氦气球的时候，一定要拜托嫦娥姐姐啰。

氢和氦的虚拟对话

设想一下氢和氦的对话，可能是这样的场景：

氦： 我很轻。

氢： 我更轻。

氦： 我轻得能挣脱地球引力。

氢： 我也能挣脱地球引力。

氦： 我与其他元素毫无瓜葛，无牵无挂。

氢： 我和氧气相爱，化成了柔情的水。这样的牵挂，让我留在了蓝色的星球。

氦： 我们同时出生，来自同一个源头，只是因为我出生时多“吃”了一个质子，一生的命运便如此不同。

3

【元素篇】

大器晚成——锂

在氦这样“岁月静好、与世无争”的原子中，加1个质子、1个中子、1个电子，变成的新元素会有什么样的特性呢？

意想不到吧？它会变成世界上最活跃的金属！

氢、氦、锂，这三个元素，每加一个质子，便呈现出完全不同的特性。

1817年，贝采尼乌斯的学生阿韦德松在分析叶长石时，发现了该元素的存在。贝采尼乌斯将这种新元素命名为“lithos”，希腊语意为“石头”，后来改名为“Lithium”，缩写成Li。

最早分离出纯锂的人，是门捷列夫的老师—— 一代化学大师、德国科学家本生。

在人们的印象里，金属是沉甸甸的，密度比水、木材要大得多。可是，锂密度却比水还要小。锂是目前地球上已发现的最轻的金属元素，密度仅为0.534。

地球上并不缺锂，但它主要在海水里，没法提炼，可开采的锂元素主要在在于盐湖、锂辉石矿和锂云母矿中。

:: 锂原子模型和锂矿石

:: 古迪纳夫（1922—2023 年）

锂这种金属，一开始并未被人看到价值。它的广泛开发利用，是近50年的事，和一个人的命运密切相关，而他同样大半生寂寂无名，最后大器晚成。

古迪纳夫1922年出生在德国，在美国康州纽黑文度过童年。

他的童年境况并不像他的名字（Goodenough）那样“足够好”，他缺乏家庭的温暖和父母的关爱，并患有严重的阅读障碍症，但是，他不屈从于命运，从不放弃学习，最后居然考上了耶鲁大学。其中经历了多少艰难，超乎常人的想象。他靠给小孩补课和奖学金来填补学费和生活费。

在第二次世界大战期间，古迪纳夫以气象学家身份参战。二战结束之后，24岁的古迪纳夫得到资助开始研究生课程学习。他来到了芝加哥大学，师从于那个时代最为顶尖的物理学家们，其中就有物理大师费米。

因为知识结构的不完善，古迪纳夫不得不去选修一些本科课程。学校里的工作人员说：“你难道不知道凡是在物理上有过重大成就的人，在你们这个年纪就已经做出了成绩？”

这话说得很刻薄，爱因斯坦26岁提出相对论，玻尔25岁提出原子模型，而当时古德纳夫已经快30岁了。

古迪纳夫当然不会因为这些冷嘲热讽而退缩，他还是按照自己的步伐继续前进。

1952年，他获得芝加哥大学物理学博士学位，之后在麻省理工学院的林肯实验室做科学研究。

1976年，牛津大学化学系恰好出现了一个空缺。凭借在林肯实验室的出色表现，古迪纳夫得到了这个职位，被聘为无机化学实验室主任。这一年，他54岁，开始了电池的研究。

要制作电池，需要两个电极，一端称正极，另一端称为负极。在电池内部，是一种可以让离子透过的物质，称为电解质。当电池在放电时，带正电荷的离子从负极穿梭到正极，产生电流。如果它是可充电电池，将设备插入插座就可以迫使离子回流到负极，在那里存放，直到下一次需要放电。

以前的锂电池设计，都是用锂金属作为负极材料，用不含锂的化合物作为正极材料。电池生产出来就是“满电”，类似于现在的一次性锂电池。

锂元素极其活泼，极易氧化、燃烧，能和许多的物质发生反应。所以，对锂金属的操作必须在充满氩气或氦气的封闭环境中进行。刚开始，人们以为把电池密封起来就可以了，后来发现用锂金属作负极的电池多次充放电后，不是燃烧就是爆炸。

这是怎么回事呢？原来，活泼的锂金属可以在反复充放电时在电池内部生长出枝晶，最后，竟可以刺穿正负极之间的隔膜，导致负极直接连通正极，电池内部短路，从而造成燃烧或爆炸。

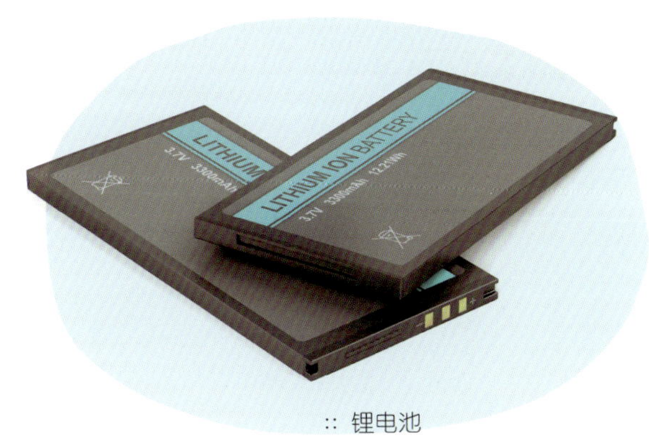

:: 锂电池

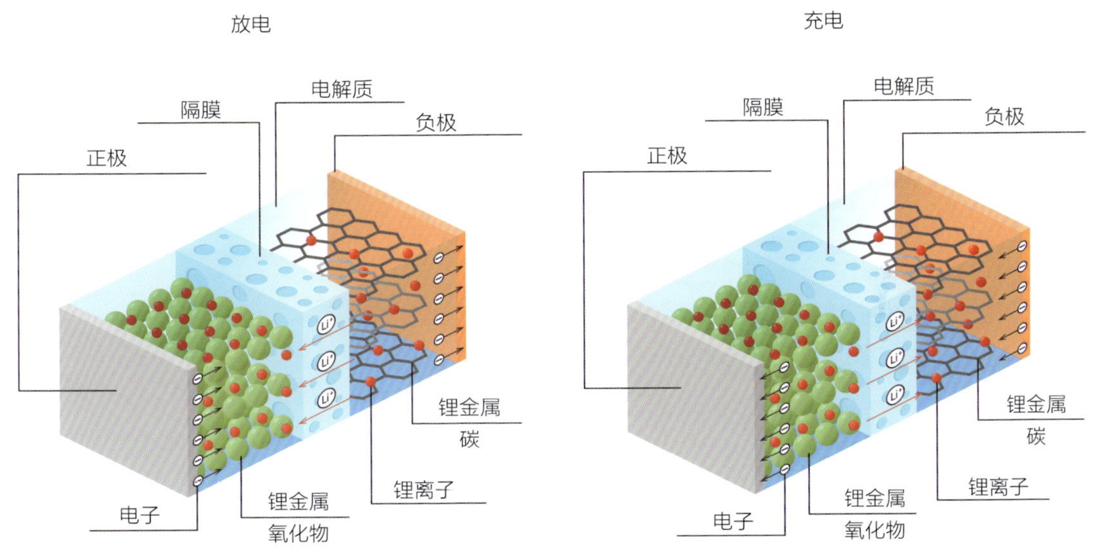

:: 锂电池的放电和充电

古迪纳夫独辟蹊径，反其道而行之，提出用钴酸锂（$LiCoO_2$）作为正极材料。电池生产出来是“没有电”的状态，需要先充电才能使用，最后避免了燃烧爆炸。

从此，锂电池得到了广泛的应用，并发展成为了几十亿美元的产业。

牛津大学的政策是教授到了65岁被强制退休。但古迪纳夫不想退休，在64岁的时候回到了美国，在德州大学奥斯汀分校当教授，继续做研究。“老当益壮，宁移白首之心？穷且益坚，不坠青云之志”这是古迪纳夫的真实写照。

1997年，这位75岁的老教授又发现了一种极其优异的电极材料——以磷酸铁锂（$LiFePO_4$）为代表的磷酸盐体系。

古迪纳夫自身似乎就是一个可以不断重新充电的“电池”。

2019年10月9日，2019年度诺贝尔化学奖终于授予了97岁高龄的古迪纳夫，他是诺贝尔奖历史上年龄最高的获奖者。“老骥伏枥，志在千里，烈士暮年，壮心不已”，这个天道酬勤的故事终于完美了，“足够好”！

锂这种金属，在被发现近200年之后，成为了一种新能源，也是一种“大器晚成”。

关于年龄的几句对话

古迪纳夫在30岁时，被人怀疑：“你难道不知道凡是在物理上有过重大成就的人，在你们这个年纪就已经做出了成绩？”

古迪纳夫在很多年以后说：“我们有些人就像乌龟，走得慢，一路挣扎，到了而立之年还找不到出路。但乌龟知道，他必须走下去。”

我要说的是：“我不知道在物理上有过重大成就的人，谁还能在90多岁的年纪仍然如您这般专心致志做研究。”

【元素篇】

于僻处凝视——铍

2021年12月25日，科技界最盛大的圣诞礼物展现在世人面前。

被誉为哈勃太空望远镜“继任者”的詹姆斯·韦伯太空望远镜于美国东部时间12月25日7时20分从法属圭亚那库鲁航天中心发射升空。这是有史以来性能最强大、造价最高的太空望远镜。由数千名科学家、工程师耗时25年研发，耗资约100亿美元，重6.2 t。它的主镜直径6.5 m，由18片巨大六边形镜子构成。遮阳板完全展开后，面积相当于一个网球场的大小。

韦伯太空望远镜担负的主要任务，是调查作为“大爆炸”理论的残余红外线证据（宇宙微波背景辐射），即观测可见宇宙的初期状态。它能接收早期星系发射的红外光——初见的那一道光，观察宇宙大爆炸几亿年后形成的第一批恒星和星系，并肩负寻找地外生命迹象等重任。

韦伯太空望远镜质量仅为哈勃太空望远镜的一半左右，主镜面集光区域却比哈勃太空望远镜大6倍，而且能在近红外波段工作，在接近-220 ℃的环境中运行。

在这个巨大的天文望远镜中发挥最重要作用的元素，就是元素周期表上的第四号元素：铍。

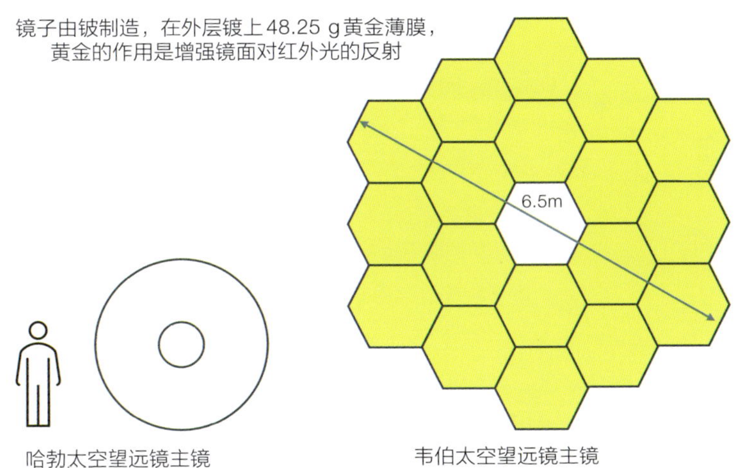

:: 韦伯和哈勃太空望远镜的尺寸比较

单质铍是一种金属，在自然界中并不存在，常与其他元素“抱团取暖”。铍的矿物有上百种，大多是昂贵的宝石，如海蓝宝石、红绿柱石和祖母绿等。

1798年，法国矿物学家沃克兰分析研究绿柱石。他把苛性钾溶液分别加入到绿柱石和祖母绿的酸溶液中，都获得一种沉淀物。这个昂贵的化学实验（可能比拉瓦锡用钻石做实验的成本略低），证明了这两种物质中具有同一组成成分，并含有一种新元素。他把新元素命名为希腊语的“小甜甜”，因为这种成分的一些化合物味道是甘甜的。不过他后来发现“小甜甜”是有剧毒的。

后人为了避免“吃货们”去试吃，就以矿石来源绿柱石（Beryl）命名新元素为“Beryllina”——贝瑞丽娜，这是一个美丽的女性名字。

1828年，德国化学家维勒使用钾金属和氯化铍反应，分离出单质铍，首次使用元素名称“Beryllium”——这是有着浓郁科学色彩的名字，符号Be。维勒是一位伟大的化学家，他后来因为人工合成尿素并创立有机化学而闻名于世。

:: 铍原子模型和单质铍

铍的原子序数是4，排在元素周期表的前列。这让它具备了几个重要的特性。

一是轻，铍的原子核只有4个质子、5个中子。这使得铍的合金材料密度低，韦伯太空望远镜质量仅为哈勃太空望远镜的一半左右，却比哈勃太空望远镜更大，就是轻的优势。

二是透，对X射线的吸收率极低。X射线可以长驱直入，毫无障碍地穿过铍原子和材料。所以，X射线管都有一个铍材料做的辐射窗口，使得X射线可以放射出来。相反地，原子序数高的重元素如铅（原子序数为82，有82个质子、126个中子）就会对X射线造成重重阻碍，大量吸收X射线。

:: X射线的辐射窗口（铍窗）

医疗防护用的X射线围兜里面都有铅材料。现在你知道每次去医院做X光检查，是谁在“凝视”你吗？是铍！

三是刚，让人意想不到的是，这样“轻透”的金属却很“刚”。铍铜合金的刚性是所有铜合金中最高的，和钢不相上下。铍在汽车轴承、航天飞机、火箭、导弹上都有应用。

四是稳，铍还非常“稳”。别的材料热胀冷缩，而铍的热膨胀率很低，在外部极冷极热的环境下有着非常高的稳定性。太空望远镜的作业温度很低，为−220 ℃。一般的玻璃在这样的极端低温下可能碎成一地了，而铍的镜面“波澜不兴”，能承受极低的温度。这是它被选用制作韦伯镜面的原因。下一次我们看到韦伯太空望远镜传回来的宇宙照片，知道是谁在星空中“凝视”？还是铍！

因为铍的“轻”“透”“刚”“稳”特性，因此，它被用作粒子对撞机中的材料。对撞机产生的高能粒子可以不受阻碍地穿透铍，抵达四周的探测器；铍的刚性高，射束管内可以长期维持高真空，从而降低各种气体对实验的干扰；铍能够承受对撞机内接近绝对零度的低温。现在我们知道是谁在对撞机中“凝视”新的粒子？还是铍！

在星空，在X射线室，在高能粒子对撞机中，于僻处“凝视”的是4号元素铍。

铍在发现中子过程中的贡献

物以稀为贵，海蓝宝石和祖母绿之所以如此稀少，是因为铍元素在整个宇宙中的丰度低，原子序数第四的铍甚至比锂还要稀缺。铍的同位素中，只有铍-9稳定。铍-9原子核很容易与α粒子反应，释放中子。这个过程在物理史上非常有名。

1919年，卢瑟福用α粒子轰击氮原子时，检测到了大量的“氢核”，后来确认这是原子里面更微小的粒子——质子。1920年，他在一次演讲中谈道，既然原子中存在带负电的电子和带正电的质子，那么会不会存在不带电的“中子”呢？万事皆有可能，科学的发现往往起因于好奇一问。

1930年，德国物理学家博特和贝克尔发现金属铍在α粒子（氦原子核）轰击下，会产生一种贯穿性很强的中性射线（不带电），当时他们认为这是一种高能量的γ射线——很显然，他们没有听过卢瑟福的演讲。

1932年，约里奥-居里夫妇重复了这一实验，而且再用铍产生的中性射线轰击石蜡，他们惊奇地发现，石蜡在被撞击之后也能发出一种带电的射线，是由质子组成——他们离真相更近了，但是，也没有听到卢瑟福的好奇一问。他们认为铍发出的是γ射线。

卢瑟福的学生查德威克对于老师的好奇一问和中子猜想是铭刻在心的，并花了12年的时间一直在寻找卢老师梦中的中子。他在得知了α粒子和铍的实验结果后做出了大胆判断：铍发出的中性射线不可能是γ射线，因为γ射线不具备从石蜡的原子中打出质子所需要的动量。

他用仪器测量了被打出的质子的速度，并由此推算出了这种新粒子的质量与质子的质量差不多。

他从而推断，从铍中放出的射线是一种质量跟质子差不多的中性粒子，也就是卢老师预言的中子！真是踏破铁鞋无觅处，得来全不费功夫。12年孜孜以求的中子，原来就在“铍”处，而博特、贝克尔、居里夫妇却都与之失之交臂。

后来更精确的实验测出，中子的质量非常接近于质子的质量，大约比质子重1/1 000。

铍-9原子核与α粒子反应，释放中子，并生成碳。也就是说，自然界中的铍很容易变成碳！难怪海蓝宝石和祖母绿这么少，而碳这么多了。

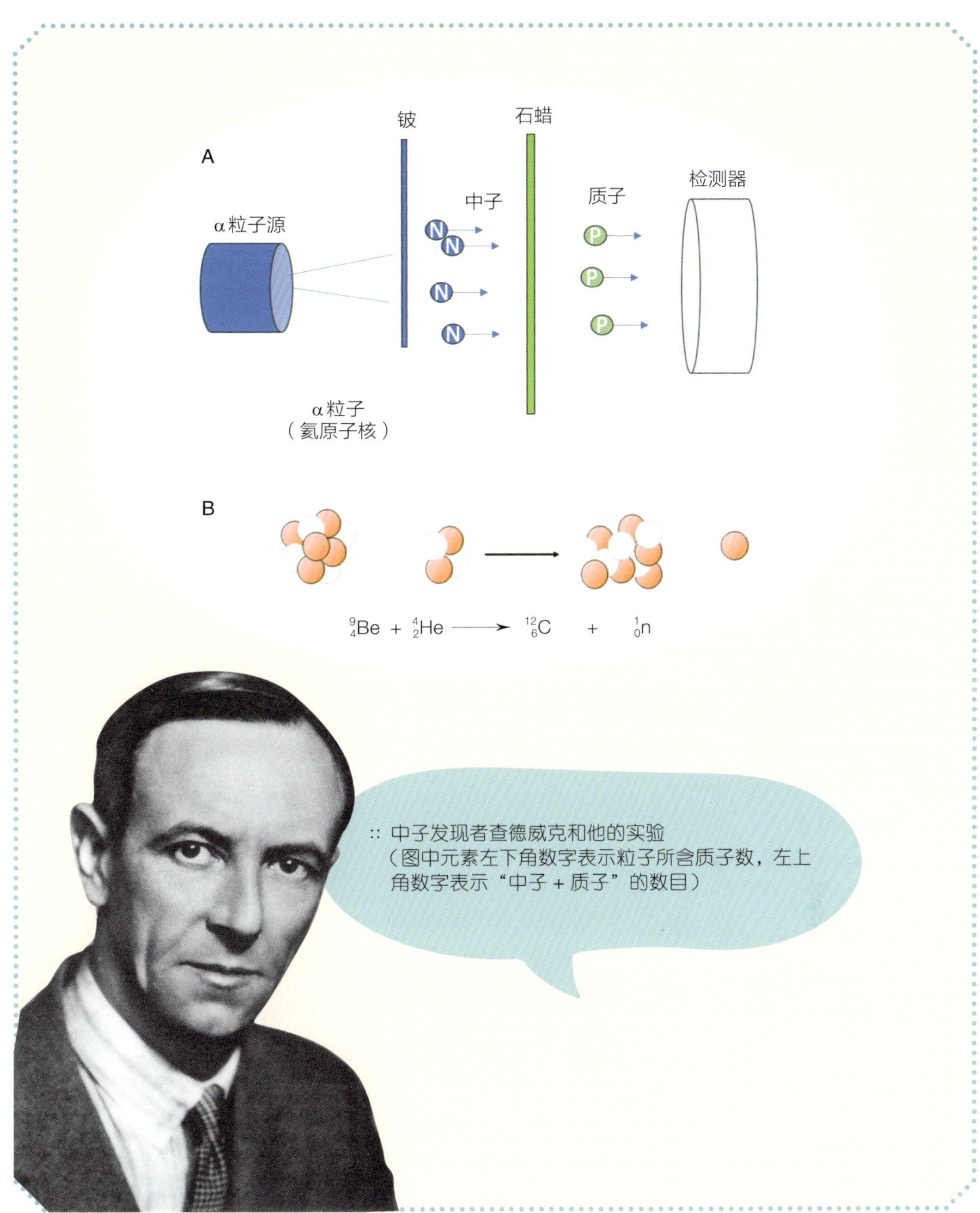

:: 中子发现者查德威克和他的实验
（图中元素左下角数字表示粒子所含质子数，左上角数字表示“中子 + 质子”的数目）

【元素篇】

有朋自远方来——硼

我们在讲到元素来源的时候，说过恒星内部的核聚变：将轻的原子核聚变形成重的原子核。

但是，在恒星内部，氦原子核聚变成铍原子，并进而聚变成碳原子，这中间跳过了5号元素硼！所以，硼并不是由恒星中的聚变反应形成的，在恒星中很少发现硼。

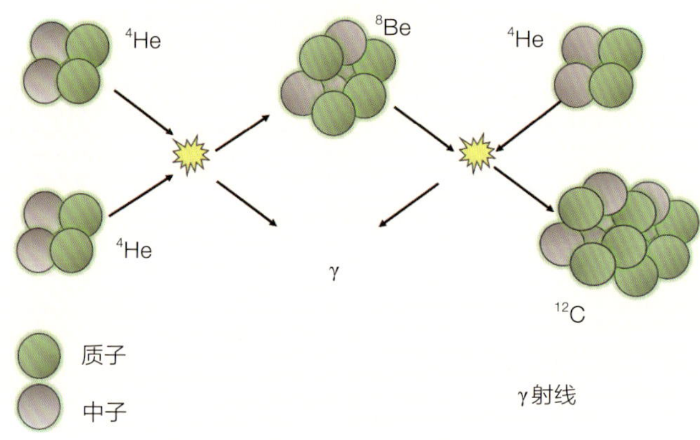

:: 氦的聚变产生铍和碳
（元素左上角的数字表示原子中“质子 + 中子”的数目）

那么，硼来自哪呢？地球上的硼含量是比锂和铍还要多的。

科学家认为，它来自远方神秘的宇宙射线。浩瀚的宇宙中，闪耀着各种各样的恒星，类似太阳的普通恒星表面有高能量的活动，还有超新星爆炸、脉冲星辐射、超级能量的类星体和黑洞，这些都是宇宙射线的来源。这些高能量的宇宙射线穿越地球时，会与地球上的其他元素原子核发生反应，生成新元素的原子核——当原子核中有5个质子时，硼便诞生了。

硼自远方来，来自宇宙射线的照射，来自宇宙的馈赠。

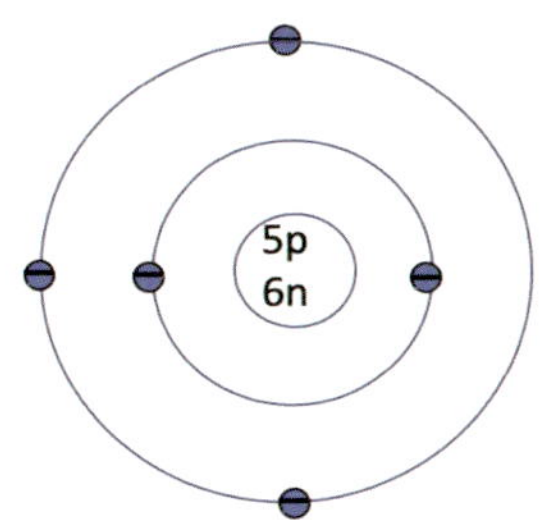

硼原子(B)：5个电子，5个质子，6个中子

:: 硼原子模型、硼单体和天然的硼砂晶体

由于地球大气中富含氧，硼很容易被氧化，因此，硼在地球上以化合物的形式存在。

人类认识硼化合物的历史很早。传说从古埃及开始，人类就会使用硼砂来杀菌和冶炼金属。

在中国，硼砂通常是作为中药被国人认知的，称作鹏砂、蓬砂、月石或盆砂。中国汉朝的时候，还用硼砂生产硼砂玻璃。

1808年，英国化学家戴维在电解硼酸盐的水溶液后，得到了一些棕色的沉积物，后来他用钾去还原B_2O_3，生成了同样的棕色物质。他宣布这是一种新元素。

与此同时，法国科学家盖·吕萨克和泰纳尔在高温下用铁还原硼砂得到了硼，证明了硼砂是硼的氧化物。盖·吕萨克和泰纳尔是两位好友，他们在化学上的很多发现都是合作完成的，可以说是19世纪法国化学界的“双驾马车”。

英法科学家之间的竞争其实质是国家荣誉之争，拿破仑也为此在资金上大力支持法国的科学家。

因为硼砂可以熔化金属从而进行焊接，科学家们不约而同地用阿拉伯语里的焊接之意为新元素取名。最后，新元素定为硼（Boron），符号B。

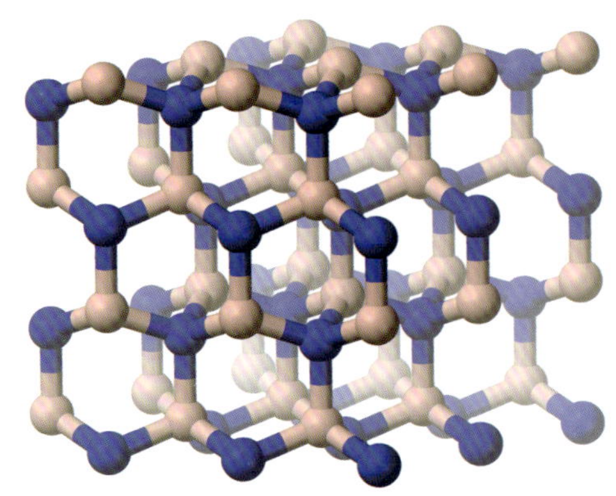

:: 硬度超过金刚石的纤锌矿氮化硼 (w-BN) 晶体结构

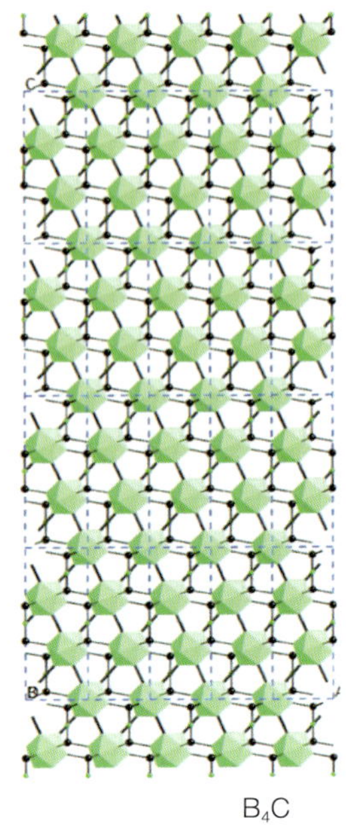

:: 碳化硼晶体结构
图源：Materialscientist，
Creative Common copyright license

若问“什么是世界上最硬的材料”？你可能会脱口而出：当然是金刚石（钻石）。俗语说“没有金刚钻，别揽瓷器活”，就是因为它最坚硬，能切割所有材料。

科学家发现5号元素硼和7号元素氮的化合物氮化硼形成的晶体，比金刚石还要硬，能在金刚石的表面留下刻痕。

除了氮化硼之外，碳化硼也是已知最坚硬的物质之一，分子式为B_4C。在坦克装甲和防弹背心里就有碳化硼。

坚硬的材料也意味着耐磨，当碳化硼制造成颗粒状，就成为“无坚不磨”的利器：将碳化硼颗粒倒入油箱后，这些坚硬的颗粒会对引擎的气缸壁造成不可修复的划痕，从而使引擎无法正常工作。所以，碳化硼还是谍战片中神秘的特工武器，常被用来毁坏敌人的交通工具。可攻可守，看来碳化硼可以作为特工必备材料了。

元素周期表里的老三、老四、老五：锂是轻而软，铍是轻而刚，硼就是轻而强。

硼的强，还在于硼砂和硼酸。硼砂有清洁消毒、驱逐蚊虫、去除地毯异味、清洁管道等的作用。硼酸可用作杀虫剂，特别是对蚂蚁、跳蚤和蟑螂效果明显。当蟑螂“小强”碰到“硼大强”，那是一命克一命。

有科学家甚至发现，硼和木乃伊有很深的渊源。在古埃及的木乃伊中有一种叫作“泡碱”的矿石起到了非常大的作用，而该矿石的成分之一就是硼酸盐。虽然制作细节已经无法考据，然而考古学家推测，硼砂矿石在木乃伊的制作过程中，起到了杀菌、防腐和黏合的作用。

硼在植物中也非常重要，它不仅参与碳水化合物的运输和转化，还是开花结果不可或缺的营养成分。棉花如果缺硼，会发生落桃现象；大豆如果缺硼，根瘤菌无法很好地固氮；苹果如果缺硼，果肉会出现坚硬的斑块，果皮还会出现凹陷和坏死。

对于人体来说，硼是维持骨骼健康和钙、磷、镁正常代谢所需要的微量元素之一。硼的缺乏会加重维生素D的缺乏。当然，你若要补充硼，别吃硼砂、硼酸，要吃水果。

科学家发现硼对于生命最初的产生非常重要。核糖核酸（RNA）的关键成分是核糖，但是它非常不稳定，在水中会迅速分解，因此需要另一个元素来稳定它。危难之间显身手的元素就是硼：硼酸盐能使核糖稳定足够长的时间，从而产生RNA，为孕育生物体提供基础条件。

2013年，科学家在来自火星的陨石上发现了硼酸盐成分。2017年，美国国家航空航天局（NASA）的“好奇”号火星车，在红色星球上发现了有38亿年历史的硼酸盐矿脉。有科学家据此推测，由于硼化合物是“生命的关键”，生命在火星上有潜在的成长条件，并可能存在于古代火星上。

还有科学家进一步发挥想象，认为火星上的RNA经过陨石飞到地球上，然后进化出了生命，生命可能来自于火星——请读者们脑补一下，这个逻辑链有没有缺陷？

如果这个假设成立，那么，不仅硼来自远方，生命也来自远方，不亦奇乎！

燃烧吧，硼烷

19世纪50年代，苏联和美国展开“星球大战”，致力于研究更大、动力更强的火箭，在新型燃料研究上投入了巨款。

在这个“燃料大战”中，科学家发现了硼烷——硼和氢结合时生成的氢化物，其燃烧时每千克所产生的热量高于碳氢化合物。

科学家在硼烷方面的研究，曾多次获得诺贝尔化学奖，比如1976年的利普斯科姆，1979年的布朗，1981年的霍夫曼，1994年的欧拉。

【元素篇】

生命之基——碳

说到“碳”，你脑子里的第一反应是什么？

如果你想起的是唐朝诗人白居易的《卖炭翁》，“卖炭翁，伐薪烧炭南山中。满面尘灰烟火色，两鬓苍苍十指黑”，说明你的诗歌底子不错，“碳”和“炭”有联系。木炭的主要元素就是碳，而中文的“碳”元素，用了“炭”做了表音的声旁。

如果你想起“碳素墨水”，说明你的记性不错。用“碳素墨水”写的字，可以长期保存，不因岁月而褪色，墨水里面的物质是石墨。

但是，如果告诉你那些昂贵闪亮的钻石也是100%由碳元素组成的，你是否惊讶？实际上，钻石和石墨都是由碳原子构成的，只是排列结构不一样而已。当年的拉瓦锡就用昂贵的钻石来验证了这一点。

碳家族的神秘还不仅如此。在宇宙中，含量最丰富的四大化学元素，分别是氢、氦、氧、碳。碳，是所有元素中形成稳定化合物最多的。我们地球上的生命也被称为“碳基生命”。

碳，来自哪里？当恒星燃烧，恒星内部的三个氦原子发生核聚变，就形成了碳。我们身上的碳，地球上的碳，都来自恒星燃烧殆尽之后的余灰。

碳原子（元素符号C）：原子核中有6个质子、6个中子，周围有6个电子，真是“666”了。

6个电子分两个能层，第一层上有2个电子，很稳定的结构，唱着“二人转”。

第二层上有4个电子。科学家发现原子第二层需要有8个电子才能稳定，称为“八隅体规则”，好比要开喜宴必须要坐满“八仙桌”。所以，碳原子的一生，就是凑满“八仙桌”的一生——利用共价键来和其他原子共享电子。

以“八仙桌”举例，家里的4个人，每个人可以去请一位知己好友，来加入喜宴，这样就凑齐8个人了。

如果请来的4位客人（电子）来自四个不同的家庭（原子），这个共价键就是“单键”。

如果有2位客人（电子）是来自同一个家庭（原子），就是“双键”。

如果有3位客人（电子）来自同一家庭（原子），就是“三键”。

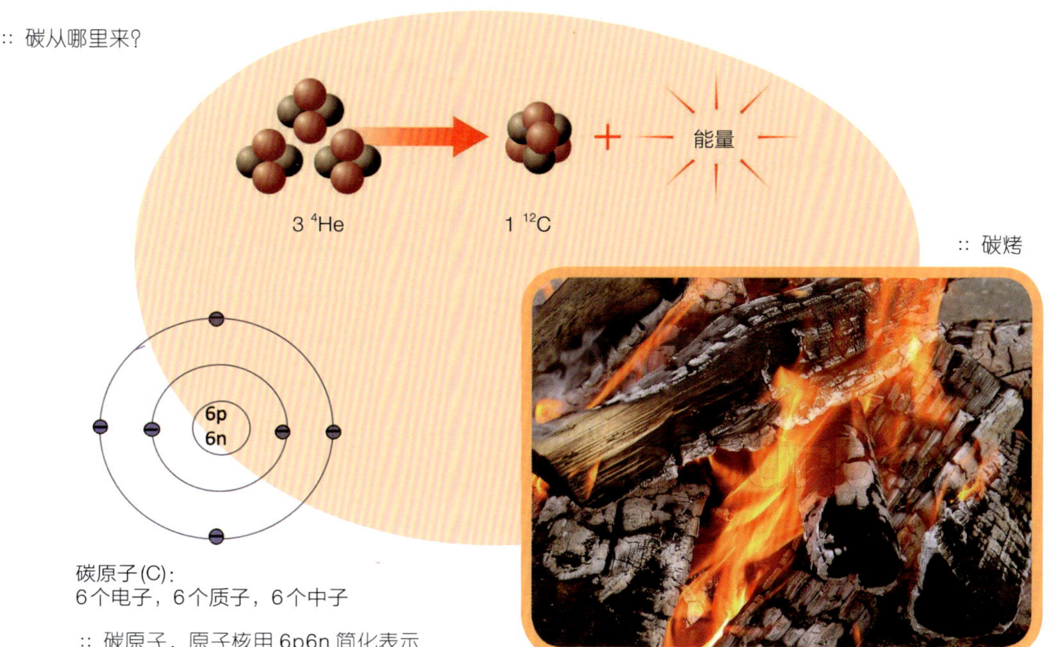

:: 碳从哪里来?

:: 碳原子，原子核用 6p6n 简化表示

:: 碳烤

所有4位客人来自同一家庭（四键）的情况很少，但也有可能。

单键、双键、三键背后的原理，要用量子力学来解释，我们在后面章节讲到诺贝尔双奖获得者鲍林时会有进一步说明。

碳原子因为形成共价键的方式多种多样，成了元素中能够形成稳定化合物最多的一个。据统计可以形成1 000万种化合物！在后文“有机篇”中将会多次出现它的身影：苯、糖、氨基酸、蛋白质、脂肪、核酸。

把一支铅笔芯和一粒钻石放在一起，一黑与一白，一软与一硬，一贱与一贵，但它们都是由碳原子构成的，只是构成的方式不同。

金刚石是最为坚固的一种碳结构，其中的碳原子以晶体结构的形式排列，每个碳原子与另外4个碳原子紧密键合，形成4个“单键”，以很强的结合力连接在一起，成空间网状结构，最终形成了一种硬度大、活性差的固体。

铅笔芯中的石墨，在二维结构上是每个碳原子和周围的3个碳原子形成共价键，从而在平面上

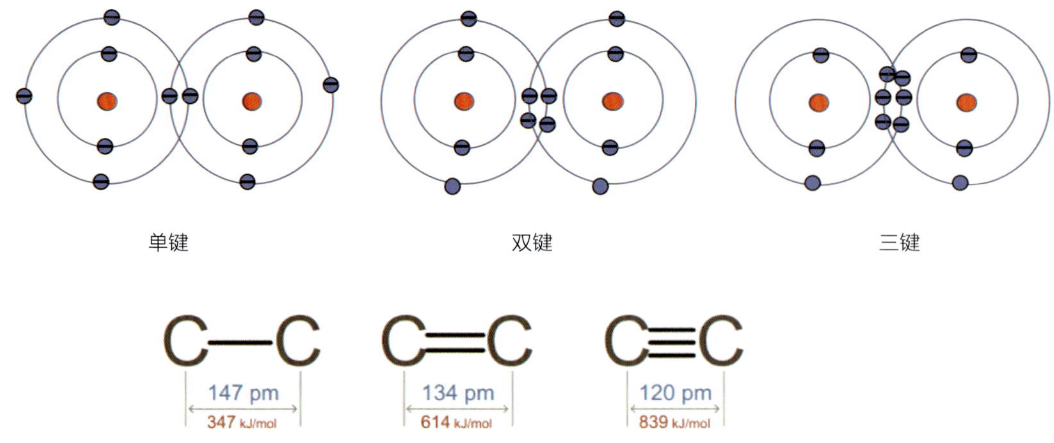

:: 碳的单键、双键和三键，分别用 1、2、3 根“短划”来表示，这是路易斯发明的标记法（图中标注了三种碳键的原子间距和断裂化学键所需要的能量，三键的原子间距最短，键能最大）

展开出了一个个六边形“网眼”的“渔网”。每一个原子有一个多余的电子没有形成共价键，可以在原子之间游离，所以，有了导电性。

而在三维结构上，多层的六边形“渔网”相邻两层之间，依靠分子间的微弱作用力连在一起。在直径为0.7 mm的笔芯里，有200万层的“渔网”结构。

范德华力

当原子们通过化学键形成分子之后，我们可以把分子想象成带壳的花生，里面的花生仁是原子核，外面的花生壳是电子云。壳上电子云的密度分布可能是不均匀的，有的地方电子密一点，有的地方疏一点。密的地方就呈现负极性，疏的地方有正极性。这样的分子称为极性分子。这些极性分子在一起的时候，同性相斥、异性相吸，这个电荷之间的作用力，称为范德华力。它比分子内部的作用力弱。当分子外面的电子云分布是均匀的时候，虽然分子不会呈现稳态的极性，但是，在每一个瞬间，仍然会有不均匀的密度产生瞬间的极性和范德华力。水分子之间、石墨的层之间、壁虎的脚掌和墙壁之间、DNA的双螺旋中、蛋白质中都有范德华力的存在。

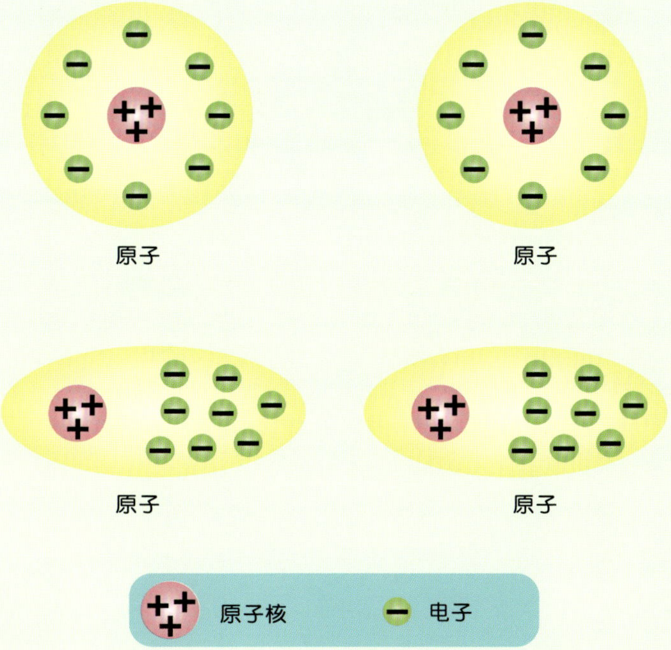

原子

原子

原子

原子

原子核　电子

∷ 范德华力

∷ 钻石和石墨的结构（石墨层之间的虚线表示范德华力，比较微弱）

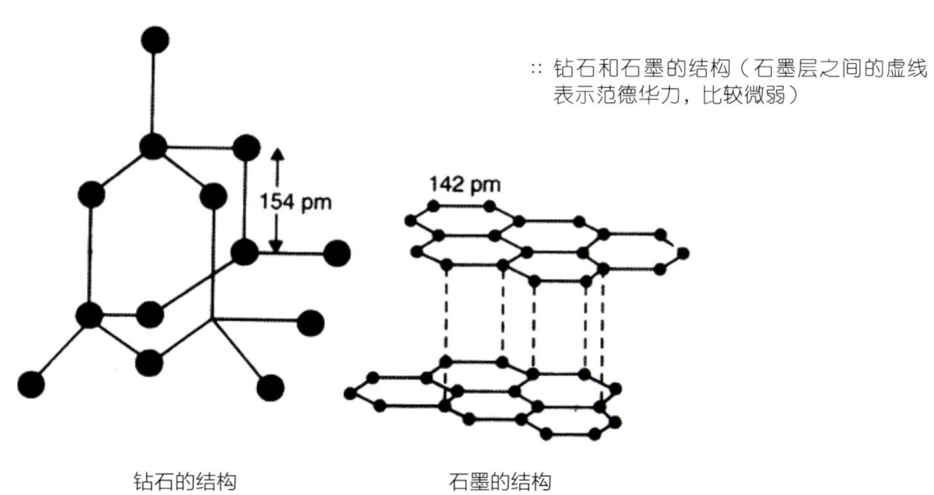

我们可以用石墨笔芯书写，是因为与同一层碳原子之间的化学键相比，石墨片之间的作用力非常弱。当笔芯在纸上划过，笔尖附近的一些石墨片会被纸面刮下来，导致纸张上出现明显的灰色污渍——这就是我们写的字了。

钻石和石墨，被称为同素异形体。它们是在不同的压力、温度环境下产生的。

科学家在石墨中发现了宝藏：将石墨的二维“渔网”结构剥下来，“躺平”展开，得到了一种被称为石墨烯的新材料。实际上，最早发现石墨烯的科学家，就是用透明胶布把石墨烯从铅笔芯上一层层剥落下来的。他们还因此获得了诺贝尔奖。

石墨烯既是最薄的材料，也是最强韧的材料，强度比最好的钢材还要高200倍。同时它又有很好的弹性，拉伸幅度能达到自身尺寸的20%。如果用一块面积为1 m^2的石墨烯做成吊床，本身质量不足1 mg，却可以承受一只1 kg的小猫。

石墨烯目前最有潜力的应用是成为硅的替代品——制造超微型晶体管，用来生产未来的超级计算机，运行速度将会快数百倍。

另外，石墨烯几乎是完全透明的，只吸收2.3%的光，使得它非常适合作为透明电子产品的原料，如透明的触摸显示屏、发光板和太阳能电池板。

作为目前发现的最薄、最坚硬，导电和导热性能最强的一种新型纳米材料，石墨烯被称为“黑金”，是“新材料之王”，科学家甚至预言石墨烯将“彻底改变21世纪”。

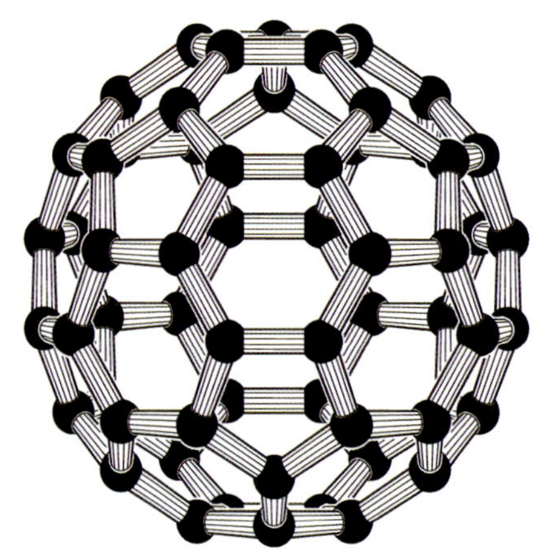

:: 巴基球和巴基球包裹的药物分子

科学家还发现了一种由60个碳原子构成的碳分子C_{60}，它的结构居然和“足球”的形状一模一样，是由20个六边形和12个五边形组成的。

因为这个分子结构与建筑学家富勒的建筑作品很相似，为了表达对他的敬意，发现者将其命名为富勒烯，或巴基球。

在发现巴基球之前，碳的同素异形体只有石墨、钻石、无定形碳（如炭黑和炭）。巴基球的发现，拓展了碳的同素异形体的数目。同时，巴基球具有独特的化学和物理性质，在材料科学、电子学和纳米技术方面有着广泛的应用，比如，利用巴基球把药物包裹住送到人体内，或者利用巴基球存储氢气。

“足球”结构的巴基球C_{60}一经发现，就吸引了全世界的目光，纳米科技的“绿茵场”上，到处是科学家追索巴基球的身影。发现它的三位科学家克罗托、科尔和斯莫利因此获得了1996年度诺贝尔化学奖。

巴基球在实验室里制造的成品率很低，在石墨电弧法制取巴基球的过程中，会产生大量的“废物”——碳灰。当大家都在追逐巴基球的时候，日本科学家饭岛澄男对这些“废物”产生了兴趣。他用透射电子显微镜对这些“废物”仔细观察，有了意外的惊喜。他发现了管状结构的碳原子簇，直径约几纳米，长约几微米。这些被人弃如敝屣的碳原子簇就是碳纳米管，又称巴基管。

科学家们随后的研究发现，碳纳米管是所有材料中“比强度”最高的。比强度越高，表明达到相应强度所用的材料质量越轻。高比强度的碳纳米管合成材料将被广泛应用到盔甲、自行车、汽车、飞机等需要材质轻盈而坚固的物体上。

无论是巴基球还是巴基管，都可以利用石墨烯生成。正如一张白纸可以画出各种美丽的图画，在石墨烯的原料上剪辑出20个六边形，再拼接，可以生成一个巴基球。剪辑出一块长方形的原料，向内卷起来，就是巴基管。石墨烯的层层叠起，叠成类似千层酥的样子，就是石墨了。

碳元素，在地球上不断循环着。

植物通过叶绿体的光合作用，将二氧化碳、水合成葡萄糖和氧气，并将太阳能转化成化学能。碳以葡萄糖的形式被储存在植物体内。

我们吃下淀粉、蛋白质、糖类、脂肪，分解成可以吸收的营养，通过细胞里的线粒体进行有氧呼吸，将氧气和葡萄糖转化成能量，并呼出二氧化碳。

同时，碳组成了我们身体里蛋白质、脂肪和核酸的架构。

碳元素占据了我们身体的18.5%。

∷ 碳纳米管

等到尘归尘土归土，我们再把一身的碳交回给大自然，不管你有多么的不情愿，也不管你生前有多么无上的荣耀。正如陶渊明的诗中所咏叹的“死去何所道，托体同山阿”。世界上真正不死不灭的，是元素。

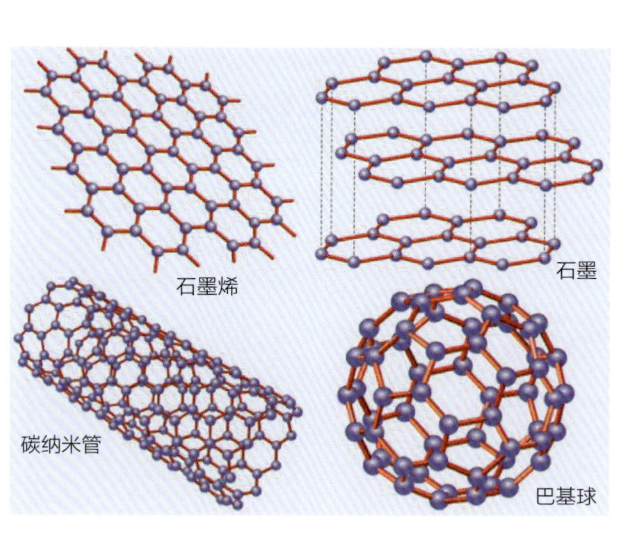

∷ 巴基球、碳纳米管、石墨烯和石墨的关系

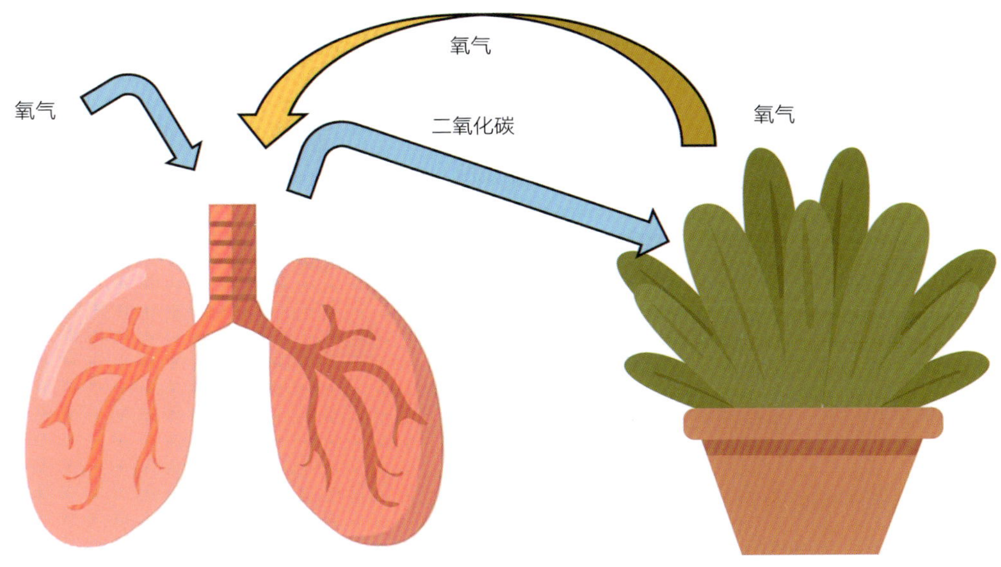

:: 碳循环

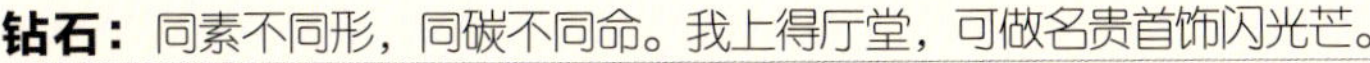

碳之间的对话

钻石：同素不同形，同碳不同命。我上得厅堂，可做名贵首饰闪光芒。

石墨：我进得书房，饱蘸浓墨写篇章。

巴基球：我射入药房，药物快递美名扬。

石墨烯：我躺平电场，高效电池高能量。

碳纳米管：我内卷电场，富集氢气威力强。

【元素篇】

生死须“氮定”——氮

1772年，瑞典化学家舍勒发现了氮，后来，拉瓦锡确定这是一种元素，并取英文名称“Nitrogen”，是“硝石组成者”的意思，元素符号N。

中国清末化学家徐寿，在第一次把氮译成中文时曾写成“淡气”，意为它“冲淡”了空气中的氧气。

氮原子，原子核中有7个质子、7个中子、7个电子。7个电子中，2个占据了内圈，5个占据了外圈。“八仙桌”的喜宴有3个空位，可以请3位客人。

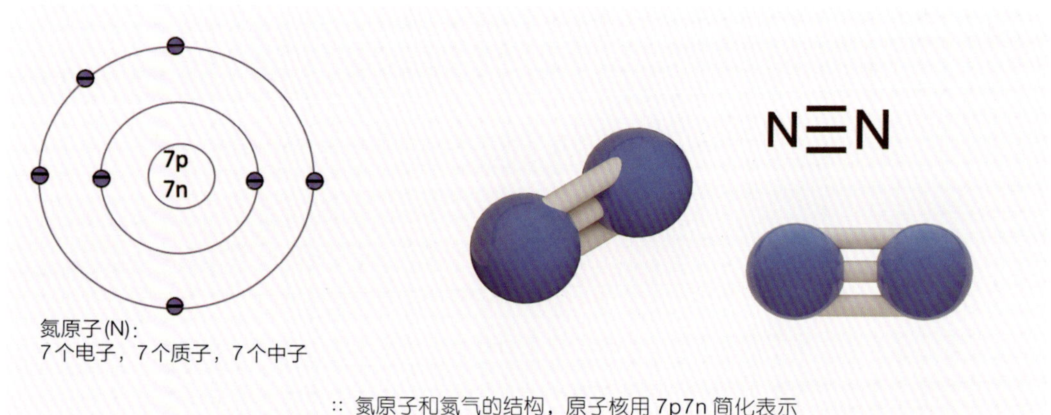

:: 氮原子和氮气的结构，原子核用7p7n简化表示

每个氮气分子由2个氮原子构成，它们形成了非常稳固的三键。美国化学家路易斯用“短棍”表示2个原子各取1个电子配成对，即：“-”是1对共用电子对，“=”是2对共用电子对，“≡”是3对共用电子对。H—H表示氢气由单键构成，N≡N表示氮气由三键构成。

这种化学性质稳定的气体占据了地球大气成分的78%。

一方面，我们每一次吸气，都会吸入大约10^{22}个大气分子，其中有$7.8x10^{21}$个氮气分子。但是，氮

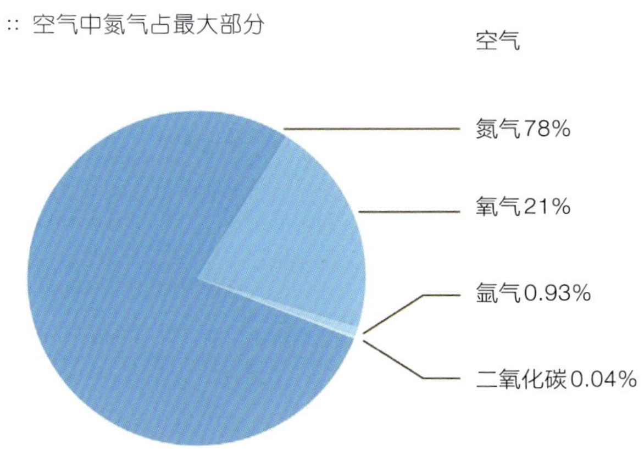

:: 空气中氮气占最大部分

气不会被我们身体吸收，只是通过呼吸系统进行了一次免费游，又回到了空气中。

另一方面，我们身体里的DNA、蛋白质都离不开氮。既然我们无法通过呼吸获得氮，那么，我们体内的氮来自哪里呢？答案是：来自食物。我们只有通过汲取食物中富含氮元素的氨基酸和蛋白质的物质，才能获取身体所需的氮元素。

那么，植物中的氮是怎么获得的呢？

第一个途径是有机肥：鸟粪、鸡屎之类的。

第二个途径是雷电：大气中的氮气很稳定，但是，雷电作用可以让氮气与氧气发生化学反应，形成一氧化氮，然后，“随风潜入夜，润物细无声”。

第三个途径是细菌：土壤中存在一些固氮细菌（如根瘤菌），寄生在豆科植物（如豌豆、蚕豆、花生）的根瘤中。这些细菌和植物建立了一种互利共生的关系：它为植物生产能够吸收的氮元素（氨），植物给它提供糖类。对于固氮细菌来说，这个交易是“有糖就氨”。

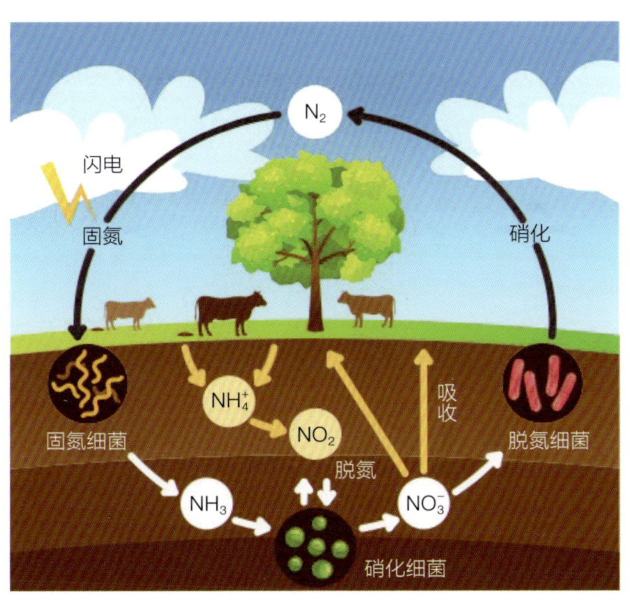

:: 氮循环和植物根部因细菌固氮作用而形成的根瘤

而当动物和植物死亡之后，体内的氮被细菌分解，回归大气层。

这就是大自然的氮循环。

说起植物的固氮细菌，需要介绍一下美国的一位黑人科学家卡佛。黑奴出身的他，30岁才读上大学，却刻苦学习成为科学家，彻底改变了美国的农业。

因为只有豆科植物的根瘤中才有固氮菌，所以，他开发了轮种技术：交替种植棉花作物和豆类。这些豆类作物伴生的根瘤菌，能够固定大气中游离的氮，使其注入土壤中，让土壤重获新生。如果长年种植棉花，土地会在几年内变得贫瘠。

:: 卡佛（1864—1943年）

:: 哈伯（1868—1934 年）

三种获取氮肥的方法，鸟粪等天然氮肥的资源毕竟有限，雷电可遇不可求，轮种也只是“螺蛳壳里做道场”。

1908 年，德国化学家哈伯用高温高压（温度达到 400~550 ℃，压力为 200~300 个大气压）顺利生产出氨。这是人类历史上第一次以氮气为原料生产出了含氮的化合物。哈伯因此获得了 1918 年的诺贝尔化学奖。

如果没有哈伯的发明，现今地球上 2/5 的人无法存活——生命由氮定，现代人类的庞大人口是由氮来撑起的。

现在世界上每年生产的 4.5 亿吨氮肥，都是采用哈伯发明的方法，主要以铵盐、硝酸盐和尿素的形式存在。地球上约 80 亿人口（包括你和我）身体里将近一半的氮，都归功于哈伯制氮法。

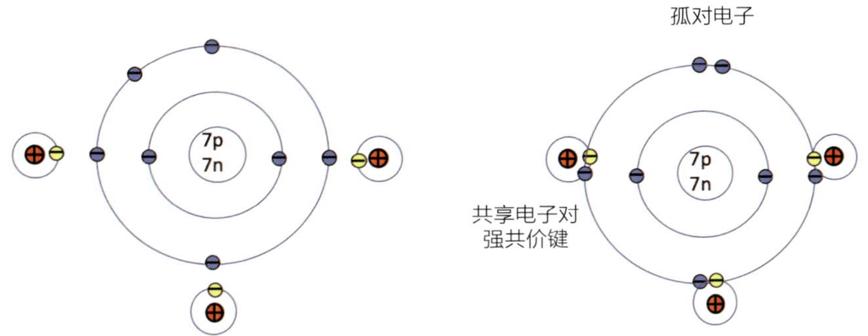

3 个氢原子 +1 个氮原子组成 1 个氨分子：每个氢原子和氮原子共享 2 个电子，氢原子的外围轨道因为共享而达到了稳态（2 个电子），氮原子的外围轨道也因为共享达到了稳态（8 个电子，其中 5 个是自己的，3 个来自氢原子）

:: 氨的分子结构

氮还有一个很大的用处是作为冷却剂。工业生产中，可以用压缩液体空气分馏的方法获得液氮。液氮化学性质不活泼，可以直接和生物组织接触，立即冷冻而不会破坏生物活性。

液氮冷冻治疗是近代治疗学领域中的一门新技术：在极度冷冻的状态下，将病区细胞迅速杀死，使得病区得到正常的恢复。这种方法可以用来除去脚上的鸡眼和身体上的扁平疣等。

液氮还能迅速冷冻、运输食品和药品，mRNA 新冠疫苗就是要靠液氮低温保存的。

此外，液氮还用来制作冷饮冰品——这是夏日炎炎里让人无法淡定的饮品。

你平时有没有留意到，如果你挤压指关节，有时会发出响声。武打电影里也经常出现这样的镜头，高手在打斗前扭扭脖子，发出断裂的声音，显得很酷。

这其实是氮气在作怪。人体关节中有关节液，能起润滑作用。关节液中有氮气。当你挤压关节时，关节囊伸缩，气体快速释放，形成气泡，这就有了响声。

长期以来有一种说法，挤压关节发出响声会导致关节炎。有一位叫恩格的医生在60年间每天都用右手挤压左手指关节，结果一点不良后果都没有。他因为长时间地用自己的手来做实验而获得“搞笑诺贝尔医学奖”。虽然是“搞笑诺贝尔奖”，但是，他60年坚持下来也是不容易的。

全文看下来，氮给人的印象似乎就是人畜无害：空气中大量的氮气，进入人体呼吸系统免费旅行，增加农作物产量的氮肥，夏日里的冷饮，关节里的“噼啪”声，等等。

但是，氮在元素周期表中是一个“奇葩”。

在含氮化合物中，氮与其他元素之间可以形成单键、双键和三键，但是单键的能量，要远小于三键的能量。

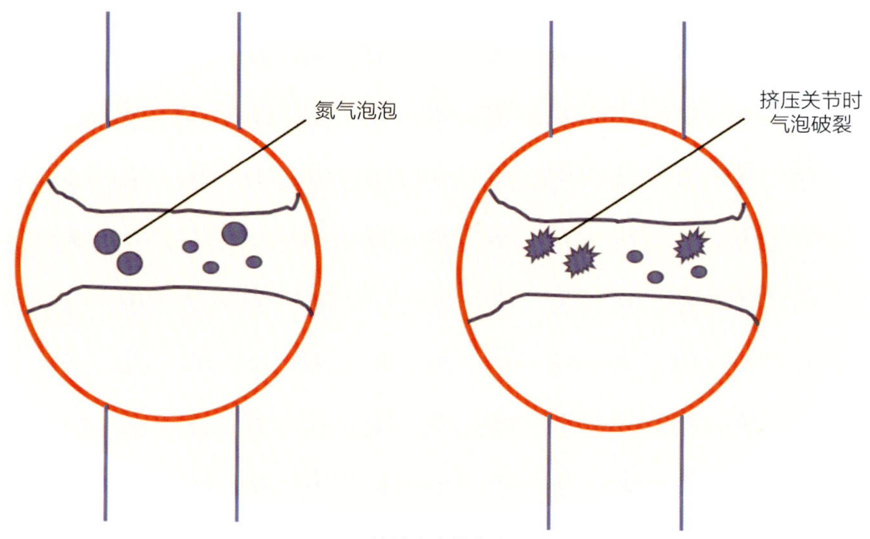

:: 关节液中的氮气

这就造成了一个有趣的结果：一方面，占大气总量78%的氮气分子（三键）非常稳定；另一方面，很多氮化合物（单键或双键）通常都非常不稳定。所以，含单键或双键的氮化合物，降解成氮氮三键的氮气分子，能放出巨大的能量。好比家里有一个爱闹腾的娃，要释放出多余的精力，才能安静下来。含氮化合物也就成为炸药研究领域的宠儿，大名鼎鼎的黑火药和TNT（Trinitrotoluene，三硝基甲苯）里面少不了氮——这真是生死由氮定。

同样一个元素，当它组成不同的化合物时，会显示出这样截然不同的个性，这就是化学的迷人之处。

天使还是魔鬼？

哈伯是20世纪最重要、最具争议的科学家之一。

他的固氮法帮助人类从空气中获得了“面包”，拯救了千万人。但他又因研制有毒的气体而被世人诟病。在第一次世界大战期间，他担任德国毒气战的科学负责人，带领团队开发氯气和其他致命气体用于堑壕战。德国战败后，哈伯被列入900个战争罪犯之一。

关于战争与和平，哈伯曾经说过：“在和平时期，科学家属于世界，但在战争时期，他属于他的国家。”是不是听着很“正气凛然”？他不知道，在国家之外，还有一个词，叫作良知。愧于他在化学武器方面的所作所为，他的第一任妻子和大儿子，都自杀了。

哈伯，是天使还是魔鬼？

8

【元素篇】

在你我的身体里——氧

它，在我们的每一次呼吸中。

它，在我们每一片肌肤中，每一个细胞中，每一条染色体的DNA链中。

它，是氧。

人类认识氧的历史，只有大约300年。

17世纪，和波义耳同时代的英国科学家梅奥对空气的组成和动物的呼吸进行过详细的研究。

:: 梅奥（1640—1679年）

他用一个玻璃瓶倒扣在水盆里，让玻璃瓶内部和外部隔离。然后，在玻璃瓶里点燃一支蜡烛。一会儿，蜡烛熄灭了。

重复类似的步骤，他在玻璃瓶中放一只老鼠，一会儿，老鼠窒息死了。

最后，他在玻璃瓶中放另一只老鼠，并点燃蜡烛。这只老鼠只过了不到一半时间，就死亡了。

他通过这三个实验证明了三件事。

- **空气中有支持动物呼吸的气体，也有不支持动物呼吸的气体。**
- **空气中有支持蜡烛燃烧的气体，也有不支持蜡烛燃烧的气体。**
- **动物呼吸和蜡烛燃烧都需要同一种气体。当这种气体被消耗殆尽，灯灭鼠亡。**

:: 普里斯特利（1773—1804 年）

这三个实验中，玻璃瓶里的水面都上升了。根据水面上升的高度，他估计这种气体在空气中约占 1/5。

但是，这种气体的成分是什么呢？

大约 100 年之后，另一位英国化学家普里斯特利也做了一个实验。

1774 年，他利用一个大凸透镜，把阳光聚焦起来，加热红色的氧化汞，然后，用排水集气法收集产生的气体。

当他把这些气体放入瓶子，重复梅奥实验的时候，奇迹发生了：蜡烛在这种气体中以更亮的火焰猛烈燃烧；老鼠在瓶中存活的时间更长。

于是他大胆亲身一试，去呼吸这种气体：啊，爽呆了。

这种气体应该就是梅奥当年寻找的、支持动物呼吸和蜡烛燃烧的气体。普里斯特利还在实验中发现，植物能生成这种气体。把植物与老鼠、植物与蜡烛分别放在密封的瓶子里，老鼠存活的时间和蜡烛燃烧的时间，会比没有放植物时更长——这是人类第一次发现，我们人体需要的空气中的成分可以由植物提供。

在差不多同时，另一位瑞典的化学家舍勒在 1772 年也发现了这种气体。

舍勒在他的著作《论空气和火的化学》中报道了自己的发现。但这本书被出版商延误，直到 1777 年才出版。普利斯特里于 1774 年就发表了论文，这就造成了谁是氧气最早发现者的争论。

舍勒于 1774 年给拉瓦锡写过一封信，详细阐述了这种气体的性质，但这封信丢失了。史学家直到 1993 年才找到这封信，从而确定了舍勒在 1772 年就发现了这种气体。

1774 年，拉瓦锡把这种气体取名氧气，元素符号为 O。

它就是我们生命赖以生存的氧气。

氧元素是宇宙中丰度第三高的元素，也是我们人体内最多的元素（约占 65%）。

:: 舍勒（1742—1786 年）

在你吸入的空气中大约有20%是氧气，而呼出的空气中大约有15%是氧气，因此，每次呼吸大约会消耗吸入的 5%的空气量并转化为二氧化碳——是的，你呼出的不仅有二氧化碳，还有很多的氧气在你身体里免费旅行了一圈，又回到了空气中。

不过，如果你以为100%的氧气是好东西，那么，你就错了。

科学家让豚鼠在正常气压下接触100%的氧气，48 h后，豚鼠肺部和肺泡内壁有液体积聚，还造成了肺部毛细血管受损。这里面的生理化学过程很复杂，简单一句话，这就是氧中毒。所以，如果有人肉麻地说“你是我的氧气”，那么，请记住：长时间处于太高浓度的氧气中并不是好事儿。

读到这里，如果你猜想地球上的氧元素都在大气中，那么，你又错了。氧元素主要是在地壳中，不是以氧气的方式存在，而是以氧化物的方式存在：那些漫山遍野的石头，里面将近一半都是氧元素。所以，当你下次看到黄山的悬崖峭壁，你要看穿它们所含氧元素的本质——这些“潜伏”在地壳中的氧元素。

空气中氧气的成分并不是一直维持20%的比例。距今38亿年前，最早的生命在海洋中孕育，当时大气中只有非常微量的氧气（约0.02%），因此早期生物都是一些厌氧生物。那时候，地球上的氧元素，都被封存在地壳的岩石中。

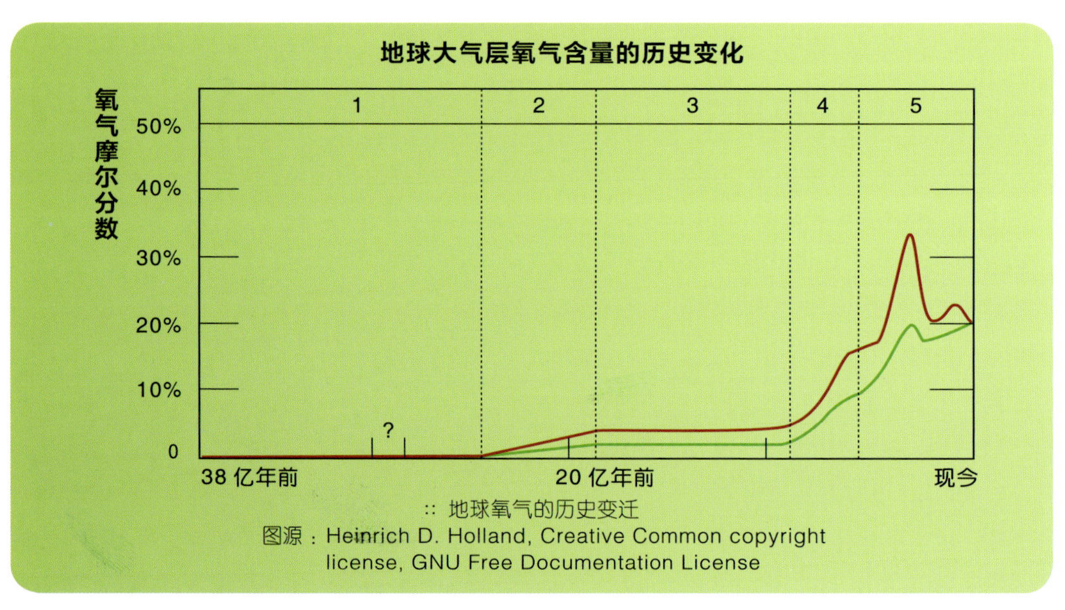

:: 地球氧气的历史变迁

图源：Heinrich D. Holland, Creative Common copyright license, GNU Free Documentation License

地球历史上，曾发生过两次氧气大幅增加的事件——大氧化事件。第一次大氧化发生在约24亿年前，由于海藻类植物进行光合作用，使得地球上的氧气迅速增加，从几乎为零上升到现代大气含氧量的1%，随后，地球上首次出现真核生物。

到大约5.8亿至5.2亿年前，地球又发生了第二次大氧化事件。这一时期，地球上的海洋全面氧化，大气含氧量也增加到现代大气氧含量的60%以上，这为高等动物的出现和快速演化奠定了基础，随后便出现了著名的“寒武纪大爆发”。

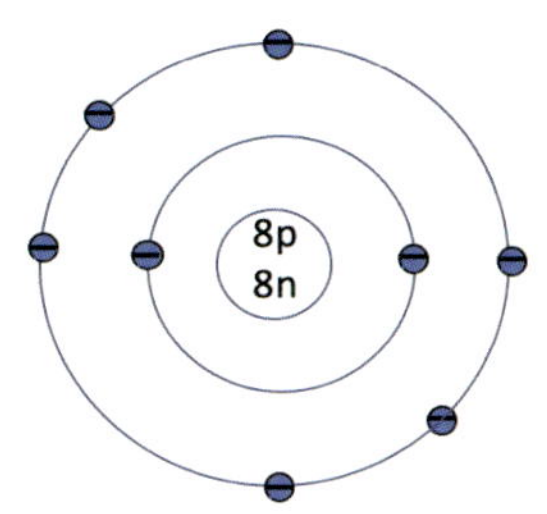

氧原子（O）:
8个电子，8个质子，8个中子，
原子核用8p8n简化表示

氧原子的核内有8个质子、8个中子，外围有8个电子。这8个电子中有2个在第一层，6个在第二层。所以，氧原子需要获取或者共享2个电子才能稳定。

当氧原子形成氧分子的时候，会有两种同素异形体：氧气（O_2）和臭氧（O_3）。

臭氧是有鱼腥气味的淡蓝色气体。在自然界中，闪电和紫外光辐射会让双原子氧气生成臭氧。另外，复印机在工作时会产生臭氧——下一次去复印室可以留意一下鱼腥气味。

臭氧对眼睛和呼吸道都有刺激作用，但是，大气中的臭氧层能吸收太阳光中的紫外光线，使生物免受紫外线的伤害。

1985年，英国南极考察队在南纬60°地区观测发现臭氧层空洞，引起世界各国极大关注。

臭氧层为什么会出现“空洞”？许多科学家认为这是人类自己“作”的，是使用氟利昂作冰箱空调制冷剂的结果。具体内容我们将在介绍氯元素时深入探讨。

下面是氧在地球上的简史：

当我们这颗星球诞生的时候，氧被封存在地壳中。藻类把氧释放了出来。而后，植物的生长让这颗星球的大气层的氧气，达到了今天的水平。

氧气，从绿色的叶片中逸出，进入我们的肺内和血液，又和碳结合，离开我们的身体，重新进入大气和叶脉。

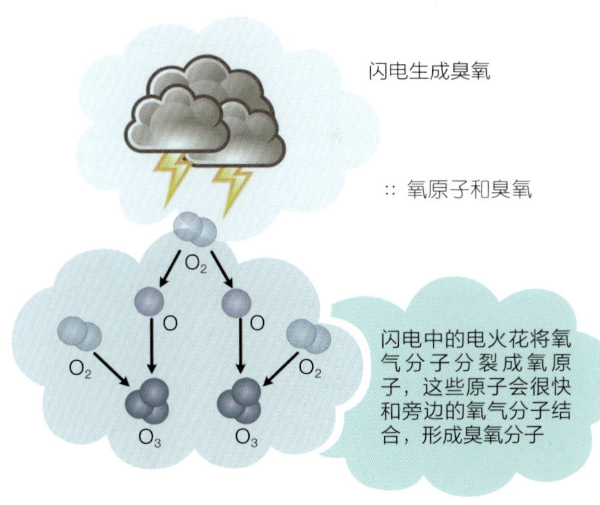

闪电生成臭氧

:: 氧原子和臭氧

每个人，每一棵树，都是这个氧循环的一部分。你的每一次呼吸，会吸入约6×10^{21}个氧气分子，这是60万亿亿个。其中有一个分子，或许来自窗外那棵小树，或许来自同桌的伙伴。

你和我，和万物，就是这样被微妙地联系了起来，即使你并没有察觉到。

这是自然界的秘密，是化学这本“书”的秘密。它一直在等你来读。

氧气发现者之间的“凡尔赛”对话

梅奥： 师兄胡克因为我的空气实验，推荐我进皇家学会，但这不是啥了不起的实验啊。不过，为了不让那两只老鼠白白牺牲，我就同意了。

舍勒： 我同意把普里斯特利也列为氧气的共同发现者。毕竟我发现了五种元素，而这是他发现的唯一一种元素。

普里斯特利： 我同意把舍勒也列为氧气的共同发现者。毕竟我发现了九种气体，而这是他发现的唯一一种气体。

拉瓦锡： 如果认为用钻石做实验是一种奢侈，你们就错了。最奢侈的实验是：我做着氧化实验，我美丽的太太在旁边记录，国王陛下的御用画师大卫在旁边画像，我的学生——未来的美国富豪杜邦同学在帮我打下手。

9

【元素篇】

执念方能成“氟”——氟

化学，是一门实验科学。对于新元素和新化合物的探索，既充满新奇，也充满危险。人们不知道，新的物质会有什么样的特性，是否安全。加上早期的科学家没有很好的安全防范意识和措施，有不少化学家因为进行科学的探索而不幸中毒，健康受到危害，有的化学家甚至献出了生命。

元素发现史上，最以危险而“恶名昭著”的是氟，元素符号F。

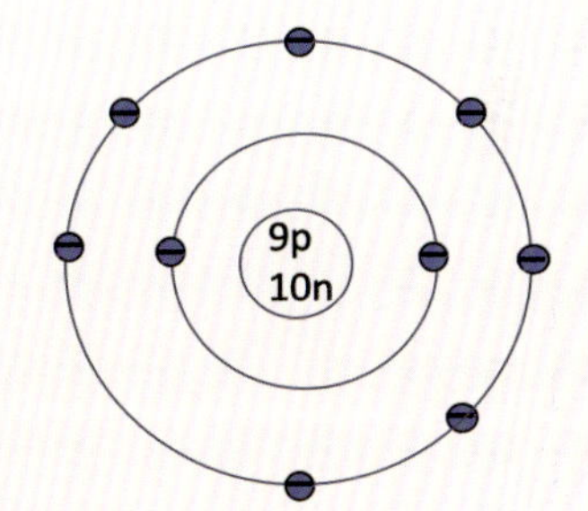

氟原子(F)：9个电子，9个质子，10个中子

:: 氟气和氟原子模型，原子核用9p10n简化表示

氟，是卤族最轻的元素，原子序数为9，核外有9个电子。这9个电子，有2个在第一层，7个在第二层。我们说过第二层需要8个电子才能饱和稳定，这也意味着氟元素最趋向去抢1个电子。加上第二层离原子核比较近，是它的“地盘”，电子亲合能很高。所以，一点儿也不佛系的氟是世界上最活泼的气体，有着“化学界顽童”的称号，几乎能和所有的元素发生反应。就连最“惰性”的黄金遇上氟，也会被完全腐蚀。

氟气的毒性非常厉害，包括花草树木在内的一切生物，只要被氟气熏到，几乎都立刻丧命。在化学界“遇神杀神，遇佛杀佛”。这哪里是“化学界顽童”，明明是“小魔头”好不好！

氟的发现历程被公认为是有史以来最悲壮、最可怕的，曾夺走了数位科学家的生命。

1771年，瑞典化学家舍勒偶尔了解到，只要将萤石和硫酸放在一起加热，可以得到一种神奇的酸性物质，这就是后来被命名的“氢氟酸”。舍勒回到自己的实验室就开始了实验。由于对氟的危害性认识不足，舍勒在实验过程中并没有做严密的防护，导致过量吸入氢氟酸的气体。不久，舍勒就因为中毒而去世，年仅44岁，成了研究氟元素道路上的第一位牺牲者——当然，按照他亲自品尝实验品的习惯，他可能中了不止氟这一种毒。

1813年，英国化学家戴维利用电解法发现了几种新元素。他使用铂做容器，在向氢氟酸通电后，结果让他目瞪口呆：连强度极高的铂金电极也被腐蚀殆尽。他的身体受到了影响，5年后便离开了人世。

同时期的法国科学家盖·吕萨克和泰纳尔受到戴维的启发，也试图利用同样的方法制备氟。最后，两人都因氟中毒被送入医院紧急抢救，足足疗养了大半年才出院。

1836年，苏格兰化学家诺克斯两兄弟向这一领域发起了挑战。他们将金箔放入氢氟酸中反应，获得氟化金，最终成功地提取到了纯度不高的氟元素。但这两兄弟中一人因为中毒差点当场死亡，而另一人则在医院疗养了3年才得以好转。

继诺克斯兄弟之后，比利时化学家鲁耶特不避艰辛和危险，不断重复诺克斯兄弟的实验。虽然他采取了防毒措施，但因长期从事这项研究，最后还是因中毒太深而献出了宝贵的生命。不久，法国化学家尼克雷也同样牺牲。

莫瓦桑是一个法国铁路工人的儿子，从小家境困苦，一直到12岁，他才进入小学。

他爱学习，尤其酷爱化学，从老师那里借来了各种化学书，如饥似渴地阅读，同时，还自己动手做各种化学实验。没多久他就因为家庭困难而辍学去药店做了学徒——18—19世纪的学徒里面藏了多少化学家啊。

莫瓦桑认为，氟是一种最活泼的非金属元素，不能在高温下制备它，只有用电解法。可电解法同样存在问题：如果加水，电解法只会把水分解成氢气和氧气；如果不加水，又怎么导电呢？

:: 莫瓦桑（1852—1907年）

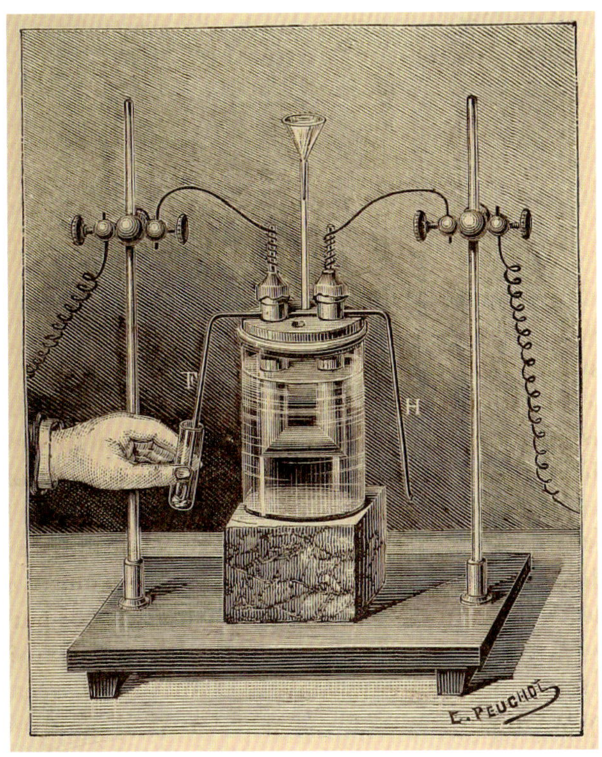

:: 莫瓦桑的实验仪器

莫瓦桑想出了方法：在氟化砷、氟化磷中加入一点氟化钾，这样氟化钾可以帮助室温下的氟化砷、氟化磷导电。莫瓦桑接通了电流，阴极上开始慢慢积累了一层砷，莫瓦桑欣喜万分。可是没过多久，阴极上的砷阻碍了导电，反应停止了。他正准备调整方案，却发现自己的意识开始模糊不清。原来，实验中的氟化砷和砷挥发产生了有毒气体，他中了氟和砷的双重剧毒。他用最后的力气关了电，昏迷了过去。

等醒来后，莫瓦桑又重新改进实验。最后，他成功提取出了氟单质。这是在舍勒第一次发现氟100多年之后。

他是历史上第一位获得了高纯度氟的化学家，因此获得了1906年的诺贝尔化学奖。不幸的是，他最终还是因为氟中毒，于1907年去世。

莫瓦桑在临死前说："氟夺走了我10年的生命。"这位伟大的科学家真是舍身提取到了氟。佛家说：放下执念方能成佛，而对于发现氟的化学家们来说，探索的执念方能成"氟"。

氟在现代社会中有着非常广泛和重要的应用。

先说工业上的。核电站需要冷却降温和慢化剂，最早使用重水（由氢的同位素氘和氧化合生成的水），新一代的核能技术"钍基熔盐堆核能系统"采用熔融氟盐作为冷却介质，它的产物是一大坨固体的盐，而不是流动的水，对环境的潜在危害也随之大大降低。

前几年日本对韩国的半导体制裁，其中一个重要的原料是氟化氢，是半导体制造工艺里的清洗剂。

- 我们每天使用的牙膏里有氟。牙膏里的氟能够巩固牙齿，预防龋齿。在蛀牙初期，趁牙洞还没形成，氟化物可以迅速补充牙表面流失的矿物质，使牙齿得到修复，并抑制细菌滋长。
- 杜邦公司（拉瓦锡的学生杜邦创建的公司）发明的“特氟龙”不粘锅里有氟。特氟龙分子外围是氟原子，当它和碳形成共价键之后，它本来非常活跃的特性改变了，几乎对所有的物质都产生排斥，即使胶黏剂也很难与其黏附，氟“无动于衷”。

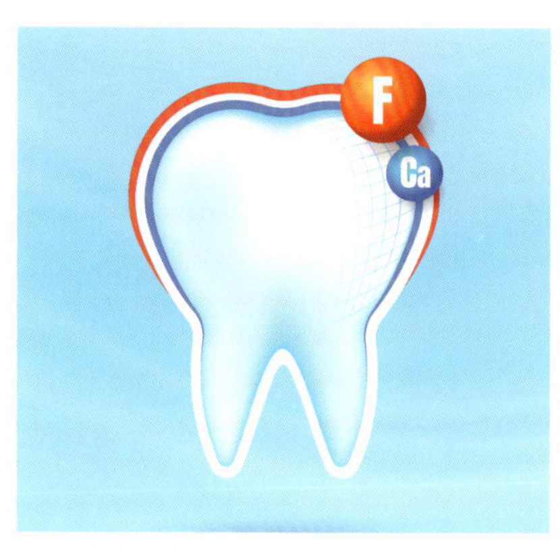

:: 牙膏中的氟

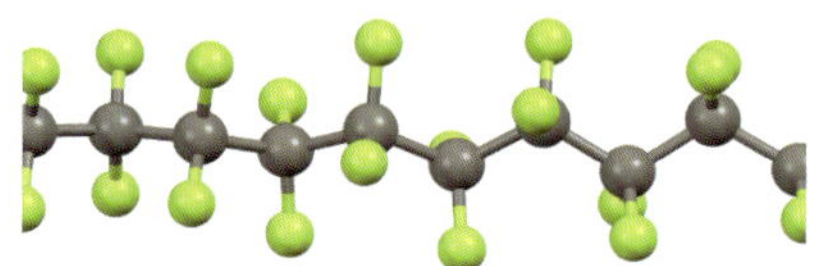
:: 不粘锅里的氟——特氟龙

再说日常生活中氟的应用。

没想到啊，如此有“杀性”的元素，已经被前赴后继的化学家驯服，每天在你的齿唇边，“氟来氟往”。

利与害（1）

氟气：为了找到和驯服我，很多科学家献出了生命。

含氟牙膏：我是护牙小卫士！

氟化氢：当年让戴维目瞪口呆的高腐蚀性物质，现在是刻蚀半导体、清洗晶圆表面的重要材料。

【元素篇】

生命中的盐——钠

:: 舔舐石头的动物

你在动物纪录片或者野外，有没有看到过动物津津有味地舔一块石头？

它们并不是想吃下这块石头，而是因为石头上有盐，盐里有钠，它们以此来补充体内需要的钠元素。

因为植物中的钠含量低，难以满足动物们的生理需求，所以，这种咸的石头就成了动物们争相舔舐的对象。能用这种味觉找到并补充钠的动物们，才得以存活并繁衍。咸的味觉就这样在动物演化的过程中得到开发并遗传了下去。如果你喜欢吃咸的东西，不必奇怪，这是亿万年来动物演化养成的习惯，并深入了你的基因——生命离不开盐。

金属钠是在1807年戴维电解苏打时获得的，专业名称Sodium，元素符号Na。氯的化合物氯化钠NaCl，便是大名鼎鼎的食盐。

这个氯化钠晶体，曾经在化学史上让化学家抓破头皮。

纯净的固体食盐是不导电的，纯净的水也是不导电的。但是，把食盐溶解到水里，盐水就导电了。这是为什么？

戴维和法拉第认为：只有在通电的条件下，氯化钠溶液才会分解为带电的离子。也就是说，有了电流才能产生离子。

:: 阿伦尼乌斯（1859—1927年）

他们的这种观点一直被认为是物理学和化学的金科玉律，直到瑞典化学家阿伦尼乌斯出现。

阿伦尼乌斯做了大量的电离实验，提出了大胆的设想：食盐溶解在水里，就电离成为氯离子和钠离子，而后才导电。这与法拉第的观点不一样。是先有鸡（电离），后有蛋（导电），而不是先有蛋（导电），后有鸡（电离）。

这是一个离经叛道的设想，抛弃了法拉第的传统观念，提出了“水本身可以让电解质电离”的新观点。

他把实验和设想写成了博士论文。但是，他的论文和理论并不被人接受，差一点无法通过论文答辩。

他的老师、学校的其他教授，甚至全欧洲的化学家都对他的理论嗤之以鼻。要知道当时还没有电子的概念，也无法解释离子的电荷是从哪里来的。

在当时的学术界，支持他的只有两位：德国的奥斯特瓦尔德和荷兰的范特霍夫。他们志同道合，共同创办了《物理化学杂志》，一门崭新的学科诞生了——物理化学。他们三人被后人赞誉为“物理化学三剑客”。

十几年后，随着原子内部结构的逐步探明，他的电离学说最终被人们接受了。

钠是周期表上原子序数为11的元素，最外层电子只有1个，很容易失去电子。

而氯的最外层有7个电子，最喜欢去“抢”电子。

这两个元素相遇，便是“天作之合”：钠原子丢掉1个电子，成为钠离子，带正电荷；氯原子抢到1个电子，成为氯离子，带负电荷，都能达到稳定的状态。

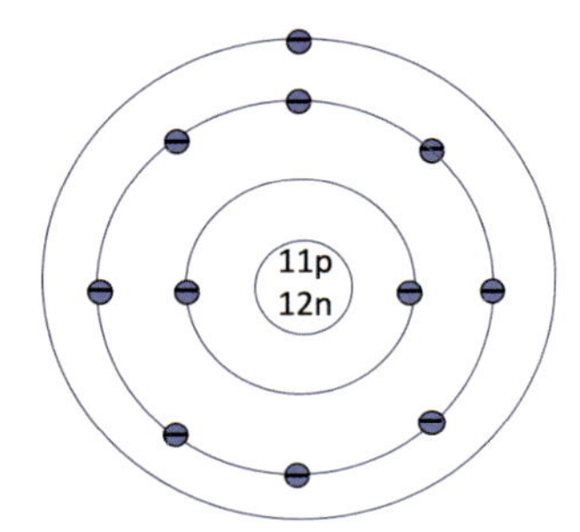

钠原子（Na）：
11个电子，11个质子，12个中子

:: 钠原子，原子核用11p12n简化表示

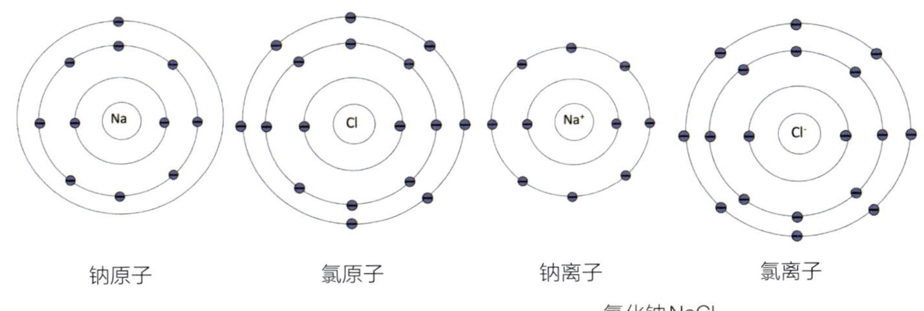

:: 氯化钠的离子键

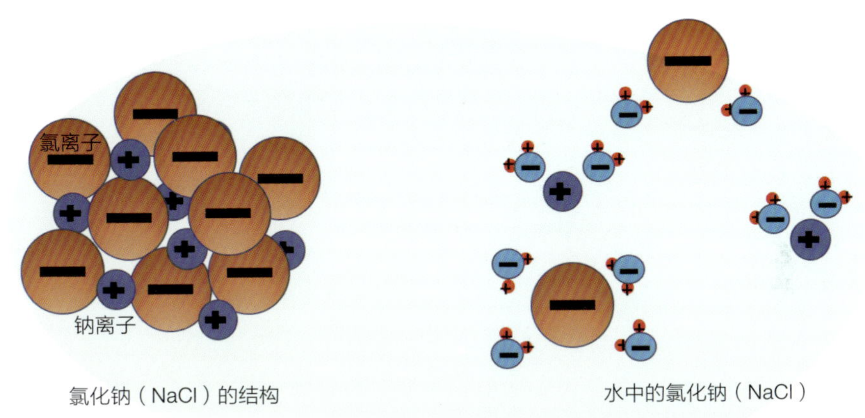

:: 食盐溶解在水里就能产生离子

氯阴离子和钠阳离子因为静电吸引力，结合在一起，这个就是离子键。

当氯化钠溶解在水里时，它的离子键被水解开，成了自由的离子，就能够导电了。

那么，水“何德何能”可以让氯化钠的离子键断开呢?

这是因为水分子靠近氧原子的部位略带负电荷，靠氢原子的部位略带正电荷。它用“极性”对氯化钠的离子键“威逼利诱”，最后“氯离钠散”。

这和贝采尼乌斯的电化二元论有相似之处，但更接近微观的本质（阿伦尼乌斯和贝采尼乌斯，两位尼乌斯是瑞典乌普萨拉大学相隔约100年的校友）。

1901年，首届诺贝尔奖评选的时候，阿伦尼乌斯是物理学奖的11个候选人之一，可惜落选了。当年，“物理化学三剑客”的老大范特霍夫获得了诺贝尔化学奖。

1902年，阿伦尼乌斯再次被提名诺贝尔化学奖，也没有被选上。

1903年，评奖委员会很多人都推举阿伦尼乌斯，但是，这时苦恼来了：应该给他颁物理学奖，还是化学奖？他的理论和化学有关，也和物理有关。电离学说在物理学和化学两个学科都具有很重要的应用，构建起了物理和化学间的重要桥梁。有人甚至提议给他一半物理学奖一半化学奖。

最后，阿伦尼乌斯获得了1903年诺贝尔化学奖。他是第一个获得这种崇高荣誉的瑞典人，是诺贝尔的同胞。6年之后，“物理化学三剑客”的老二奥斯特瓦尔德获得了1909年诺贝尔化学奖。

说完“物理化学三剑客”和离子键的故事，我们再回到盐。

你有没有过这样的经历，吃了咸的东西后，很想喝水？

这是非常正常的生理反应：盐进入消化系统，穿过小肠壁，使血液中的盐含量上升，最后会导致细胞膜外的钠离子浓度过高。这就造成了一种类似“腌萝卜”的效果：你在萝卜外面撒上一层盐，不一会儿萝卜里的水分就渗透出来，萝卜就蔫了。

这个“腌萝卜效应”是一个警戒信号，将细胞的化学信息传送给大脑：细胞周围的液体含盐量过高，有潜在的脱水危险，“咸！咸！”。于是，大脑发出要水的信息“水！水！”，你就会感觉口渴了。等你喝了足够的水，身体就像腌萝卜泡在水里，又获取了水分，圆润饱满起来。

下一次去饭店吃饭，如果你碰到爱“大把撒盐”的厨师，就准备多喝水吧。生命中的盐，需要均衡控制。

钠和氯的虚拟对话

钠单质：我是银白色金属，很柔软，一把小刀就能把我割伤。

氯气：我是黄绿色气体，有强烈的刺激性气味。

钠单质：我碰到水，反应剧烈，还会发生爆炸。

氯气：我有毒，有人打仗时用我做毒气弹。

钠原子：我最外层只有1个电子，很容易失去。

氯原子：我最外层有7个电子，最喜欢去抢1个电子。

钠离子、氯离子：我们是绝配，虽然一个脾气暴躁、一个浑身是毒，但是，结合起来却成生命中不可缺少的盐。让我们彼此成全！

【元素篇】

从舌尖到无处不在的美——镁

你有没有注意到电影里有这样的场景：记者对着新闻人物采访，拍摄照片时耀眼的灯唰唰亮闪？亮瞎你的眼，在这里并不是一句空话。

这么炫目的光，来自一种被称为镁的元素，其元素符号为Mg，这种灯也被叫作镁光灯。

镁在空气中燃烧，会产生炽烈的白光，在肉眼看不到的紫外线波段也有很强的辐射。在摄影发展的早期阶段，人们曾用镁粉和镁做的灯丝来照明。如今，镁粉依然是节日烟花必需的原料，也是燃烧弹和照明弹不能缺少的组成物。镁之美，是如此明亮绚烂。

第一个发现镁元素的人是英国的布莱克，他分辨出生石灰中除了氧化钙，还有一种苦土（氧化镁）。

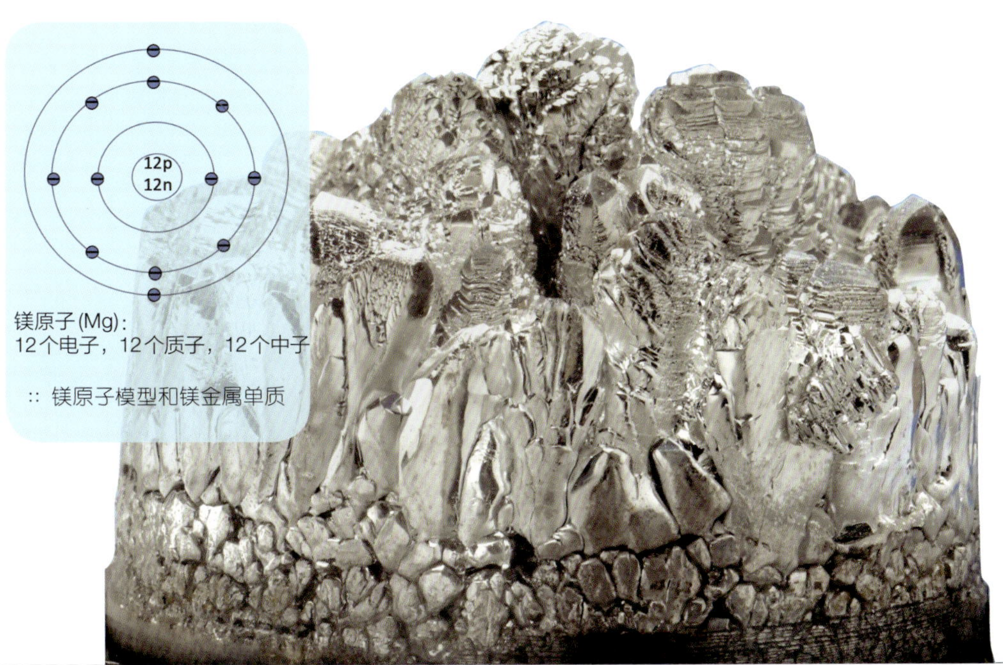

:: 镁原子模型和镁金属单质

1808年，英国科学家戴维用电解的方法制得了少量纯净的单质镁，确认它是一种元素。因为这种元素来自古希腊马格尼西亚（Magnesia）出产的一种盐，这个地名也就演变成了镁元素的名称。

虽然发现镁元素的历史只有200多年，但是，人类利用镁的化合物的历史却有几千年。

在中国的传统美食中，豆腐的存在历史悠久，相传是在公元前164年，由汉高祖刘邦之孙淮南王刘安所发明。

豆腐一般是用大豆制作的。具体做法是把大豆浸在水里，泡胀变软后，用磨浆机加工成生豆浆，再滤去豆渣，煮开。这时候，大豆里的蛋白质团粒被水簇拥着不停地运动，无法凝固，形成了胶体。所谓胶体，指的是一种溶液和浊液之间的状态，我们喜欢吃的果冻也是一种胶体。

之后就要想办法使豆腐成型了，怎么做呢？使胶体溶液变成豆腐，要用卤水点卤。卤水主要含氯化镁盐。胶体在卤水的作用下极易聚沉，使分散的蛋白质团粒很快地聚集到一起，成了白花花的豆腐脑。将豆腐脑放到透水纱布挤压出水分，再放到木质模具里挤压一段时间，就形成了豆腐。在磨、点、挤、压这四道工序中，点是最关键的一道。

俗语“卤水点豆腐，一物降一物”意指某种事物专门制服另一种事物，而制服豆浆中蛋白质的就是氯化镁——镁之美，是嫩豆腐、老豆腐、臭豆腐、甜豆浆、酸豆汁、豆干、豆丝的美味。

但是，如果你觉得因为豆腐美味，而想去尝一尝卤水的滋味，请记住七个字：勿谓言之不预也。虽然它和氯化钠同样是盐，但是，氯化镁苦涩无比，而且有毒。所以，卤水也称为苦卤，小说中还有喝卤水自杀的。能从苦涩中生产出美味，而且无毒，这是古代人的智慧。

镁元素是一种无处不在的元素，它不仅能帮助我们制作美味的食物，在生物体中也起着非常重要的作用。

先来说植物中的镁元素。

镁是生命之光——叶绿素的核心元素之一。

最早发现镁元素是叶绿素的核心元素的，是德国生物学家韦尔斯泰特。

:: 发现叶绿素作用的韦尔斯泰特（1872—1942年）

韦尔斯泰特的导师是1905年诺贝尔化学奖获得者贝耶尔。韦尔斯泰特通过研究，凭直觉感到植物一定与空气进行着某种化学反应，而这种反应是植物的命门所在。从1905年开始，韦尔斯泰特深入研究植物色素，并采用了当时最先进的色层分离法分离了成吨的绿叶。十年磨砺，十年苦修，他终于捕捉到了植物叶中的神秘物质——叶绿素，并分析出了叶绿素的化学结构。

地球上有着成千上万种植物，它们都有一个共同的特征：能够进行光合作用。为什么它们都能进行光合作用呢？因为它们都具有叶绿素。

叶绿素是一种非常神奇的物质，它能够将太阳光中的光能转化为糖类的化学能，从而为植物源源不断地提供能量。

这个如意形状的叶绿素分子，结构非常复杂。长长的柄，柄端好似手掌。它除了含有碳、氢、氧、氮等基本元素外，掌心紧握了一种金属元素，这种元素就是镁。镁原子位于叶绿素分子的中心，起着稳定该分子的作用。没有镁元素，叶绿素就不能稳定存在。

从这个因果链上来看，没有镁，就没有叶绿素，就没有光合作用，就没有植物的化学能，就没有动物的进化与繁衍。镁之美，是绿色的生命，是勃勃的生机。

韦尔斯泰特因为对叶绿素的研究获得了1915年诺贝尔化学奖。

接下来我们来讲人体中的镁元素。

一个59 kg的成年人体内含有29 g镁。其中60%以上存在于骨骼中，大约27%存在于肌肉、肝脏、心脏等组织中。

镁是人体正常生命活动中必不可少的元素，能激活体内300多种重要的酶。在钙、维生素C、磷、钠、钾等的代谢中，镁是必要的元素。在神经肌肉运作、血糖转化等过程中，镁也扮演着重要的角色。

你此刻的呼吸、阅读、思考，身体的每一个动作所需要的能量，来自细胞线粒体中的ATP分子（它的具体

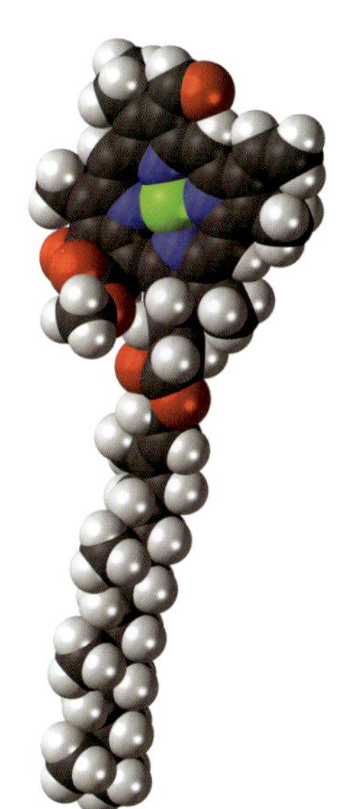

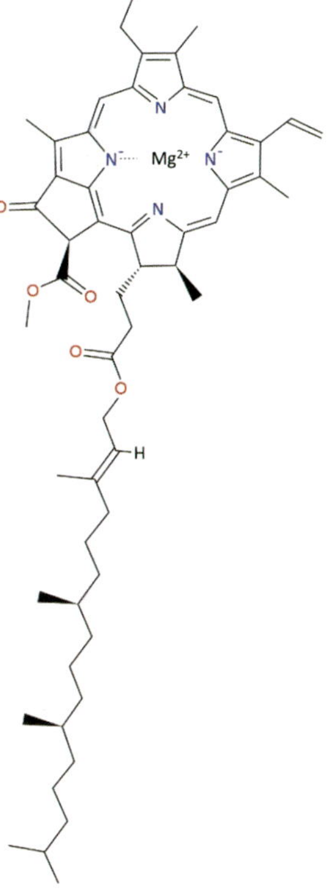

:: 叶绿素分子“如意”模型和“掌心”的镁

结构我们将在磷元素中介绍），而ATP必须与镁离子结合才能具有生物活性。这是镁最重要的功能，因为ATP存在于我们体内的每一个细胞中。

既然镁对于人体如此重要，体内缺乏镁会发生什么？会导致情绪不安、易激动、手足抽搐、反射亢进等——如果你有如上症状，说明你缺的不是美，而是镁。

这时候，你需要吃！吃富含镁的食物，谷物、豆类、坚果、牛油果、香蕉、青叶蔬菜等，当然，少不了用镁“点化”出来的豆腐。

:: 富含镁的食物

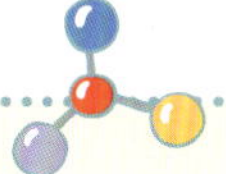

镁的夺目之美

镁粉燃烧时会发出夺目的光芒，放出热量，生成白色粉末状固体。其间在原子和分子层面到底发生了什么?

镁原子的最外层有2个电子，而氧原子的最外层有6个电子。根据八隅体电子结构，这俩是天生一对：镁原子释放出2个电子给氧原子，互通有无，镁离子（Mg^{2+}）和氧离子（O^{2-}）通过离子键结合在一起，生成氧化镁（MgO）。

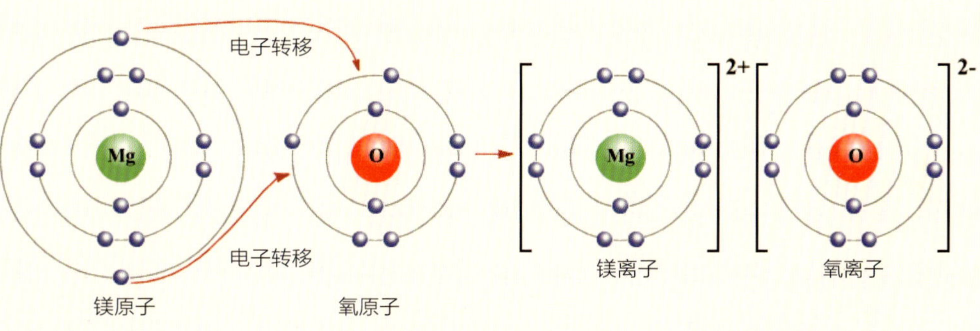

:: 镁粉燃烧时发生的事

【元素篇】

带翼的金属——铝

我们来设想一个穿越的场景：

你和我来到19世纪拿破仑三世的宫廷，侍从在你的面前放置了铝制的餐具，而在我的面前放置了银餐具。

你的心里会做何感想？是不是心里感到不平衡？

那么，我告诉你，心里感到不平衡的人应该是我。因为一直到19世纪80年代之前，铝是比黄金更稀缺、昂贵的金属。

关于早期铝贵族身价最有名的传说，莫过于拿破仑三世。这位皇帝陛下在他举办的宴会上，给一般客人用的是纯银的餐具，而他自己和尊贵的客人用的是铝制的餐具，以显示地位的不同。

当时英国皇家学会为了表彰门捷列夫在化学领域的杰出贡献，专门制作了一个铝制的奖杯赠送

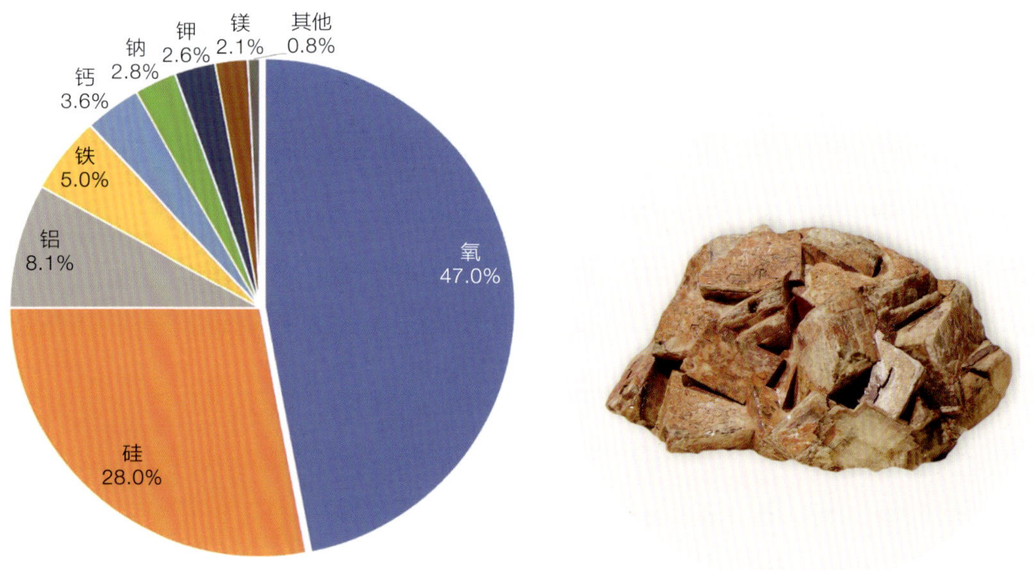

:: 铝在地球上的丰度和含铝的长石

给他——多么贵重的金属制品，皇家同款。

如果拿破仑三世和门捷列夫穿越到今天，看到你家铝制的门窗和饭锅，还有扔在回收垃圾桶里的易拉罐，定会两眼发亮：这是怎样的土豪啊？！

铝是一种轻金属，元素符号为Al，原子序数为13。在地球上的丰度相当高，在所有元素中排名第三，仅次于氧和硅。但是，大自然的铝都是以化合物的形式存在的：

- 占地壳总质量60%的长石含有大量的铝；
- 除了钻石以外，大多数宝石都含铝；
- “瓷都”景德镇千年烧瓷秘方里的高岭土也含有铝；
- 古代国人用来净水、古希腊和古罗马人用来作染料的明矾 alum（在拉丁文中的意思是“苦涩的盐”），里面有铝。铝的英文名称“Aluminium”就来自于此。

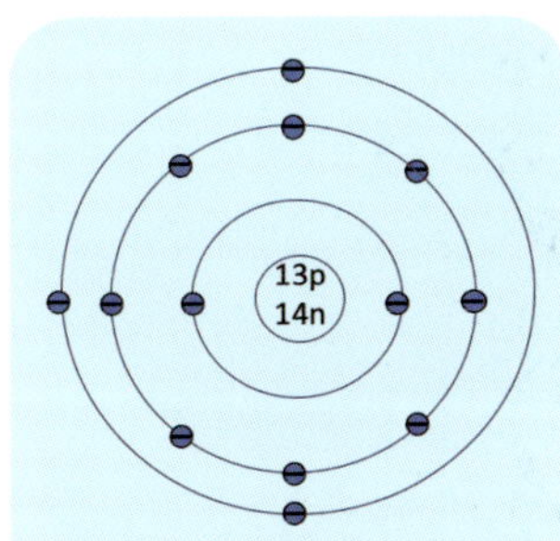

铝原子(Al)：13个电子，13个质子，14个中子

:: 铝原子模型构建者、铝元素发现者奥斯特（1777—1851年）

最早从矿物质中得到铝单质的是丹麦科学家奥斯特，就是物理教科书上发现电流磁效应的那一位科学家。1825年，他将钾溶解在水银里，然后与氯化铝反应，得到一块新的金属，从外观上看和锡很类似。就这样，一直在矿物中“深藏功与名”的铝元素第一次展现在人们面前。

1846年，法国化学界“双驾马车”之一泰纳尔的学生——法国化学家德维尔发现，用钠代替钾去还原氯化铝更为方便，成本也更低。1855年，他制出了一块重15磅[1b（磅）=453.6 g]的铝锭。当时铝的价格是每千克3万法郎，可见拿破仑三世的盘子和门捷列夫的奖杯多么贵重。

后来，因为新技术的运用，铝的产量提高，而价格下降了，但仍然是富豪家的高档奢侈品。

19世纪中后期，有两位大学生站了出来，立下志愿，想让全世界都用上铝制的锅碗瓢盆。

其中一位是美国的物理学家霍尔。他的老师曾在课堂上对学生说：谁若将铝用于商业化生产，将是对人类的一大贡献，个人亦会财源广进达八江。

:: 霍尔（1863—1914 年）:: 埃鲁（1863—1914 年）

这一句话一直铭刻在霍尔的脑海里，并成为他的人生动力。他从大学三年级开始做了一系列的相关化学实验，并在家里建立起了实验室。实验从1881年开始，经历了无数次失败。1886年初，他找到熔点较低的冰晶石（六氟铝酸钠）作为溶剂，将氧化铝溶解，然后进行电解，终于在阴极上发现了银白色的金属小球。经检验确认，这就是梦寐以求的“豪门”金属铝。

就在霍尔成功电解铝后两个月，一位法国大学生也声称自己发明了制铝工艺，他的名字叫埃鲁。他发明的方法（电解）和使用的原料（冰晶石），和霍尔的一模一样，可谓是英雄所见略同。

巧合的是，他们同年出生（1863年），同年发明制铝工艺（1886），又在同一年（1914年）去世——这样的巧合在历史上也是少有的。他们的工艺被称为“霍尔－埃鲁法”，两人的缘分和贡献都被记录在这个青史留名的专业术语上了。

:: 霍尔获得的奖章

1888年，霍尔创立了美国铝业公司（Alcoa）。这家公司从成立之日起，就是世界上最大的铝工业企业，即使130多年后的今年，仍然市值超过100亿美元——他老师的预言成真。霍尔引领整个铝制造行业，不断为人们提供新的铝产品。铝价格不断下降，真是“昔日皇家桌上盘，飞入寻常百姓家”。

1911年，美国化学会和化学工程学会等团体授予霍尔一枚奖章——虽然查不到是用什么材料制作的，但看成色大概率不是铝。

“霍尔－埃鲁法”对现代工业影响巨大，沿用至今100多年。它的主要流程有三步：

- **第一步，去杂。要从铝土矿中去除掉硅等杂质，分离出铝化合物。先将铝土矿和烧碱混合，加热到 200℃以上，得到偏铝酸钠。再将偏铝酸钠水解生成氢氧化铝，煅烧后就得到了比较纯净的氧化铝粉末。**
- **第二步，熔化。将氧化铝和冰晶石混合，加热到 1 000℃左右。在这里，冰晶石起到了关键的作用，不仅降低氧化铝的熔点，还帮助氧化铝导电。**

- 第三步，电解。通电以后，阴极上铝离子（Al^{3+}，即铝原子失去 3 个电子的产物）得到电子还原成熔融态的铝，而阳极上的石墨失去电子，和氧化铝中的氧离子（O^{2-}）生成一氧化碳或二氧化碳。

阴极：

$$Al^{3+} + 3e^- \longrightarrow Al$$

阳极：

$$O^{2-} + C \longrightarrow CO + 2e^-$$

总的方程式：

$$Al_2O_3 + 3C \longrightarrow 2Al + 3CO$$

在将近1 000℃的高温下，铝水的密度高于氧化铝冰晶石的电解液密度，因此，生成的铝水自然就沉淀下去，顺着管道缓缓流出，和电解液分离。

这“一键三连”，集当时化学工艺之大成，又另辟蹊径。

相对于传统的金银铁铜锡五大金属，铝的储量丰富、轻便，还不容易腐蚀，因此被大量应用。特别是铝的密度很小，可制成各种铝合金，广泛应用于飞机、汽车、火车、船舶等。一架超音速飞

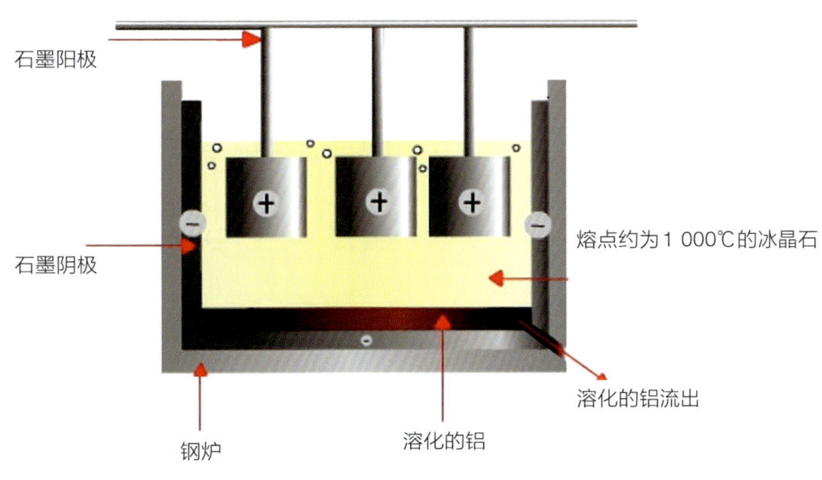

::“霍尔 – 埃鲁法”的示意图

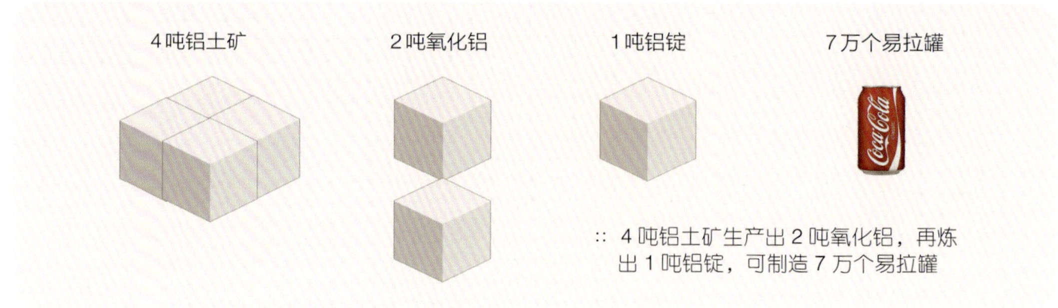

:: 4 吨铝土矿生产出 2 吨氧化铝，再炼出 1 吨铝锭，可制造 7 万个易拉罐

机由 75%~80% 的铝及铝合金构成。铝因此被誉为“带翼的金属”。

现在我们来设想一下现实的场景：早上，你从床上起来（床架可能是铝合金的），刷牙（牙膏皮可能是铝合金的），煮饭烧水（锅和壶可能是铝合金的），用铝箔包起香肠放入烤箱，打开易拉罐，拿起手机（手机壳是铝合金的）……吃完早饭，打开门（门把手），经过铝合金的车库门，然后开动铝合金车身的汽车……

人生何处不逢铝，这一连串的日常生活活动，似乎每一步都离不开铝。这种“带翼的金属”，不仅飞入寻常百姓家，还上天入海无所不在了。

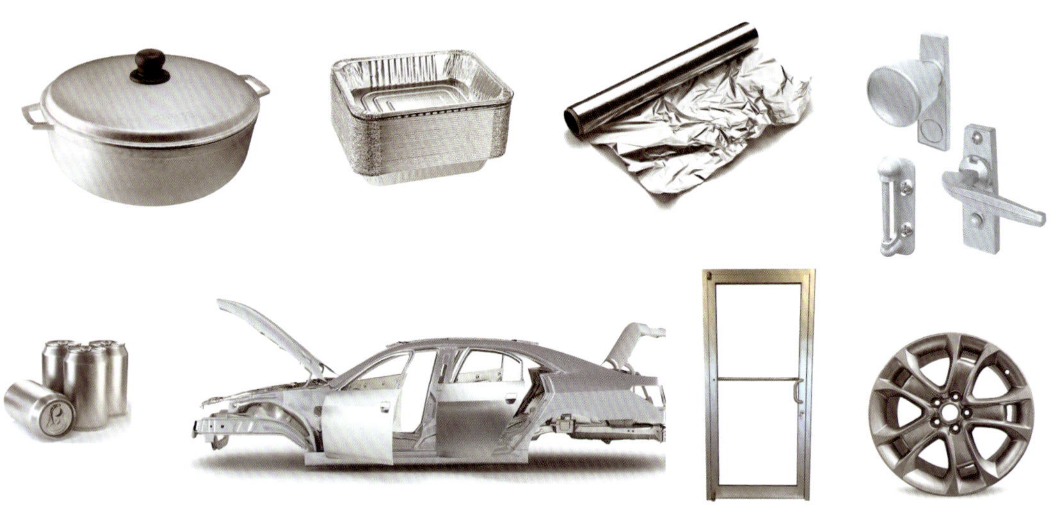

:: 铝的应用

1
某品牌手机

含有

31 g铝

:: 一部某品牌手机中含有31g铝

铝，亿万年来和钙、氧等元素化合在一起，囚于石，藏于土。科学家将它识别并释放出来。霍尔和埃鲁发明的现代化学工艺，从矿石中大规模地提炼铝，让这种曾经的贵金属为大众普遍使用。他们就是“盗”铝的普罗米修斯，创造了历史，大大改善了人类的生活品质。

铝在水上漂

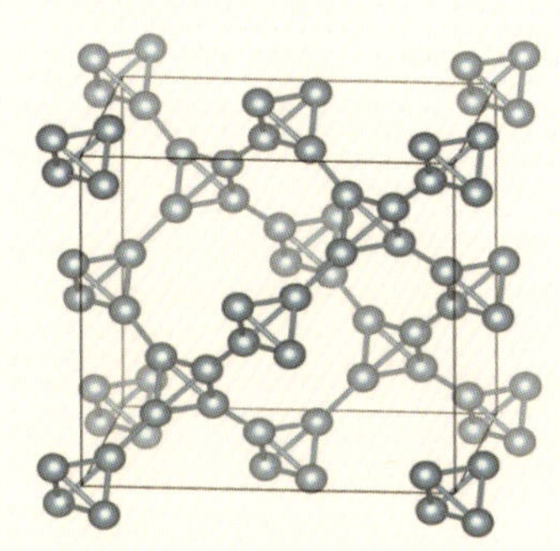

:: 轻于水的新型铝材料

科学家在分子水平上对铝原子进行重组，得到了一种新型的、轻质的、亚稳态晶体铝，里面是一个个四面体，晶体结构比传统的铝稀疏很多，密度仅为0.61 g/cm^3（传统的铝的密度为2.7 g/cm^3），比水还轻。

这意味着这种铝将漂浮在水面上，“汀洲聚散知谁怪，且学漂浮水上鸥”。

13

【元素篇】

“新”新石器时代——硅

千淘万漉虽辛苦，吹尽狂沙始到金。

沙粒，自古以来似乎是无用之物，扮演的要么是衬托黄金、要被淘汰的角色，要么是“九曲黄河万里沙”中水灾的“背锅侠”。

化学家们从200多年前起，开始对山上随处可见的沙粒进行研究。

1787年，拉瓦锡首次发现岩石中有一种叫石英的物质。

1823年，硅作为一种新元素被贝采尼乌斯发现，他一年后提炼出了无定形硅，随后还用反复清洗的方法将单质硅提纯。

:: 硅单质

硅在地球表面的含量仅次于氧，比例将近28%。但是，硅元素较晚被发现。这是因为将硅从硅氧化物中还原出来，是一件非常困难的事。

硅的元素符号是Si，原子序数是14，核外有14个电子。电子在原子核外，按能级由低到高，由里到外，层层环绕。硅原子的核外电子第一层有2个电子，第二层有8个电子，它们都处于稳定态。最外层有4个电子，对硅原子的行为起着主导作用。

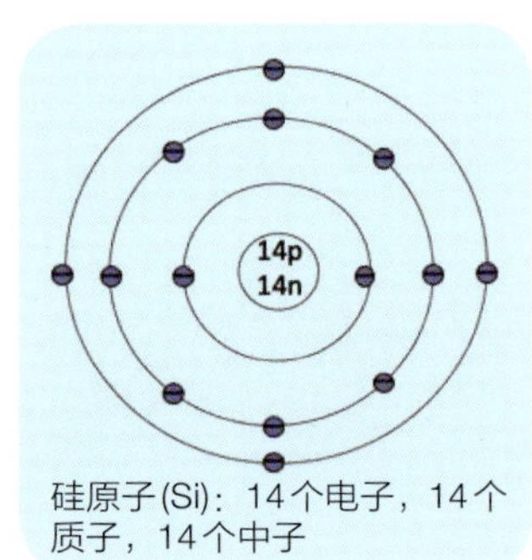

:: 硅原子模型，原子核用14p14n简化表示

根据原子物理的理论，硅原子最外层需要有8个电子才能达到稳定状态。

怎么办呢？“共享电子”伸出手，一手一个，拉住上面2个硅原子的脚；再伸出脚，让下面2个硅原子的手抓住。这样一来，每个硅原子都和四周的4个硅原子手脚相连，形成4个共价键，共享4个电子，形成了稳定的晶体结构。

这张硅晶体的平面图，只是为了说明4个共价键。实际上硅晶体是正四面体的立体结构，和钻石的结构一样。所以，硅晶体具有较高的熔点和密度。

显然，硅晶体中没有自由电子，不能导电。

后来科学家发现了一件奇妙的事：如果在硅晶体中掺杂一些其他的原子，比如磷，晶体结构里会多出游离的自由电子，从而导电，并呈现负电特性，这叫n型半导体[n是negative（负）的首字母]。

如果在硅晶体里掺入硼原子，晶体结构里会缺少电子，科学家把这种现象想象成"空穴"，也能导电，并呈现正电特性，这叫p型半导体[p是positive（正）的首字母]。

这些掺杂的半导体通过巧妙的组合和连接，构成了人类科学史上的奇迹：晶体管。它在很小的尺寸上，可以完成信号的放大和逻辑运算，成为驱动现代科学和文明的"智能之芯"。

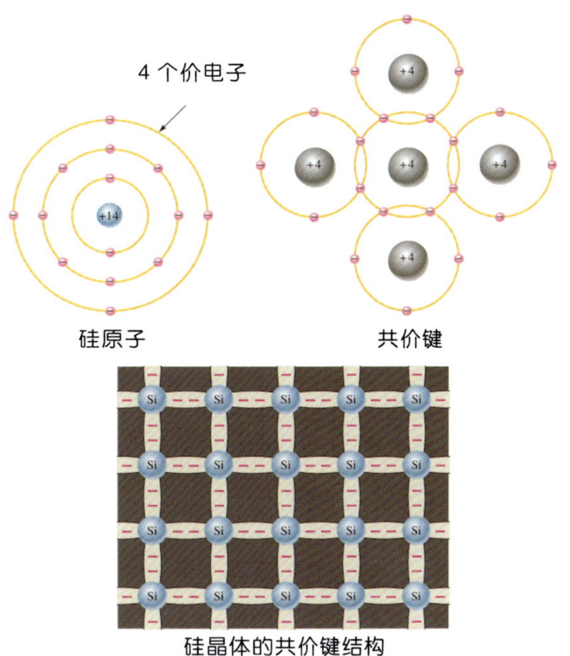

:: 硅晶体结构平面示意图

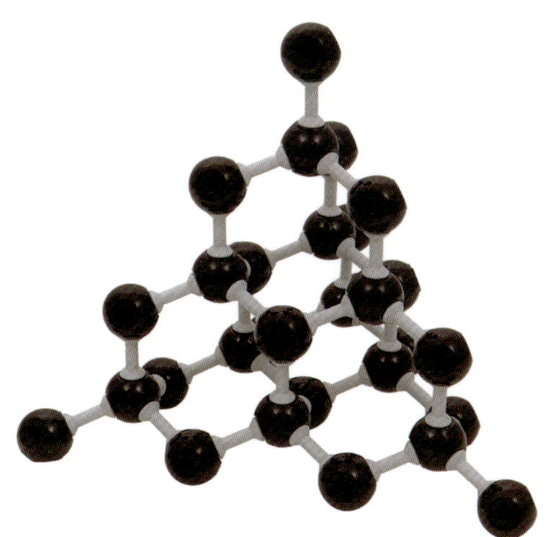

:: 硅晶体的正四面体立体结构示意图

那么，人们是怎么从一颗沙开始，制作出功能强大的芯片的呢？

先将沙子高温熔化，精练出高纯度的硅，纯度要求达到99.9999%，也就是每100万个原子中只有1个其他的杂质原子，甚至达到99.999999%以上，也就是每1亿个原子中只有1个其他的杂质原子。

接着将这些纯硅拉制成硅晶棒。怎么拉制呢？

这是由波兰科学家柴可拉斯基发明的。柴可拉斯基15岁就在药房当学徒，后来读书求学，成为工程师和化学教授。

半导体中的掺杂

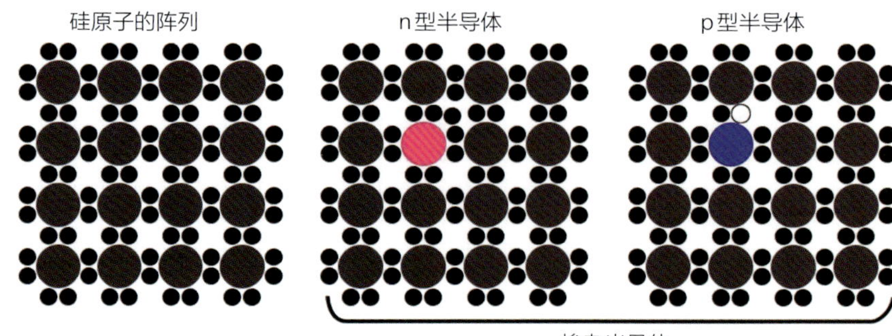

:: 硅晶体掺杂

:: 柴可拉斯基（1885—1953 年）

这种晶体生长方法是他在1916年研究金属的结晶速率时发明的。

先将高纯度的晶硅在一个坩埚中加热至熔融状态。接着，将晶种（或称“籽晶”）置于一根精确定向的棒的末端，并将末端浸入熔融状态的硅。然后，将棒缓慢地向上提拉，同时旋转。通过对棒的温度梯度、提拉速率、旋转速率进行精确控制，就可以在棒的末端“拉出”一根圆柱状的单晶晶锭。

这种方法叫作柴可拉斯基法（有趣的是，你看他的名字里都有“可拉”两字，当然“可拉”）。

如果把硼原子和磷原子的杂质原子，精确定量地掺入熔融的

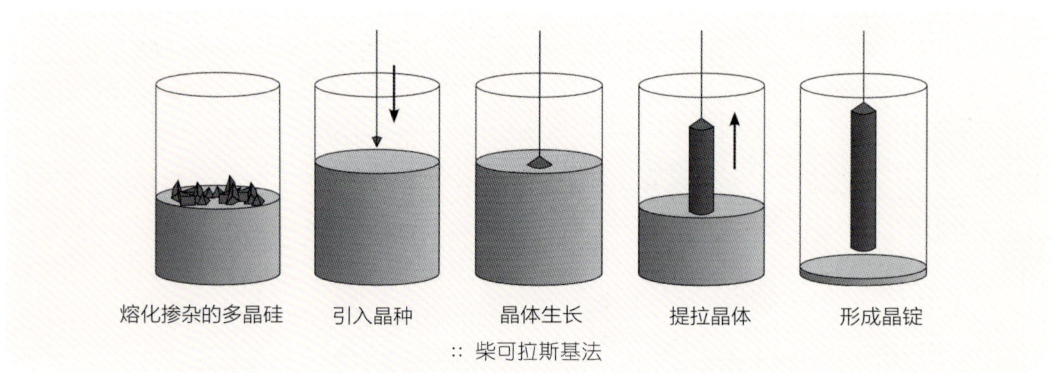

:: 柴可拉斯基法

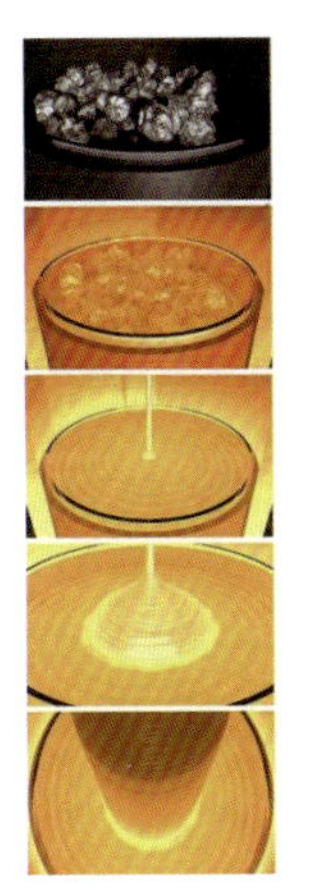

:: 柴可拉斯基法和硅晶棒

硅中，就可以生成p型或n型硅晶棒。

把硅晶棒切片，打磨，就成了硅晶圆。

接下来就是把集成电路“刻”到这个硅晶圆底板上了。把芯片的电路制作在一个“掩膜”上，这个掩膜好比是以前相片彩印时用的底片，有的地方可以透光，有的地方不透光。用光把掩膜照射到晶圆涂膜上，透光的部分与化学膜发生感光反应，然后，这些感光的部分用化学溶液腐蚀冲洗掉。这样一来，掩膜上的电路就被刻到了晶圆底板上。

说到以半导体硅芯片为基础的硅基文明，不得不提一下更科幻的硅基生命的说法。

地球上的生命，是以碳元素为骨架，构成了氨基酸、蛋白质、糖类、核酸等主要的生命大分子，所以，称为“碳基生命”。

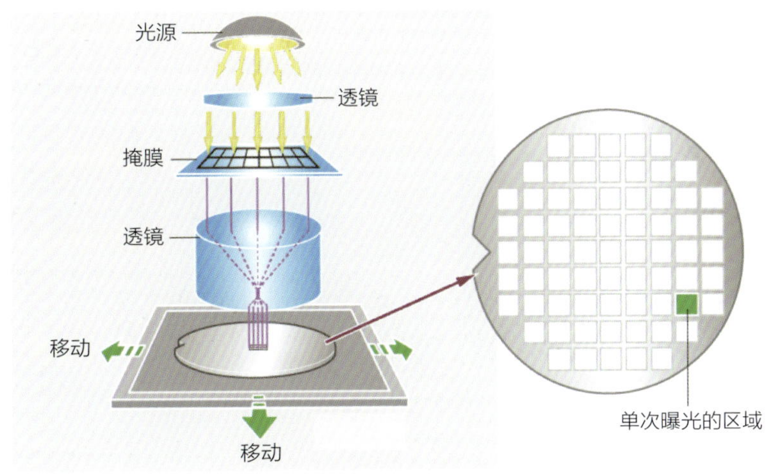

:: 芯片光刻

硅和碳是同族元素，最外围都是4个电子，在化学上的特性很相近，也能合成种类众多的化合物和有机分子。那么，有没有可能在宇宙中存在另一种全然不同于地球生物的生命，它们以硅代替碳，构成生命的骨架呢？

1891年，德国天体物理学家谢纳率先提出了用硅代替生命元素中碳的想法。一些科幻作家和科幻迷也觉得宇宙浩瀚无垠，外行星的自然条件与地球不同，孕育的生命形式也可能是硅基的。这种生物被称为“硅基生命”。

大家不要以为硅的化合物都是坚硬的。很多影视剧中易容用的面具看着和人脸一样，真伪莫辨，其实，就是由硅胶制作的。硅基生命的身体，会不会用硅胶做肌肤呢？

当然，很多科学家对此持反对意见。通过深入分析碳和硅的元素属性，可以发现它们是一对“假双胞胎”，表面上看着相似，实际上差异很大。比如，硅的原子半径比碳大，比碳更活泼，其共价键不太稳定。所以，硅很容易被氧化形成固体二氧化硅。与碳相比，硅化合物更容易水解，分子链被水分子打断，因此稳定性也较差。在有水的环境中，硅不能作为大分子的骨架，化学多样性无从谈起，也没有机会发展成为生命的基本物质。

科学家们至今还没有从宇宙光谱中，找到支持“硅基生命”存在的化学信息。相应地，大量证据表明，高分子碳基化学物质在宇宙中的分布非常广泛。所以，即便一颗地外行星具备生命繁衍的条件，它也应该首先是碳基的，而含硅化合物要么被氧化成岩石埋在地下，或被水解，要么出现在科幻小说作家的作品里。

亲爱的读者，对于“硅基生命”你是怎么看的呢？

不同时代的吐槽大会

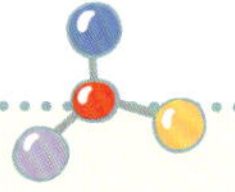

硅时代：欢迎进入硅的时代，晶体管、半导体、计算机、信息、人工智能，这是硅基文明和碳基生命的完美结合。

电气时代：有点飘了，当初提炼你还是靠了我电气……

蒸汽时代：我还记得开着蒸汽火车和轮船把石块运出深山。

铁器时代：千锤万凿出深山，使劲出力的是我。

青铜时代：是我淘汰了那些叫作石头的工具，终结了石器时代。

新石器时代：别忘了初心。你就是一块石头，被新式打造而已。

旧石器时代：所有的时代都开启于那个长满毛的智人敲砸石块的时刻，你还是叫“新”新石器时代吧。

【元素篇】

夜色里的磷光闪闪——磷

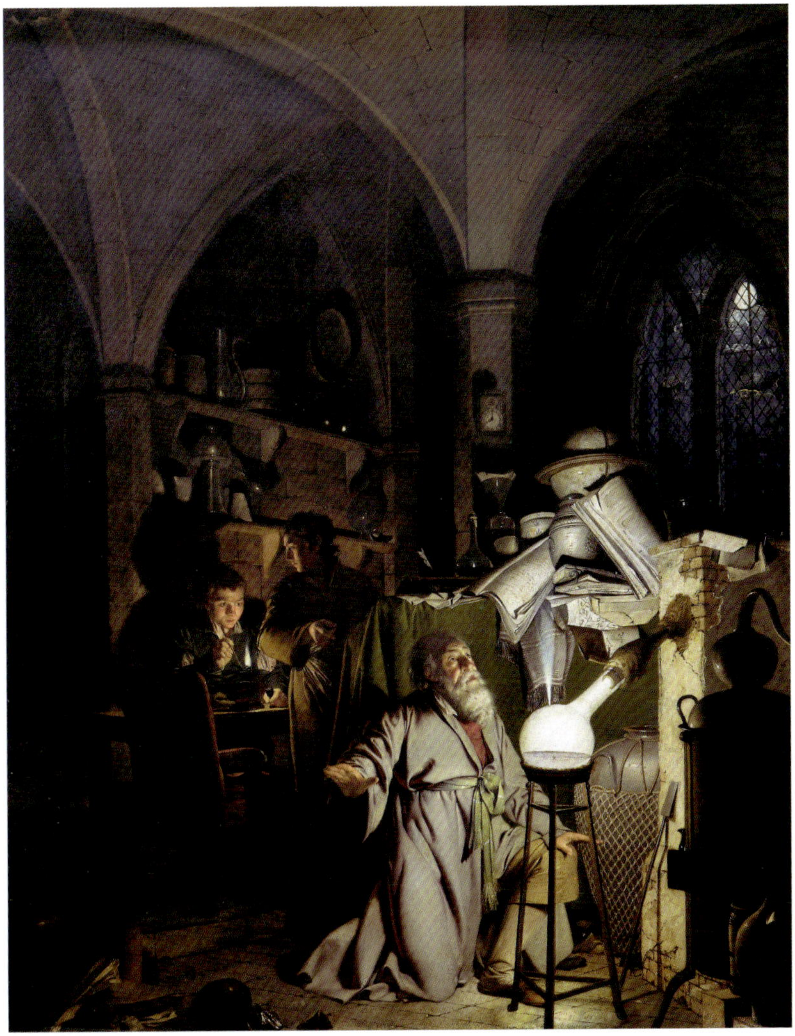

:: 炼金术士发现了发着光的磷，这幅画的完整标题是：“寻找哲人石的炼金术士发现了磷，他在祈祷自己的操作可以成功，就像古代化学占星术士的笔记一样。”

在17世纪，化学还处于炼金术、炼丹术的年代。德国有一位叫波兰特的人，启动了一项当时非常高科技的风险投资项目——准备在尿液中炼出黄金。他的灵感来自哪里呢？或许因为颜色相近的关系吧。

他把太太的嫁妆都作为资金投了进去，从四方八邻收集了1 500加仑[1gal（加仑，美制）= 3.785412L]的尿液。

这事在现代社会肯定会引来非议，但在当时是很正常的，因为尿液用处广泛，可以用作肥料，甚至可以用来清洁牙齿——这是从古罗马时期就流传下来的风俗习惯，有史料可查。如果读到这里让人恶心，请接受我的道歉，但是历史确实就是如此。

他把砂、木炭、石灰和尿液混合，然后放在火炉上煮。

1669年，他的努力有了结果：在加热煮沸尿液的残留物时，蒸馏器变得红热。突然，炽热的烟雾冒了出来，冷凝的液体滴落，并燃烧起来。他飞快地用罐子接住液体，立马盖紧盖子，不让它蒸发。这个神奇的液体凝固了，变成白色的、软软的物体，散发出淡绿色的光芒。他将其命名为磷，在希腊语中是“光的承载体”的意思。

波兰特虽然没有成功地从尿液中炼出黄金，但是，他发现了一种神秘的新物质。很显然，这个新物质来自人体内，似乎还散发着“生命力”。

波兰特对磷的提炼方法严格保密，绝不公开，除非有人重金购买配方。还真的有人买“煮尿秘方”，比如大名鼎鼎的数学家莱布尼茨。他和牛顿一样，除了爱好微积分之外，还爱好炼金术。

这个消息后来被波义耳知道了。对于波义耳这样的大师来说，即使不知道配方，也能复制出来。他的一位助手还因此做起了磷的生意，财源滚滚。

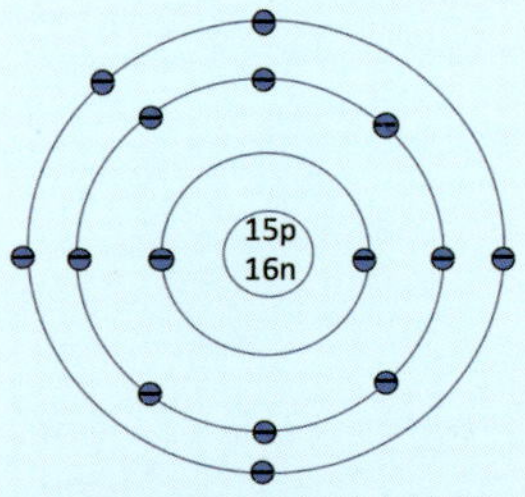

那么，磷到底是什么呢？

实际上，人们在生活中早就见到过磷。

回忆一下恐怖电影里经常出现的场景：在一片漆黑的坟地里，微弱的火光忽隐忽现，飘飘悠悠，一会儿在这里，一会儿在那里，你有没有感到毛骨悚然？

以前的人不知其成因，因为在坟场和荒郊野外看见，所以，就把它称为“鬼火”，“鬼灯如漆点松花”。其实这就是磷在作怪，磷的熔点低，在空气中可以自燃。人体和动物的骸骨中，都有丰富的磷，与空气接触后自燃就产生了磷光——若是早知道，波兰特倒不如去坟场一探，远比收集熬煮1 500加仑尿液来得快捷。

磷是元素周期表里的第15号元素，元素符号为P。

15p
16n

磷原子(P)：
15个电子，15个质子，
16个中子

:: 磷原子模型，原子核用15p16n简化表示

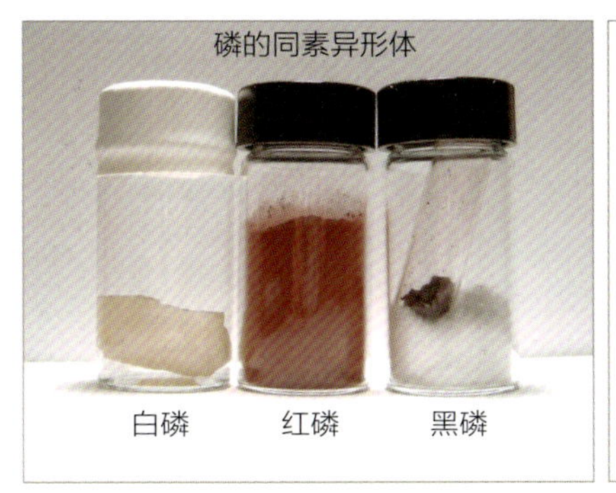

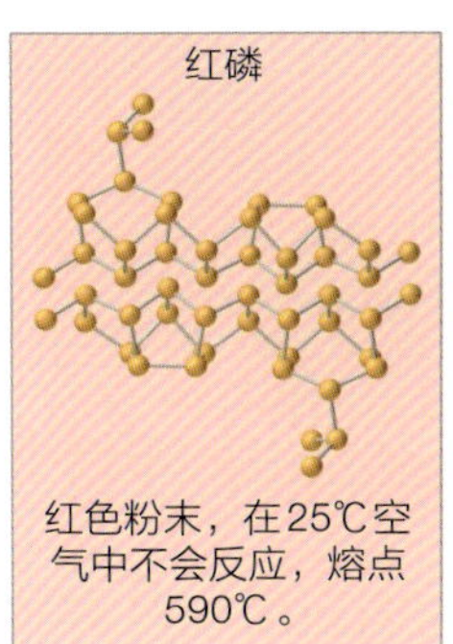

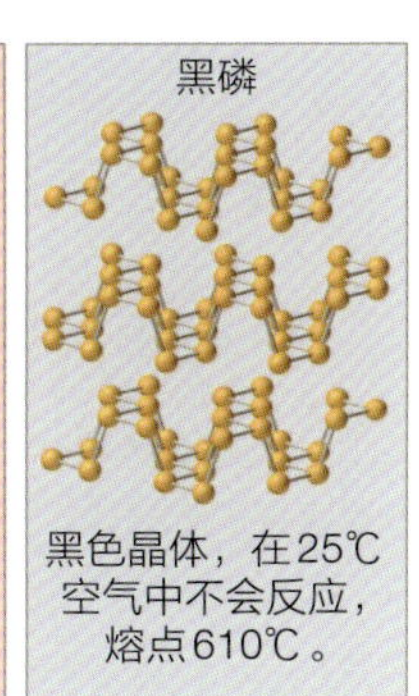

:: 磷的同素异形体

磷有几种同素异形体，都是由磷原子构成，但是，分子的结构不一样。

黑磷在原子层次形成二维的褶皱薄片，和石墨烯平展的二维结构不同。研究人员正在探索它是否具备类似于石墨烯的特性，还用黑磷造出了场效应晶体管收音机，效果非常好。未来黑磷是否能在电子领域一展身手，我们拭目以待。

下面我们来帮助波兰特了解一下磷是如何在我们体内代谢的。

成年人的体内大约有700 g的磷，它和钙一起帮助构建了人体的骨骼。我们每天会从食物中吸收约1 200 mg的磷，加上从血液中分泌的约150 mg磷，一起进入小肠。最后，排泄约400 mg

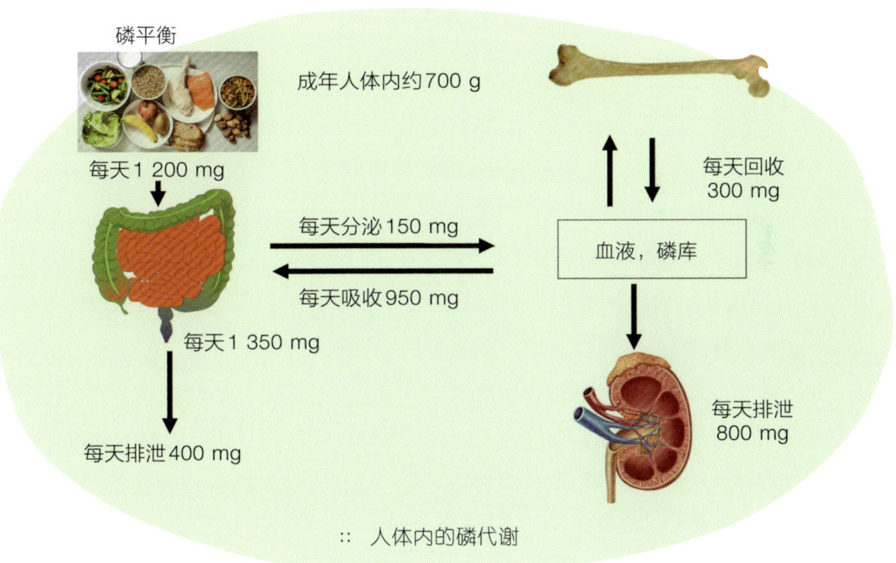

:: 人体内的磷代谢

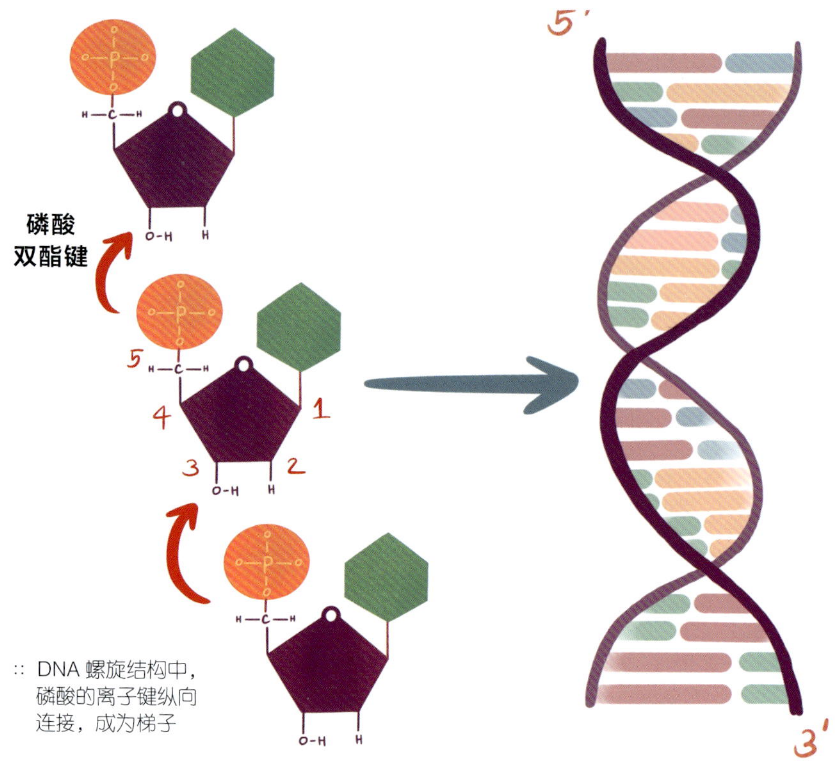

:: DNA 螺旋结构中，磷酸的离子键纵向连接，成为梯子

出去，吸收约950 mg进入血液。血液和骨骼之间每天约有300 mg的磷交换。肾脏把剩余的约800 mg磷通过尿液排出。波兰特炼制的便是这每天约800 mg的“宝物”。

维持体内的磷平衡很重要。过多的磷酸盐摄入会导致腹泻、器官和软组织的硬化。过少的磷会造成关节或骨骼疼痛、食欲不振、疲劳、儿童骨骼发育不良等。

磷在我们的身体内，是DNA的重要组成部分。

如果把DNA比喻成一架旋转的梯子，那么，磷就是把梯子的每一个台阶连接固定起来的构件，它使用的是“超级胶水”——磷酸双酯键，是磷酸根中的磷原子与另外两个分子之间形成的共价键，可以将位于两个核糖上的3号碳与5号碳连结起来，在地球上所有生命体内皆存在。

我们体内的“能量货币”ATP和磷有关。结构简式A–P ~ P ~ P。式中的A表示腺苷，T表示三个（英文的triple的开头字母T），P代表磷酸基团，“–”表示普通的磷酸键（1个），“~”代表高能磷酸键（2个）。

ATP有2个高能磷酸键，1个普通磷酸键。在水解酶的作用下，ATP最外面的“~”（高能磷酸

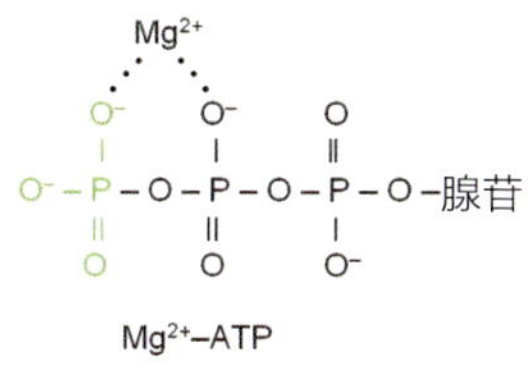

:: 生物体中的能量流通，ATP中磷酸键是储存能量的地方，而镁(Mg)在充电过程中起重要作用，使得ATP稳定

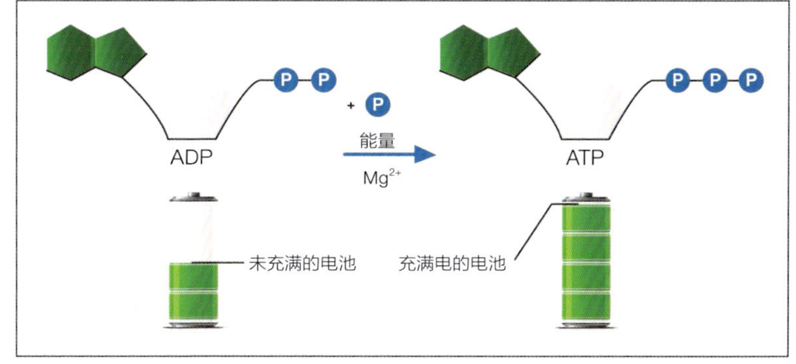

键）断裂，水解成ADP和镁离子，并释放出能量。

ATP又是哪里来的呢？答案是从ADP来的。我们的身体通过镁离子，将ADP转换成ATP，储存来自食物的能量。镁离子使得ATP稳定，相当于给电池安装了一个固定架。

ADP和ATP相互转化以实现储能和放能，从而保证了细胞各项生命活动的能量供应。我们将在同系列的另一本书《读懂基因》中有进一步介绍。

ATP、糖、脂肪都是我们身体的能量来源。ATP可以随取随用，相当于现金；糖相当于现金支票，需要去银行兑换；而脂肪则相当于是黄金，使用起来更麻烦。

波兰特没想到的是，他为了炼金而发现的磷，原来还真是一种“货币”——可用于生物体能量储存、兑换、流通的单元。

利与害（2）

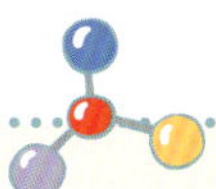

白磷：我有毒，误食0.1g就能致死。沾到皮肤上，很难去除，且会深入骨头。我被制成白磷弹，碰到物体后不断地燃烧，直到熄灭，接触到人的身体后，肉皮会被穿透。

红磷：我无毒，但是燃烧释放的白烟有毒。

黑磷：我的二维结构可以和石墨烯一较高下。

紫磷：别忘了我，我有紫罗兰的颜色，无毒无害。

【元素篇】

固特异的顽强——硫

对于硫这种元素，最早的印象是和过年相关的。“爆竹声中一岁除”，所谓“年味”，在儿时的记忆中，就是岁末子夜此起彼伏的爆竹声和飘散在夜空的一股硫磺味。

之后的印象，是少年时用过的硫磺香皂。作为杀菌用的硫磺皂，呈黄色。现在市面上不易看到硫磺皂了，那股带着刺鼻的香味，和集体水房澡堂里的歌声，一起成了回忆。

硫（Sulfur）是一种非金属元素，元素符号为S，原子序数为16。

硫是氧族元素之一，在元素周期表中位于第三周期。通常单质硫是黄色的晶体，又称作硫磺。

令人想不到的是，作为一种活跃而又有刺激性的元素，它居然存在于我们的体内。在人体蛋白质中，硫扮演着非常重要的角色。

我们人体的蛋白质由20种氨基酸组成，而其中有2种氨基酸里面有硫元素。

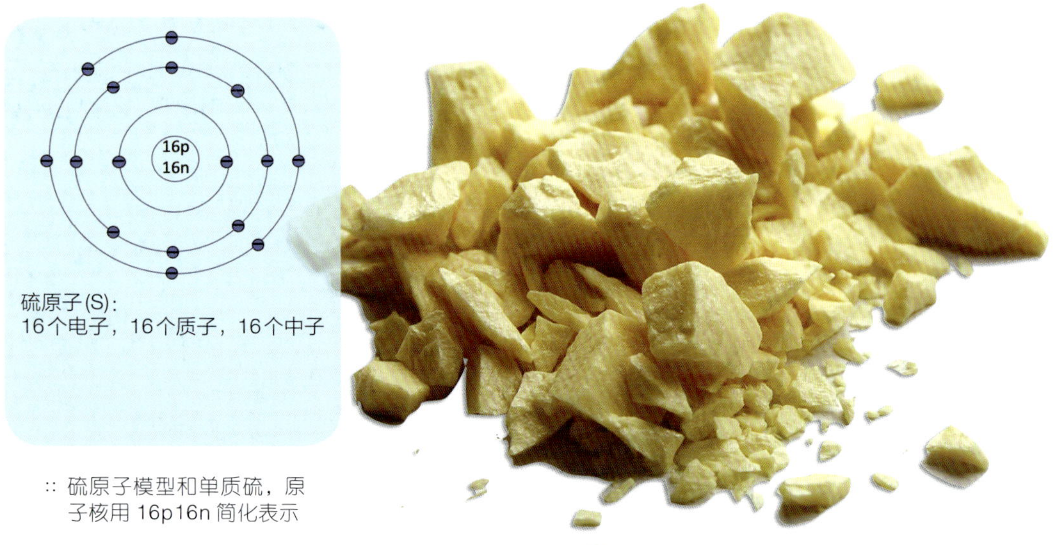

∷ 硫原子模型和单质硫，原子核用16p16n简化表示

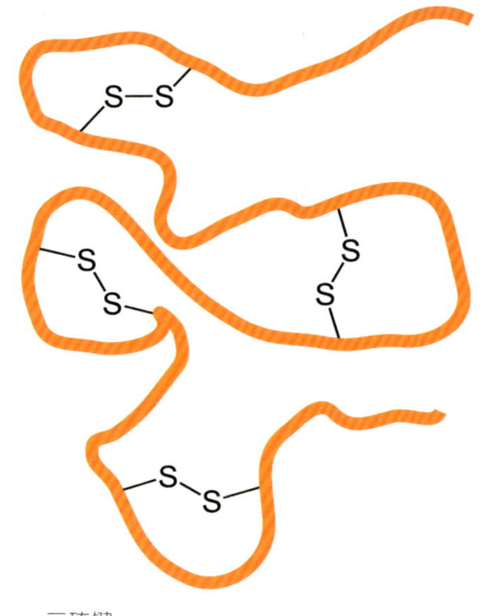

:: 二硫键

氨基酸中的一个硫原子，可以和另一个硫原子形成一种共价键——二硫键。通过这个比较稳定的二硫键，氨基酸长链的片段可以连接、折叠起来，并起到稳定长链空间结构的作用。二硫键数目越多，蛋白质分子对抗外界因素影响的能力就越大。

硫元素存在于蛋白质中，可以通过一个非常简单的实验得到验证。你拔一根头发，用火烧，会产生刺鼻的味道，这个味道便来自硫。同样的方法可以用来鉴别衣料是不是羊毛的。

二硫键的固化作用和汽车轮胎有关。这里面还有一个励志的故事。

19世纪，人们发现了一种叫作橡胶的物质，是从橡胶树等植物中提取胶质后加工制成的。但是，当时的橡胶具有致命缺点：怕冷怕热，受热变软变黏，受冷失去弹性变得脆硬，也不耐腐蚀。

美国有一个叫固特异（Goodyear）的人，决定寻找一个配方，来解决橡胶的温度问题。

他的姓氏虽然是“好年头”Goodyear，命运却很坎坷。他在30岁时就已经破产，靠典当家当养活妻子和9个孩子。

除了穷困之外，固特异既不是化学家，也不是科学家。他的实验方法就是笨办法——穷举尝试。厨房就是他的实验室，一切可以弄到手的物质都是实验用品。他将松节油、石灰（甚至火药）分别掺入橡胶粉末进行实验。漫无目的的实验之下是“屡试屡败”的挫折和高筑的债务。

有一次，他发现镁粉的效果似乎不错，立刻借来钱，动员全家人，在春天赶制出几百双橡胶鞋。没想到夏天一到，这些胶鞋受热之后变成了软绵绵的橡胶块。更悲惨的是，刚学会走路的儿子不幸夭折了。他还因付不起房租被房东赶了出去。

遭受三重打击的固特异，并没有被打倒，仍然继续研究。

:: 固特异（1800—1860年）

一次，他用硝酸清洗橡胶上的青铜漆，发现橡胶虽然变黑了，但表面变得平滑干爽。他马上进一步实验，却因为吸入过量硝酸挥发的气体，卧病在床6个星期才康复。

1837年，他为硝酸处理的方法申请了专利，并且很快吸引到了投资者。眼看着马上会有转机，却不幸遇上了1837年的金融危机，投资人破产。

固特异的生活变得更加艰难。他变卖了所有家当，寄居在一家即将倒闭的橡胶工厂，边捕鱼养活家人，边继续他的橡胶研究。这是需要多坚韧和乐观，才能坚持下来呀！

罗曼·罗兰曾说："生活中只有一种英雄主义，那就是在认清生活真相之后依然热爱生活。"从这个意义上来说，固特异真英雄也！

皇天不负有心人。1839年的一天，固特异不小心把一块橡胶掉落在火炉中，里面混有硫磺的橡胶冒出了刺鼻的浓烟，之后变得更加坚韧、更有弹性。

谁都想不到怕热的橡胶居然要用高温才能完成蜕变，而硫磺是完成这种质变的关键元素。

后来的科学家才知道这是二硫键在起作用。在这个硫化过程中，硫原子在空间上连接，生成具有三维网络结构的硫化胶，使胶料具备高强度、高弹性、高耐磨、抗腐蚀等优良性能。

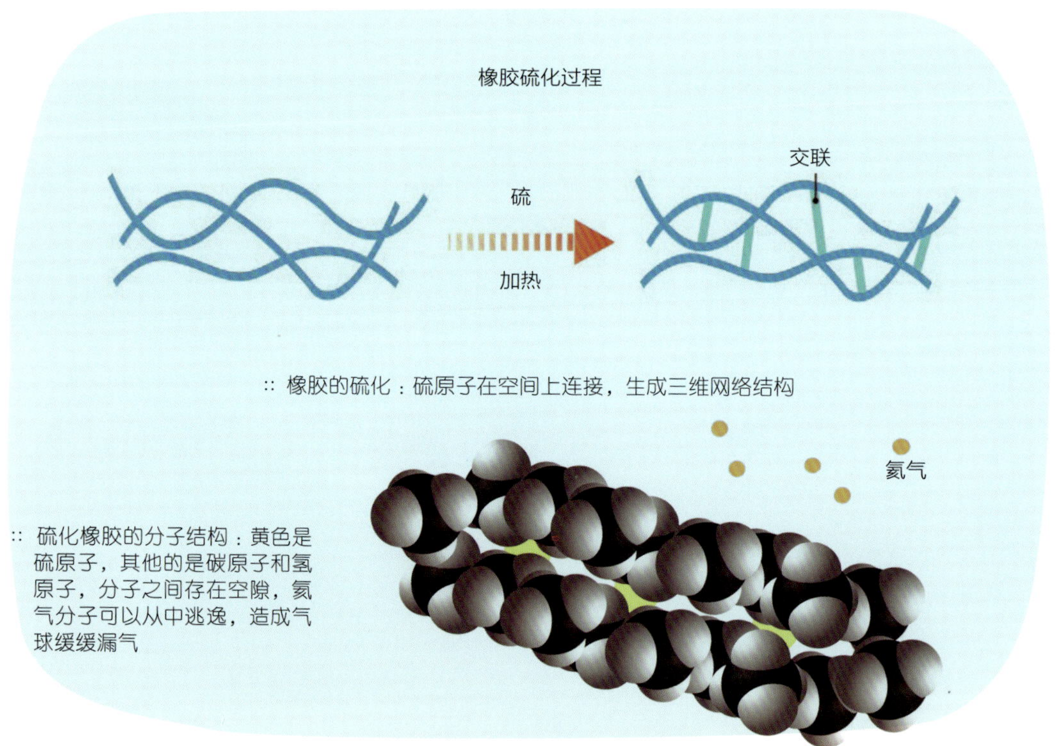

:: 橡胶的硫化：硫原子在空间上连接，生成三维网络结构

:: 硫化橡胶的分子结构：黄色是硫原子，其他的是碳原子和氢原子，分子之间存在空隙，氦气分子可以从中逃逸，造成气球缓缓漏气

晚年的固特异还没来得及享受一生苦心研究的专利成果，身体却已是强弩之末。因常年接触和吸入化学毒气，他看起来比实际年龄要老20岁。

1860年6月1日，伟大的发明家固特异离开了人世，身上还背负着几十万美金的债务。

在固特异去世38年后，有一对叫柏林的兄弟开始制造橡胶制品。为了纪念1839年发明“硫化橡胶”的固特异，兄弟俩将公司取名“固特异轮胎橡胶公司”，这便是今天在千万个滚滚车轮上的固特异轮胎。

正是因为固特异一生的坚持，才有了今天汽车交通的“good years”。当你坐在装有固特异轮胎的汽车上，再了解了固特异的生平事迹，心中有什么感触?

固特异生前写道：“每一个技术或行业建立者和创造者都不应该对自己的付出有什么怨言，即使播种的是他们，而收获的是他人。人的成功不应该单纯地被金钱或者物质衡量。”

纵观千年科技史和科学家生平，固特异的人生是极为不幸和坎坷的。但是，固特异却用他一生的坚持不懈告诉我们：当世界不停地给你痛苦，你就让它“滚”。

利与害（3）

酸雨： 我因工业废气二氧化硫在大气层与水分子作用而产生，酸雨所到之处，破坏土壤和环境。

二硫键： 生物体内的蛋白质离不开我，橡胶的弹性和固化离不开我。

硫化氢： 含硫污水腐蚀性强。

硫： 我能杀菌，有人用我来处理干货，防止食品腐败，以延长其保存期，但这有害健康。

【元素篇】

魔鬼和天使——氯

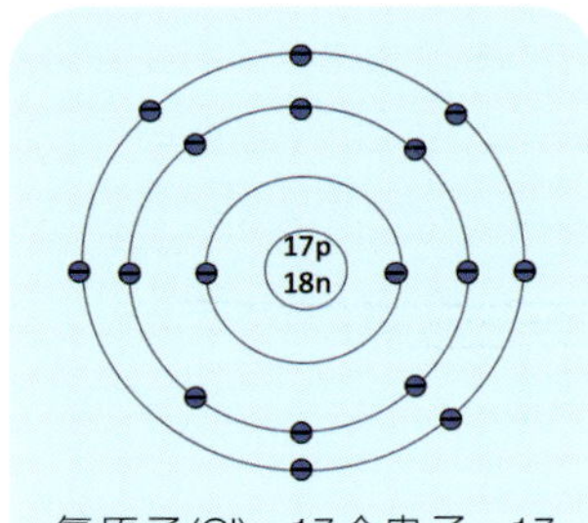

氯原子(Cl)：17个电子，17个质子，18个中子

:: 氯原子模型，原子核用17p18n简化表示

1774年，瑞典化学家舍勒在从事软锰矿的研究时发现，软锰矿与盐酸混合后加热就会生成一种令人窒息的黄绿色气体。

1810年，戴维证明了这是一种化学元素的单质，并将这种化学元素命名为氯（Chlorine）。它的希腊语原意是“绿色”。中文译名为氯。

氯是一种非金属元素，元素符号为Cl，原子序数为17。因为最外层有7个电子，化学性质十分活泼，总是倾向于从其他原子获取1个电子——当然，它没有氟活泼，因为最外层的电子壳层离原子核略远，原子核抢夺电子的能力要弱一点。

氯气由两个氯原子通过共价键构成，化学式为Cl_2，常温常压下为黄绿色气体，有强烈的刺激性气味。水中氯含量在一定浓度下可以杀菌，对人体不会造成伤

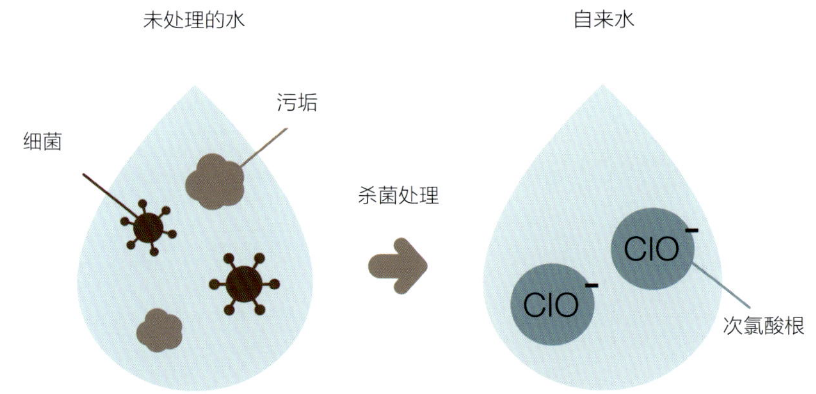

:: 漂白水（主要成分为次氯酸钠）

害，比如游泳池水、自来水。但如果氯含量超标，就会对人体有害，排到河里，也会对鱼类有害。所以，氯含量的检测是游泳池、自来水厂、河流水质环保中必不可少的指标。

氯气，这种黄绿色的有毒气体，曾经在第一次世界大战中被德国用作化学武器。

一位作家在采访目击者后描述了当时的可怕场面："高达30英尺（9.1米）的黄绿色气体在东风的吹拂下缓缓向前推进，这种致命的气体灼伤了协约国士兵的眼睛和肺，让他们呕吐并在痛苦中倒地。数以百计的人在口吐鲜血和绿色泡沫后死去，士兵们的银质徽章和皮带扣也变成墨绿色。"

这次攻击造成协约国军队1.5万人中毒，5 000多人丧生。

这种化学武器背后的推手，便是发明哈伯固氮法的德国化学家哈伯。

哈伯还在研究毒气的过程中，发现了毒气浓度与吸入时间的关系：在低浓度的毒气中暴露较长时间，与在高浓度毒气中暴露较短时间，具有相同的危害。这被称为"哈伯法则"。

不过，大家不要看到这里就"谈氯色变"。这种危害极大的有毒物质，当它以其他形式出现在化合物中的时候，却是我们生命中不可或缺的。

氯和钠这两个元素，当它们通过离子键结合在一起的时候，便是我们生活中的盐。氯离子和钠离子构建起了盐的晶体结构。钠离子和氯离子之间的距离不到0.5nm，也就是说1mm细的盐粒，仅一个方向就铺满了100万个钠离子和100万个氯离子。

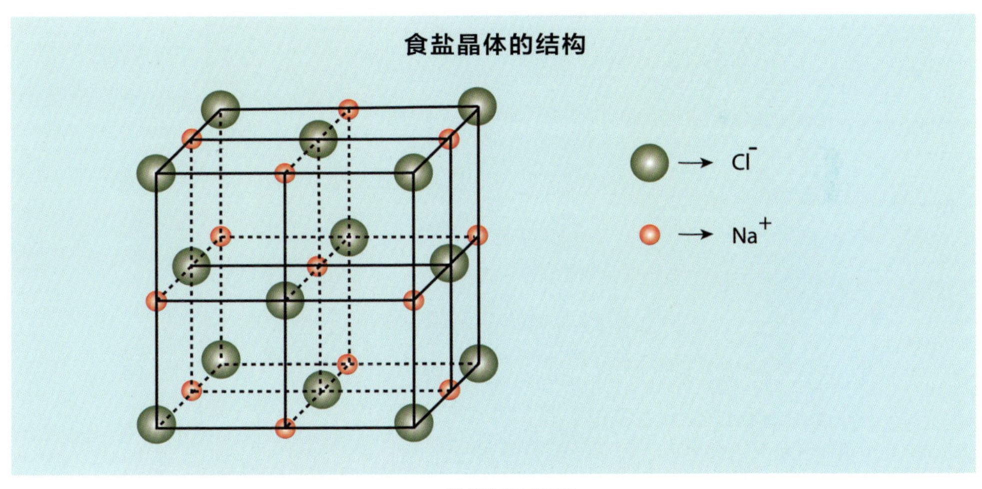

:: 盐的晶体结构

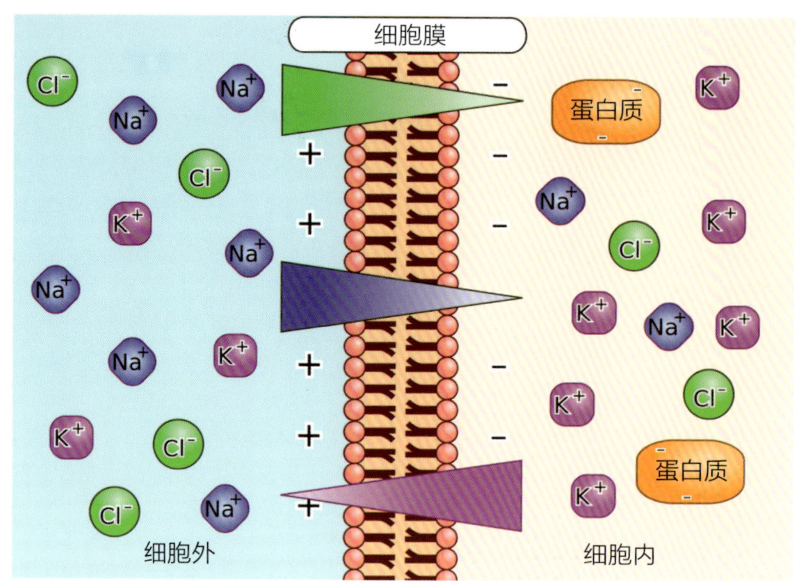

:: 身体细胞的电解质平衡

无论是钠离子还是氯离子，都是人体必需的离子，一个带正电（Na^+），为阳性，另一个带负电（Cl^-），为阴性。

钠离子（Na^+）的功能我们已经介绍过，而氯离子（Cl^-）是生物体内含量最丰富的阴离子。如果没有氯离子，生物体内电解质就会失去平衡。想象一下，如果你的体内全是阳离子，全是正电，会是怎么样的恐怖景象。

然而，另一方面，同样的氯离子，却是海边高楼大厦的大敌，很多高楼桥梁的倒塌和它有关。

海水里存在大量的氯离子，它们的半径小，穿透能力强，能够渗入钢筋混凝土，在混凝土包裹的金属上生成小蚀坑。长年累月，就会造成对基础设施的腐蚀。

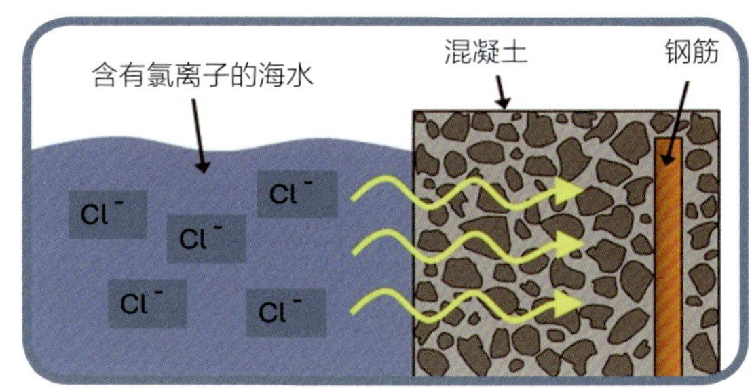

:: 氯离子对基础设施的腐蚀破坏

除此之外，氯的危害还与南极上空的臭氧层洞有关。

氟利昂由碳、氯、氟元素组成，当它进入平流层后受到强烈紫外线照射，会分解产生氯的游离基（自由的氯原子）。自由的氯原子同臭氧发生连锁化学反应，会反复破坏臭氧分子，即使是少量的氯，也能使臭氧分子大量减少。

自由氯原子与臭氧 (O_3) 发生反应，形成一氧化氯 (ClO) 和氧气 (O_2)。

$$Cl+O_3 = ClO+O_2$$

当一氧化氯 (ClO) 分子遇到另一个氧 (O) 时，它会分解，释放出自由氯原子 (Cl)。

$$ClO+O = Cl+O_2$$

然后，这个自由的氯原子会去“破坏”另一个臭氧 (O_3) 分子，从而形成了连锁反应和恶性循环。以一己之力，将大量的臭氧转化成氧气。

因为臭氧消耗而产生的“臭氧洞”，主要集中在南极地区。为此，1987 年在世界范围内签订了限量生产和使用氟利昂的《蒙特利尔协定书》。只要在全球范围内不再使用氟利昂，臭氧层就可以在几十年内恢复。

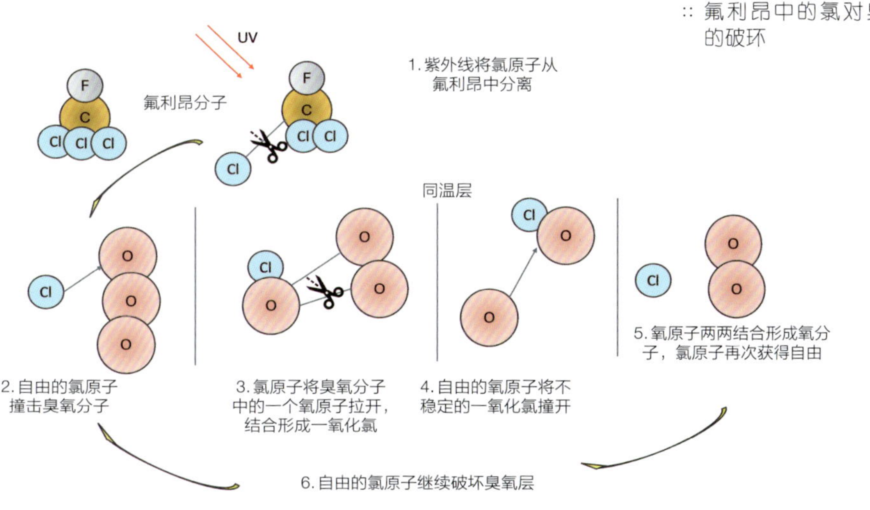

:: 氟利昂中的氯对臭氧层的破坏

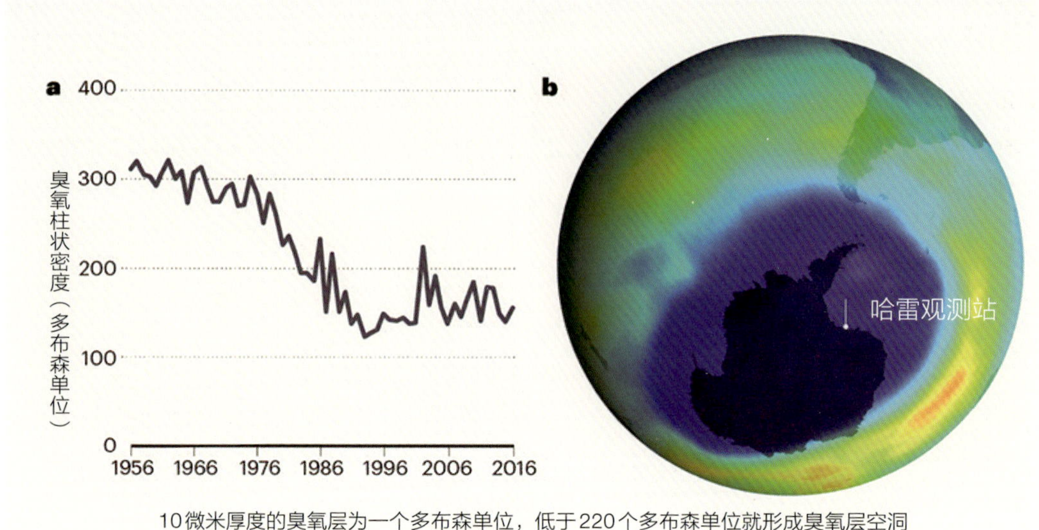

:: 臭氧空洞
图源：Solomon, S. Nature 575, 46–47 (2019)

利与害（4）

氯气： 我是毒气，我是毒气弹。

氯化钠： 我是你生命里离不开的盐。

氯离子： 千里之堤，溃于蚁穴，百年钢筋，腐于氯离子。

氟利昂： 臭氧层黑洞的罪魁祸首是氟利昂，但是，真正造成连锁反应的不是氟，而是氯。

【元素篇】

草木深深入灰门——钾

:: 草木灰

中国古代的传统农业，有“刀耕火种”的说法：以斧或刀砍伐地面上的草木，等枯死的树木野草晒干后，用火焚烧。经过火烧的土地变得松软，然后播种谷物和麦子。

柴草、枯枝、落叶等燃烧后的草木灰，是非常有效的肥料。但是，古人并不知道这些草木灰中究竟有什么元素让土壤肥沃。

在苏美尔的史诗《古尔伽美什》里记载了一个配方：将草木烧成灰，过滤，晾干，取1份；再将羊脂融化，加入6份，在水中溶解；然后，用这种水清洁身体，清洗衣物。这种配方是当时苏美尔人健康的“守护神”，它能杀死99.9%的致病菌和病毒，而且非常容易被制造出来。这种神奇之物便是肥皂。很可惜，古人仍然不知道草木灰里面有什么元素可以用于制成肥皂。

与草木灰类似，锅灰（potash）也能用作肥料、火药和肥皂的配方。

那么，草木灰和锅灰，里面到底有什么神奇的元素，让它“上得澡堂，下得农场”呢?

元素周期表里有一种元素钾（potassium，元素符号K），它的名字和锅灰是同一个词根。锅灰、草木灰里神秘的成分是碳酸钾，神秘的元素就是钾。

钾原子有19个质子、20个中子和19个电子。最外层是一个电子，所以，钾的很多特性和钠很相似。它们都很容易失去最外层那个“孤零零”的电子，而成为阳离子。因为钾原子比钠原子大，对于最外层的电子的掌控更弱，所以，钾原子更容易失去电子。

钾的单质是一种银白色的软质金属，蜡状，可用小刀切割，熔沸点低，密度比水小，化学性质极度活泼（比钠还活泼）。

钾在自然界没有单质形态存在，而是以盐的形式分布于陆地和海洋中，同时也是人体肌肉组织和神经组织中重要的微量元素。

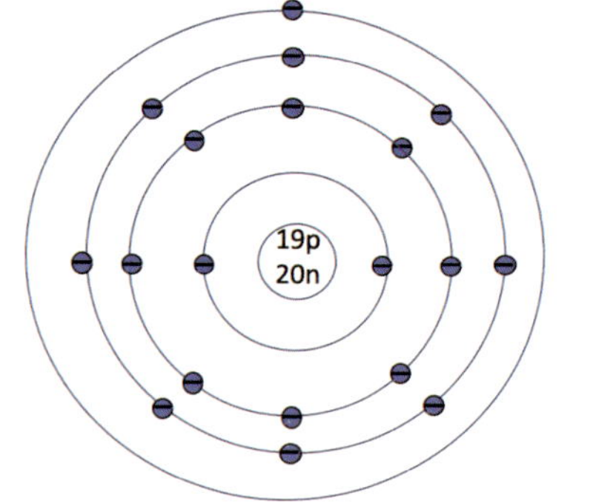

钾原子(K)：19个电子，19个质子，20个中子

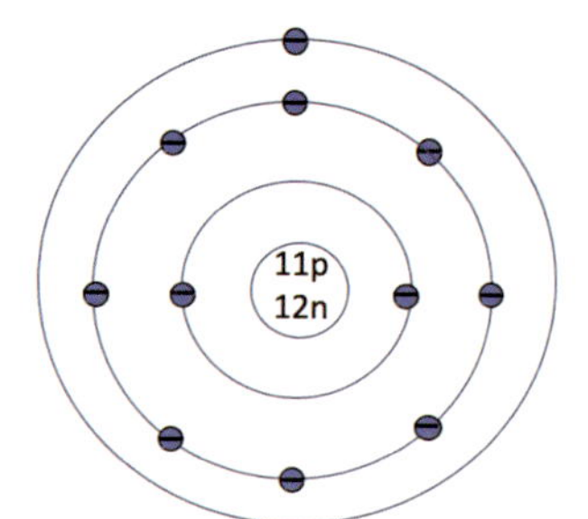

钠原子(Na)：11个电子，11个质子，12个中子

:: 钾原子模型和钠原子模型

实际上，钾和钠都是戴维在1807年发现的，而且时间上只相差几天。戴维将钾和钠分别命名为Potassium和Sodium ，因为钾是从Potash、钠是从Soda中得到的，它们至今仍保留在英文中。钾和钠的元素符号K、Na分别来自它们的拉丁文名称。

钠和钾这种“孟不离焦、焦不离孟”的“美好友情”还存在于我们的体内。我们身体里的每一个神经元细胞都有一个“泵”——钠钾泵。泵是形象化的说法，实际上它是一种蛋白酶，完成类似传送泵的功能。

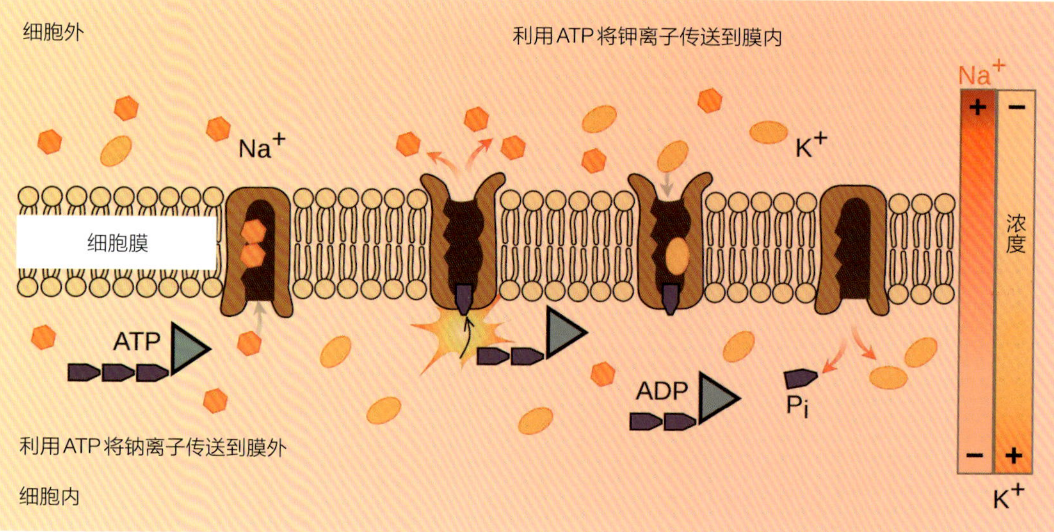

:: 钠钾泵

正如水从高处流向低处，我们体内的电解质钠离子、钾离子也是从浓度高的地方渗透到浓度低的地方。比如，细胞外钠离子浓度高，细胞内的浓度低，所以，钠离子会从细胞外渗透到细胞内。但是，我们的神经元和肌肉等细胞需要有反向的流动（从浓度低的地方传向浓度高的地方），以完成特定的生理功能，这时候就需要钠钾泵了。

钠钾泵将细胞内浓度较低的钠离子送出细胞，同时将细胞外浓度较低的钾离子送进细胞。这个泵在得到生物能量ATP启动后，将3个钠离子送出细胞，同时将2个钾离子送进细胞。

钠钾泵，是离子进出细胞的一个重要通道。

我们对这个世界的感知和思考，神经元中的电位差和电信号，都是靠这个钠钾泵来产生的。

比如，你递给我一块饼，我咬了一口慢慢咀嚼。通过味觉系统的一系列处理，神经元上的钠钾泵启动，将钠离子泵出神经细胞，将钾离子泵入神经细胞。这个微弱的电位差，变成神经脉冲信号。这些脉冲信号不断输入我的大脑，并唤醒过去的经验和训练。哦，我知道了，这是杏仁饼的味道。

1950年，丹麦科学家斯科发现了钠钾泵，他也因此获得了1997年诺贝尔化学奖。

世界上大多数钾储量都来自远古的海洋。当远古海洋的海水蒸发后，钾盐结晶成沉积物。随着时间的推移和地壳的变化，沉积物被埋在离地面数千尺的岩层之下，变成了钾盐矿石。

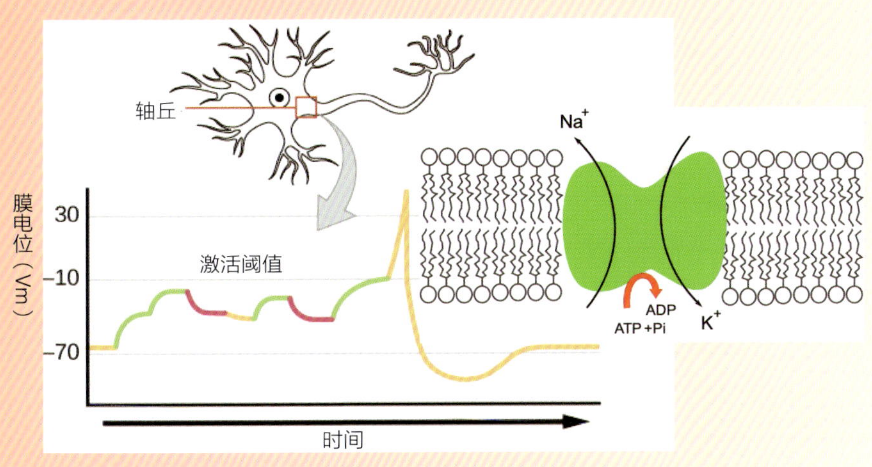

:: 钠钾泵造成钠钾离子的逆向流动，产生电位差和神经元电信号
图源：OpenStax 和 GNU Free Documentation License

:: 钾盐蒸发池

为了从地下提取钾肥，人们钻井并泵入热水以溶解钾。然后，将盐水从井中泵出到地面，送入蒸发池——此处有电动的“钠钾泵”—— 一个不一样的泵，一个大得多的泵。

太阳蒸发水分后，留下钾和其他盐的晶体。这种蒸发过程通常需要大约300天。

有人在美国犹他州上空拍摄了一张美丽的照片。在几乎寸草不生的沙漠红土上，存在着大大小小几十个色彩缤纷的池塘。这些美丽的池塘，就是人造的钾盐蒸发池。与其他盐蒸发池不同，在这些钾盐池中，生活着某些藻类，带有自然微红的色调。为了有助于吸收阳光，加速蒸发，工作人员还在池中加入蓝色染料。

在古代，人们以草木为材料，旷野为焚炉，烈火烧过，大地留痕。

在现代，人们以盐水为颜料，大地为画板，云蒸霞蔚，五彩逶迤。

人类对于钾的开发，从来就是大手笔。盛哉美哉，我钾！

钾和钠的虚拟对话

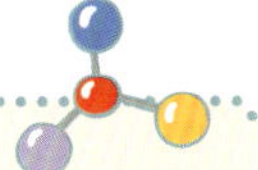

钠、钾： 我们是电解质双离子组合！

钠： 细胞外是我的主场。

钾： 细胞内由我主管。

钠： 我让平滑肌收缩。

钾： 我让它们放松。

钠： 我促进肾脏排出钙。

钾： 我会减少钙的流出……

钠： 我让血压升高……

钾： 我让血压降低。

钠： 要少吃盐。

钾： 要多吃素。

钠： 躺平睡觉的功能之一，就是恢复脑内的钠钾平衡。

钾： 我们的平衡让大脑思维敏捷，让心脏正常跳动。

18

【元素篇】

人间骨气——钙

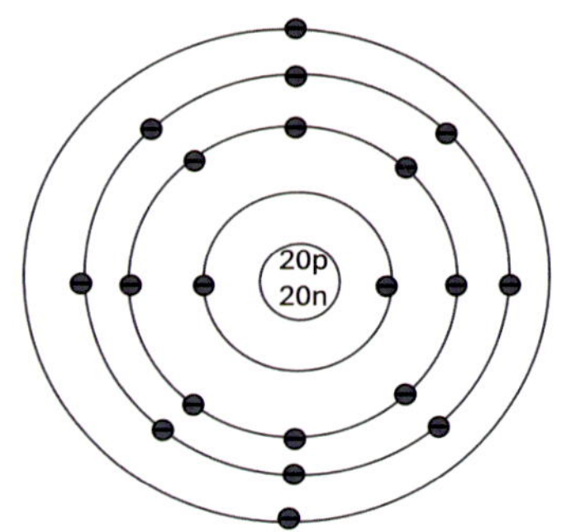

钙原子(Ca)：20个电子，20个质子，20个中子

:: 钙原子模型

从《变形金刚》《钢铁侠》到《攻壳机动队》，拥有一个金刚不坏的外壳和一副百撞不毁的骨骼，是科幻电影中的一个卖点，也是很多人的梦想。

我们的骨骼虽然能支撑起身体，让我们在地上自由跳跃、奔跑，但是，无法抵抗刀剑的强力劈砍。

那么，为什么我们的身体没有选择更坚硬的材质来做骨骼呢？生物的演化究竟经历了怎样的曲折波澜，最后选择并演化成了现在的样子？

我们骨骼和牙齿主要的元素是钙，元素符号Ca，一种金属元素，原子序数为20，一个钙原子中有20个质子、20个中子、20个电子。钙单质在常温是银白色固体，化学性质活泼，在自然界中大多以离子状态或化合物形式存在。

钙离子是钙元素在化合物中的存在形式。钙原子失去了2个电子就成了钙离子。

在地球生命几十亿年的漫长演化中，生命究竟是从什么时候开始演化出钙质的骨骼？我们至今还无法给出确切的答案。

在距今5亿~6亿年前，地球处于埃迪卡拉时期。那时候，只有极少部分生物拥有骨骼，其余的大多数生物都是软绵绵的，躺平在海底，不需要移动，海洋有足够的微生物自动“送食上门”。

如此“躺赢”的岁月，随着寒武纪的到来而被打破。彼时，地球变暖，海底植物增加，大氧化事件发生，生命种类和形态暴涨，地球进入了“寒武纪生命大爆发”。

随着物种之间越发激烈的竞争，全身绵软的躺平状态的生物，只能成为猎物。要脱离“被吃”的命运，需要升级“防卫装备”，需要实现快速移动。于是，“硬起来”成了演化之路的优选。生物通过把坚实的矿物沉积在身体里，制造出坚硬的身体结构（骨骼或者外壳）。

寒武纪为生物的演化提供了大舞台。生物们撒了欢似的进行了各种各样的尝试。

有的生物尝试用铁。

在印度洋海底的火山喷口处生活着一种蜗牛，外壳上覆盖有一层铁，肉身上还有硫化铁形成的小鳞片。这些结构相当于给蜗牛穿上了一层盔甲。这种鳞角腹足蜗牛，是地球上已知唯一用铁给自己打造一身铠甲和披挂的生物。铠甲用的铁，来自富含铁矿的火山口。

这种铁蜗牛强则强矣，就是有一个天生致命弱点：只能祈祷路上没有磁铁，不然唯有“躺平”。

想象一下，如果在某一个星球上，到处都是海底火山，铁元素丰沛，那么，我们叹为观止的异类奇葩铁蜗牛，会不会成为那颗星球上生物的常态呢？它们有着铁甲外壳，有着铮铮铁骨，而那颗星球上最危险的禁区叫铁磁山。

:: 浑身是铁，雄赳赳的蜗牛

有的生物尝试用硅。

在海洋中有一种单细胞原生动物，身形微小，不足1mm，自寒武纪起就已存在，叫放射虫。它们大多有一个中心骨骼，有的像球，有的像钟罩，中心骨骼上有刺，呈放射状向外伸展。

由于其壳体是硅质，放射虫在死亡并沉入海底后不容易被溶解，而是大量富集起来。它们的堆积密度惊人，一块火柴盒大小的沉积物中有超过12万个放射虫。放射虫化石的标本，是科学家研究地球生命和地壳演化史的标准化石——它们当得起“万世不朽”这四个字了。

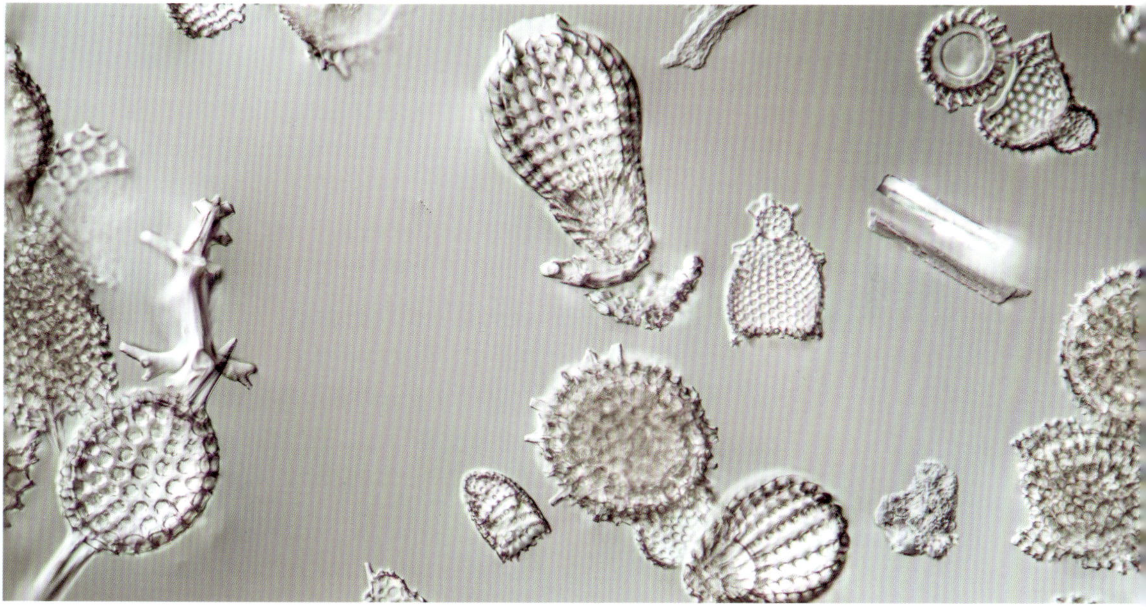

:: 以硅为骨架的放射虫

地球生物演化的多样性，在几亿年的时间里所做的探索和尝试，远比我们想象的更为广泛。

演化之路最后选择的金属元素是钙。因为钙离子更容易在有机体的细胞层面运输和调控，而且，钙是自然界中含量第三丰富的金属，在原始的海洋里更充沛。于是，钙成了生物骨骼和外壳的首选，让生命有了“骨气”。

除了形成骨骼和牙齿之外，钙元素还在我们体内承担着非常重要的信息传递任务。

起初，地球上的生命由单个细胞组成。当单细胞演化出多细胞生命的时候，需要细胞间的分工合作，也就需要细胞之间的通信。

这个信使的第一个要求是高效，用很低的浓度就能完成调节任务；第二个要求是能与复杂的分子结合。

钙与原始环境中存在的其他金属相比，在这两点上完胜。钙离子是细胞内最古老、作用最广泛的信号物质，几乎所有细胞都可以调控生物体内部的钙质水平。

比如，钙在我们的心脏中起着重要作用。每个人的一生中，心脏平均跳动超过 20 亿次，以完成血液循环，为身体的每个部位提供能量。

心脏主要由心肌细胞组成，这些细胞在每次心跳时挤在一起（收缩），共同负责心脏的泵血功能。为了确保每个细胞在正确的时刻收缩和舒展，心脏使用一种在细胞之间传递的电信号。钙离子在心脏每次搏动期间，进入心肌细胞并产生电信号，心肌细胞收缩，将血液泵出心脏。当钙离子离开心肌细胞时，心脏放松，重新充满血液，以迎接下一次的心跳。这就像体育馆里的球迷们做波浪动态造型，大家必须协调行动，依信号而动，此起彼伏。

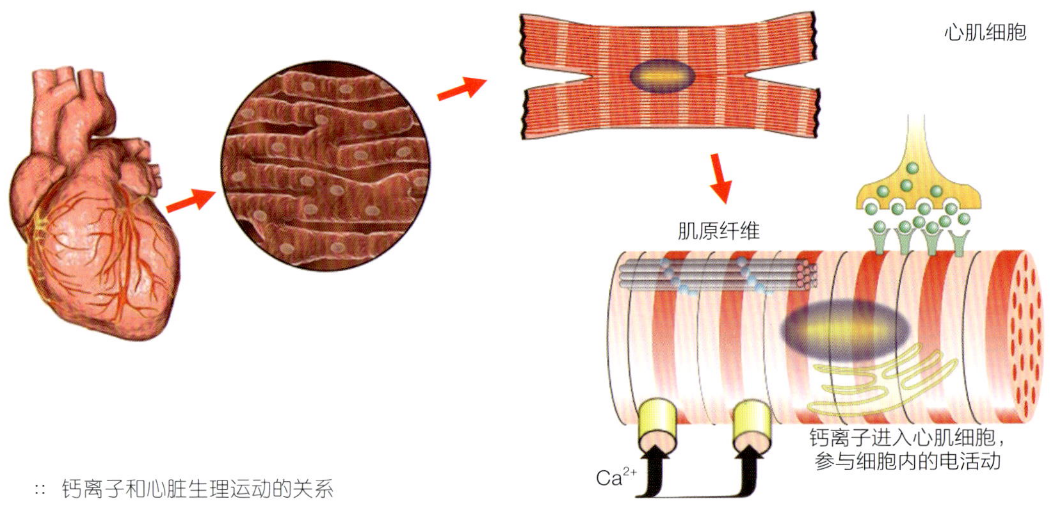

:: 钙离子和心脏生理运动的关系

如果身体出现状况，导致过多或过少的钙进入细胞，会造成心律紊乱。正如我们之前提到的“造浪”，彼此看不到动作，造出来的就不是漂亮的“波浪”，而是紊乱的“水流”。

如果没有钙，我们的心脏会立即停止跳动。钙，把握着我们生命里的每一次心动。

石灰吟

明代于谦在《石灰吟》中写道：“千锤万凿出深山，烈火焚烧若等闲。粉骨碎身浑不怕，要留清白在人间。”其中除第一句指的是物理变化，后面的三句指化学变化。

“千锤万凿出深山”，这一句是说千锤万凿把深山中的大石开采成石料，其主要成分是碳酸钙（$CaCO_3$）。

“烈火焚烧若等闲”，是说把石料$CaCO_3$放在石灰窑中烧成生石灰CaO，用化学方程式表示如下：

$$CaCO_3 \xlongequal{加热} CaO+CO_2$$

“粉骨碎身浑不怕”，是说把块状的生石灰放入水中，水沸腾生热，生石灰CaO软化，制成熟石灰$Ca(OH)_2$。化学方程式如下：

$$CaO+H_2O \xlongequal{} Ca(OH)_2$$

“要留清白在人间”，是说熟石灰$Ca(OH)_2$加水抹墙后，和空气中的二氧化碳结合，生成碳酸钙$CaCO_3$，墙壁变得洁白。化学方程式如下：

$$Ca(OH)_2+CO_2 \xlongequal{} CaCO_3+H_2O$$

虽然于谦并不知道石灰里有钙这种元素，也不知道人的骨骼主要成分是钙，但是，他的这首《石灰吟》歌咏人间骨气和正气，同时也是符合科学事实的。

石料产生化学反应的第三步，还被用于创作文艺复兴时期的湿壁画，原理是在熟石灰中添加了各种染料。当水从混合涂料蒸发，氢氧化钙与空气中的二氧化碳作用，形成碳酸钙，恢复为石质，将染料封在碳酸钙结晶体里。因为碳酸钙和墙壁融为一体，湿壁画在多年之后仍然色彩鲜艳、栩栩如生。不仅将清白留在人间，也把色彩、光线、艺术留在了人间。

:: 湿壁画《雅典学院》（拉斐尔）利用了石灰中的钙

19

【元素篇】

铁血丹心——铁

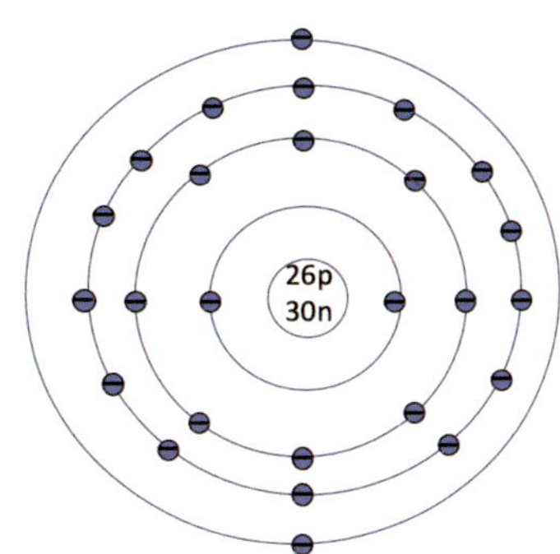

铁原子(Fe)：
26个电子，26个质子，30个中子

:: 铁原子模型

趁热打铁，千锤百炼，百炼成钢，铁器时代在人类文化中留下了深刻的痕迹。

铁元素（符号Fe）虽然在地壳中储量很高，但是，因为单质铁的化学性质非常活泼，在地球表面通常以氧化铁矿岩出现，所以在历史上的大多数时间，人们都没有见过铁。除非有大型陨铁飞来“天降之火”，才有可能被小说中的人物打造出几柄锋利的“倚天剑”“屠龙刀”。

人类使用铁的时期要晚于青铜，第一个原因是自然界中有天然的铜而没有天然的铁，第二个原因是铁的熔点要远远高于铜（铜1083℃，铁1538℃）。

世界上最古老的冶炼铁器，是土耳其出土的铜柄铁刃匕首，距今4 500年。

中国最古老的铁器是甘肃省出土的两块铁条，距今3 000多年，来自商朝。

冶炼铁矿，需要在高温下，将氧化铁矿物中的氧原子和铁原子脱离开来。古代人炼铁，燃烧木柴和木炭，窑炉的温度不够熔化铁矿石，只能还原成饱含杂质的生铁。又黑又硬又脆的生铁，含碳量为2%~4%。

铁匠在生铁的缝隙中塞入草木灰，反复烧炼锻打，才能让硅等杂质变成玻璃状的炉渣敲出来。当千锤百炼清理了铁中的杂质时，铁中的碳含量降到了0.2%以下，成为熟铁。

因为熟铁过于软，不能做工具。若能适当增加其中的碳含量，熟铁就会变成坚硬的钢。

不同强度和韧度的钢和铁，只是因为里面其他元素（如碳）含量不同而已。

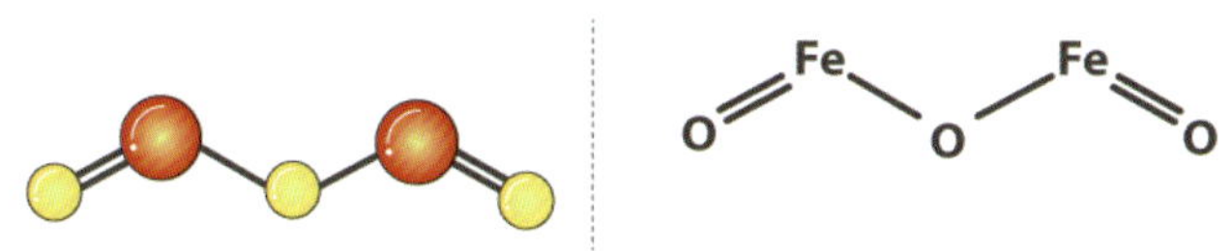

:: 三氧化二铁

当铁氧化时，生成红色或深红色的铁锈——三氧化二碳，也叫铁红。火星的红色，就来自火星表面覆盖的铁氧化物。

除了被炼成工具外，铁还

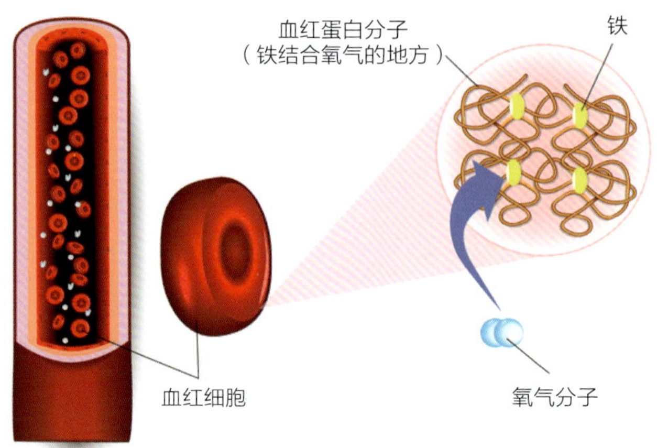

:: 血红蛋白中铁元素的输氧功能

是我们身体中不可缺少的元素。“铁血”一词，除了在文学上表示具有刚强意志和富于牺牲精神之外，还很巧合地说明了我们的血液中有铁元素这个科学事实。

我们血液中的血红蛋白分子是一个工作效率极高的分子“机器”，用来输送氧气。当血液流经氧气充足的肺时，血红蛋白分子中的铁离子和氧气结合。当血液在体内循环时，血红蛋白中的铁离子释放氧气。血的颜色是红的，就是铁锈的红色。

非常神奇的是，血红蛋白的分子结构和叶绿素的一模一样，区别只是中心的金属元素不同。血红蛋白的中心是铁，叶绿素的中心是镁。血红蛋白的作用是运输氧气，而叶绿素的作用是产生氧气。这是不是一种趋同进化？是植物和动物不约而同地各自独立进化出了相同的结构，还是它们都来自共同祖先的遗传？

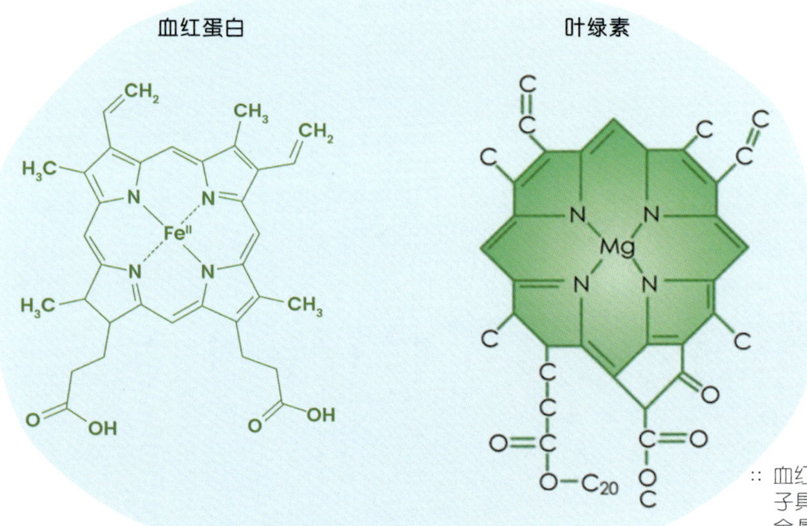

:: 血红蛋白分子和叶绿素分子具有相同的结构（中间金属元素不同，前者为铁，后者为镁）

脊椎动物在进化过程中，选择了用铁来运输氧气。那么，铁是不是唯一的选择呢？

这种长得像外星生物一样的动物叫鲎（hòu），是地球上最古老的生物之一，已经在地球上生存了超过3亿年。同时期的其他生物，大部分我们只能去化石里寻找了，比如三叶虫。

鲎最特别的地方是血液，它的血液是蓝色的（螃蟹和虾的血液也都是蓝色的）。和我们红细胞中血红蛋白不同的是，它们体内是血蓝蛋白，是由铜离子来运输氧气。血红是因为有铁离子，而血蓝是因为有铜离子。

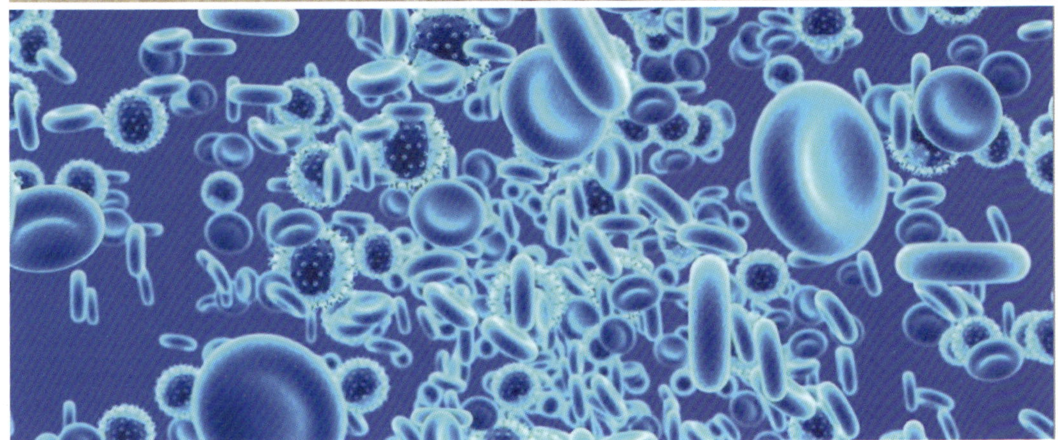

:: 鲎和蓝色的血

血蓝蛋白的颜色和其状态有关，在氧饱和状态下为蓝色，在非氧饱和状态下则为无色或白色。

鲎的血液非常珍贵，具有极强的细菌敏感性。从它的血液中提炼出的鲎试剂，遇到细菌内毒素就会立即凝固。这个特点被用来检查内毒素，能迅速发现被污染的疫苗。2020年各国的新冠疫苗研发中，鲎血是一种重要的医用原料。

生命的演化充满了多样性。既然铁不是唯一的选择，那么，如果有外星人身上流淌蓝色的血，就没什么可奇怪的了。

地球上的铁是怎么来的呢?

宇宙大爆炸生成了氢和氦等轻质量的元素，而后因为引力聚集生成了恒星。在恒星这个大熔炉里，轻的元素在高温高压下发生核聚变，生成重的元素（碳、氮、氧等），并释放出高能量。恒星就是靠核聚变发光的。

一般来说，只要恒星的质量足够大，核聚变反应就可以一直到生成铁原子核。铁原子核是一个门槛。为什么这么说呢?

核聚变反应需要很多的能量输入才能启动，同时，也会释放出大量能量。在生成铁原子之前的核聚变反应，都是释放的能量大于输入的能量，所以能持续几十亿年。

但是，等到了铁，如果要让铁原子核继续发生核聚变反应，所需要输入的能量，会大于产生的能量。因此，很多恒星的核聚变止步于铁，都有一颗“铁心”。对于它们来说，命运的尽头就是铁。

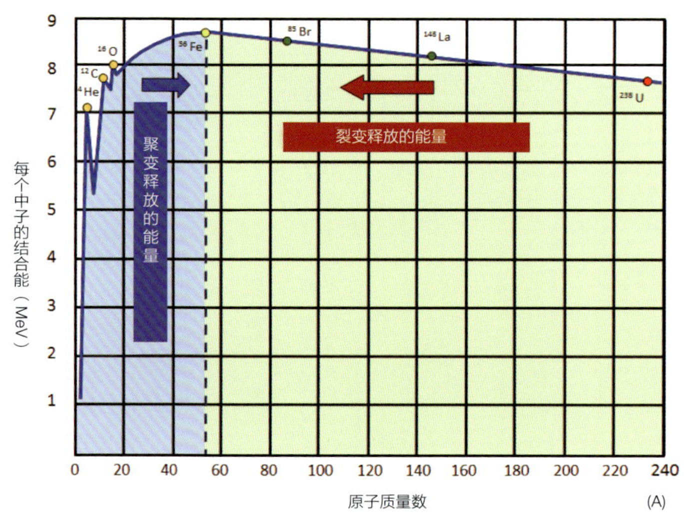

:: 原子的结合能使得铁成为一般恒星聚变所能产生的质量最大的元素

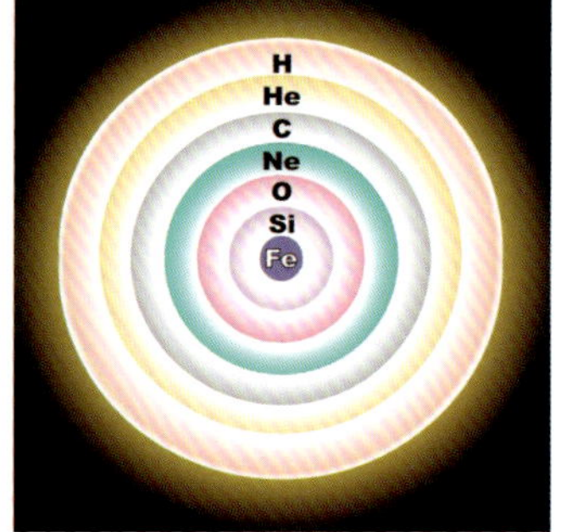

:: 恒星的“铁心”

恒星要进入下一个演化阶段，需要跨过一道极其高的门槛。科学家通过理论计算发现，恒星质量要达到太阳质量的4~8倍，才能继续促发铁之后的反应，也就是超新星爆炸。超新星爆炸的过程中，会产生许多原子序数比铁元素更高的元素。

恒星在超新星爆炸之后，内核会在引力的作用下剧烈地收缩。如果这个时候内核的质量大于1.44倍太阳质量，小于3倍太阳质量，就会形成中子星。

如果这时内核的质量大于太阳质量3倍，就会形成黑洞。

铁，在太阳的核心，也在我们鲜红的血液中。宏观和微观，过去和现在，宇宙和内心，我和你，就这样通过一个元素神奇地联系在一起。

我们血液中的铁，来自哪一颗恒星？来自哪一片土地？又会回归到何处？

铁的虚拟对话

生铁： 我有太多的碳，很重，很脆，很硬，宁可断，不可折。

熟铁： 我去除了碳，比生铁轻，比生铁韧。

钢： 我不偏不倚，取中庸之道，百炼之钢最锋利，铁器时代我称王。

铁的自白

从太阳的烈焰中诞生，
火热是我的图腾。
如果要把我从岩石中解封，
要么用火来淬炼，
要么用血来唤醒。

20

【元素篇】

永恒的铜时代——铜

如果你穿越回到古代，你会发现有一件东西是日常生活离不开的，那就是能难倒英雄汉的“一文钱”——铜钱。

铜是何时、何种情况下被发现的，已无从考证。一种可能的情况是这样的：某一天，某人走路不小心，一脚踢到一块亮灿灿的硬物。拿回到岩洞，把玩了很久。偶尔加热一下，敲敲打打，发现其能制成器皿和武器。最早的铜就这样被古人发现和利用了。

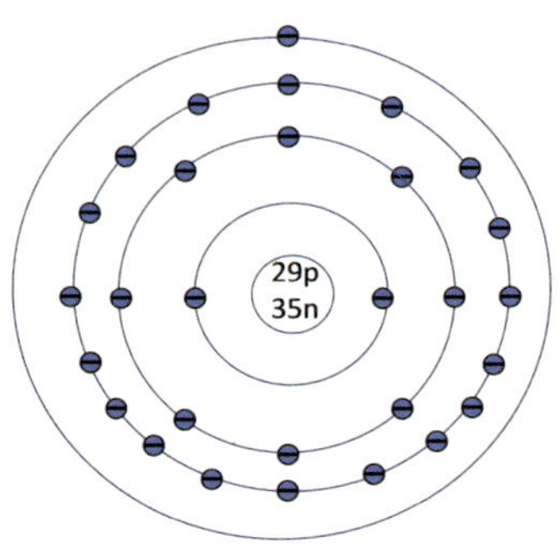

铜原子(Cu)：
29个电子，29个质子，35个中子

:: 铜原子模型

由于地球上有天然露天铜矿的存在，铜是人类最早使用的金属之一。早在史前时代，人们就开始采掘露天铜矿。铜的使用对早期人类文明的进步影响深远。

我国使用铜的历史久远。约公元前3000年的一件青铜刀是目前在我国发现最早的青铜器。

后来，人们发现纯铜质软，但是，在混入其他矿物金属之后，却有很大不同的妙用。

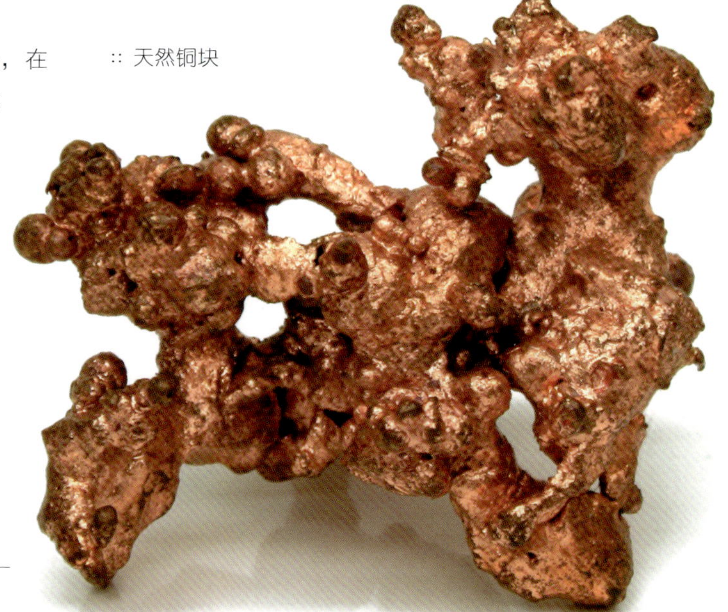

:: 天然铜块

比如，在纯铜中加入锡或者铅，熔点就会从1 083 ℃降到800 ℃。熔点的降低，对于古人来说是非常有用的，因为那时候的炉温很难达到1 000℃，这是炼制金属的一大难点。青铜铸造性好，耐磨，而且化学性质稳定。青铜发明后，立刻盛行起来，从此人类历史也就离开了石器时代，进入新的阶段——青铜时代。

1965年在湖北省江陵县望山1号墓出土一柄越王勾践剑。这把宝剑穿越了2 000多年的历史长河，剑身不见丝毫锈斑，依旧寒光闪闪、锋利无比，被誉为“天下第一剑”。

青铜还有一个反常的特性——“热缩冷胀”，用来铸造塑像和铭文，冷却后膨胀，可以使眉目和字迹更清楚。

在纯铜固体中，铜原子一层层排列，在外力作用下，层与层之间容易滑动和延展。这是我们可以对铜片进行锤击敲打、将其延展成薄如蝉翼的铜饰的原因。

青铜合金中，铜原子掺杂了其他原子，原子个头大小不同，改变了原先微结构上的有序性，使得这些铜原子层不再滑动。铜合金的硬度和强度比纯铜更高。

:: 三星堆的“青铜大立人”

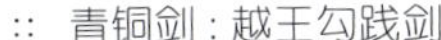

:: 青铜剑：越王勾践剑

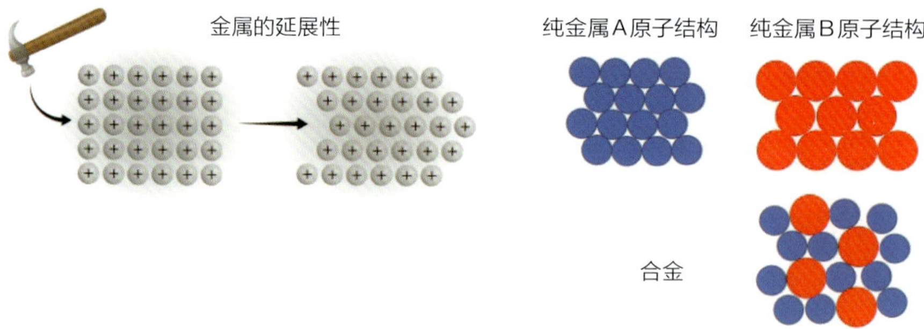

:: 铜在外力作用下容易变形延展，加入其他原子的合金则不容易延展

铜还有一种重要的合金叫黄铜，是铜与锌的合金，因色黄而得名。黄铜的机械性能和耐磨性能都很好。很多精密仪器、船舶上的零件和枪炮的弹壳，都是用黄铜造的。敲击黄铜的声音好听，因此，铜锣、铜号等乐器也都是用黄铜制作的。

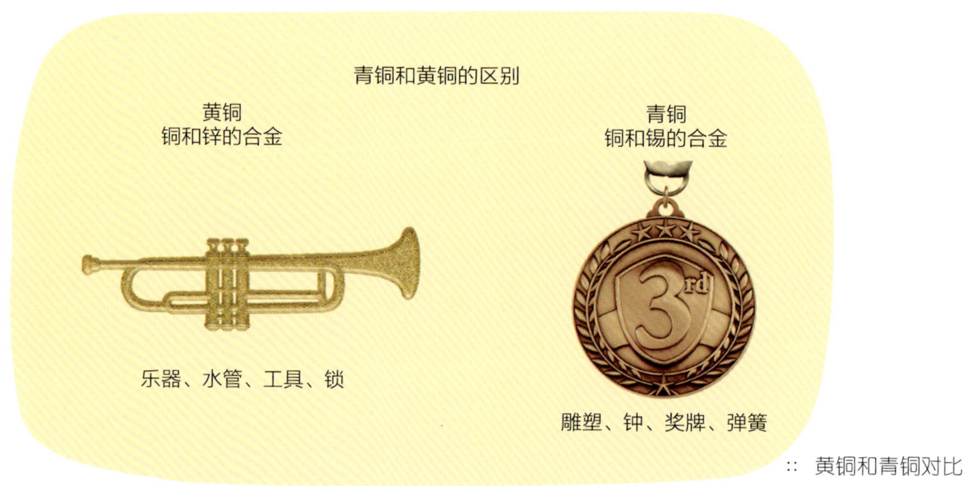

:: 黄铜和青铜对比

铜这样的金属原子在一起的时候，会把它们最外层的电子贡献出来，作为整个原子团体的共有电子。

这些共有化的电子也称为自由电子，组成了电子云。失去了电子的铜原子成为阳离子，嵌镶在这种电子云中。阳离子与共有化的电子通过静电作用而相互结合，这种结合方式就称为金属键（Metallic Bond）——My name is Bond，Metallic Bond。

金属键与共价键有类似的地方，它们都共享电子。但是，共价键是两个原子之间共享电子，而

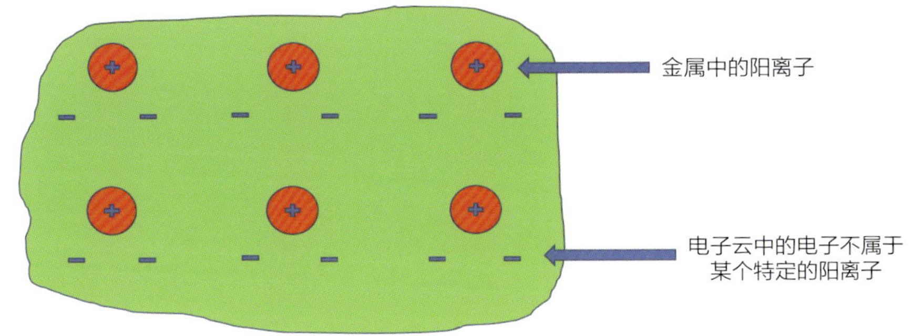

:: 金属键

金属键是很多原子组成一个大的社团，共享它们的电子。

由于失去的这些电子不再固定于某一原子位置上，在外加电压的作用下，这些电子就会运动，并在闭合回路中形成电流。这就是金属的导电性能。

铜的电导率很高，仅次于银，所以，铜是集成电路板上的优选互连材料。现在的晶体管芯片上，可以敷设13~15层互连的铜，好比在薄薄的芯片上面修建了十几层的高架桥。

铜除了装饰和工业应用外，在医学上也能大显身手。

:: 集成电路板上用于连接的铜

世界上最古老的医学书籍之一，公元前1600—公元前1700年的《艾德温·史密斯纸草文稿》详细描述了古埃及人如何使用铜来消毒水源和直接愈合伤口。

1893年，瑞士著名植物学家内格里发现：掺有微量铜的水具有惊人的杀菌作用，在37℃的状态下，经过24h就能杀灭伤寒病菌。在金属离子当中，银、水银、铜这三者的杀菌作用最强。

铜离子在水溶液中是以水合离子的形式存在的，水合铜离子呈蓝色，所以，我们常见的铜盐溶液大多呈蓝色。在游泳池里可以适当添加铜离子，故游泳池的水通常为蓝色。

根据日本科研人员对公交车手拉环上的细

菌进行的实验研究所得，用塑料和皮革制成的拉环上有无数活跃的细菌，而用铜和亚铅合金制成的拉环上则没有细菌。

他们还分别对各种材质的硬币进行实验，在冷冻培养皿的表面涂上伤寒病菌，然后将10元铜币、5元黄铜币、1元的铝币分别放入器皿中。经过24h后取出，放在显微镜下观察。10元铜币、5元黄铜币上的伤寒病菌已经被完全杀死了。1元的铝制币上的伤寒病菌则繁殖得生机勃勃。

科学家认为，铜的杀菌能力可能来自于自由基的产生，导致细胞分解。

- 金属离子附着在细胞壁膜上。
- 强大的吸附力使其穿破细胞壁，进入细菌细胞内部。
- 金属离子对细菌细胞内的蛋白质进行破坏，改变其螺旋结构。
- 蛋白质丧失活性，导致细菌细胞无法进行分裂再生。

:: 铜离子和铜纳米颗粒的杀菌作用

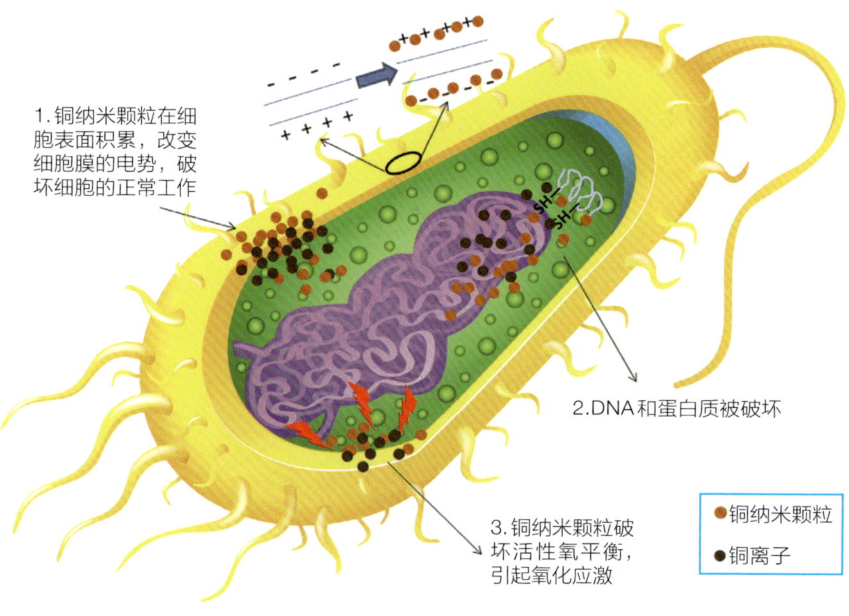

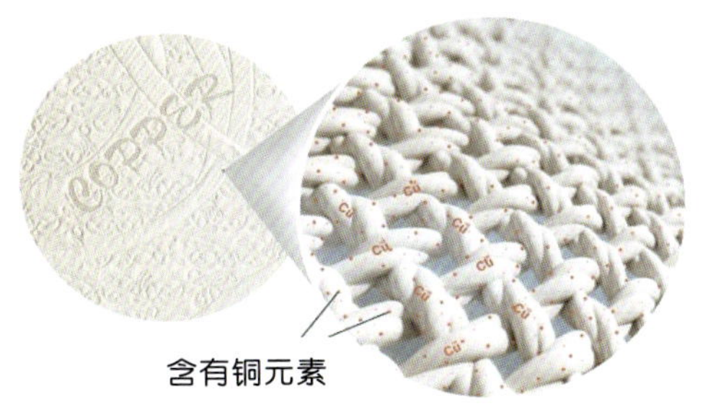

:: 铜离子纤维

日本一家公司开发了用铜离子纤维做的衣料。所用的方法是在纤维中加入铜离子，经染色、加工成为有机导电性纤维，具有防菌、防臭、保温的作用。

从青铜器皿、武器、雕像，到电子器件和医疗，铜成为一种永恒的金属，一直存在于我们的生活中。

手中青铜镜，照我少年时。看来是该复古一下，去淘一些铜质用具了。

即使铜失去光泽生锈之后，仍有“门环惹铜绿”的诗意可以吟唱。

电子在三种不同化学键中的遭遇

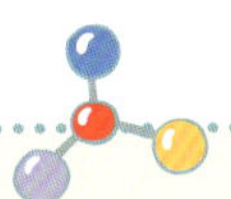

离子键： 是舍，还是得？这是个问题。在离子键的世界，不是得到电子，便是失去电子。

共价键： 从来不需要获取，永远也不会失去。

金属键： 啊，亲爱的朋友们，自由的电子属于谁？属于你，属于我，属于我们晶体结构的每一位。

21

【元素篇】

以勤克惰——稀有气体

:: 拉姆塞（1852—1916 年）

氦元素最早是从太阳光谱中发现的，它在地球上的存量很少。当时，很多人觉得它不会在地球上存在，但是，还是被一个人通过精密的实验发现了。发现它的人是英国化学家拉姆塞。

我们重温拉姆塞的人生，真是一路开挂的一生。

拉姆塞出生于英国的格拉斯哥，自幼展现出过人的学习天赋，有着“神童”的美誉。据资料记载，拉姆塞仅仅用了8年的时间就完成了12年的课程，14岁被著名学府格拉斯哥学院破格录取。18岁大学毕业后，他远赴德国留学，在化学大师本生的门下学习，算起来是门捷列夫的小师弟。拉姆塞不到20岁就获得了博士学位。这份天才少年的惊艳表现，只有早出生20年的麦克斯韦可以抗衡。

1887年，他担任伦敦大学学院的化学系主任。

当时另一位英国化学家瑞利正在致力于研究空气的成分，并发现了一件难以解释的事：用氨的化学反应制得的氮，总比从空气中制得的氮轻千分之几。这种千分之几的差别，很多人都会归结于实验误差。但是，瑞利认为这里面藏着一个很大的秘密。

拉姆塞得知了瑞利的结果后，也觉得很蹊跷。在征得了瑞利的允许后，他也开始研究从大气中制得的氮气的成分。

他们兵分两路，用各自的方法进行研究，并频繁交流实验所得。

拉姆塞的研究方法是让红热的镁暴露在空气中，镁和空气中的氧气、氮气产生反应，充分吸收氧和氮。经过反复试验，空气体积的79/80都已被吸收，只余下1/80。

这剩余的气体会不会是氮的一种同素异形体或者化合物呢?

拉姆塞分析了它的光谱，发现除了氮的谱线外，还存在着红色和绿色的谱线。

通过物质燃烧时发出的光谱线来鉴别各种物质的成分，这种方法就是拉姆塞的导师本生创立的。一根根光谱线就是元素的“身份证”。拉姆塞认为这些红绿线不是氮的，空气中还存在着其他不为人知的气体。这种气体含量极少，而且性质极不活泼，不易与其他物质发生反应，所以从未被发现。

拉姆塞给瑞利写了封信，说明了自己的研究发现和推断。瑞利经过自己的实验，也独立发现了这种气体。

1895年，瑞利和拉姆塞联合撰写了一篇论文，宣布发现了一种新的化学元素。他们将其命名为氩（Ar），源自希腊语“argos”，意思是不活跃或懒惰。

其他科学家对瑞利和拉姆塞的工作提出异议，其中就包括他的师兄——元素周期表的创造者门捷列夫，他认为这个氩实际上是三原子的氮N_3。

拉姆塞和瑞利继续进行精确实验，并撰写论文反驳：如果气体是N_3，其密度应为21.04（密度相对氢而言），而氩的密度是19.90；即使是N_3，它也应该很快分解，但氩非常稳定，放置10个月，其密度也不改变。

光谱分析加上拉姆塞的比热测量，表明氩由单个原子组成，最后科学界相信氩是一种新元素。

在发现氩元素之后，拉姆塞继续他在发现新元素事业上的开挂人生。

拉姆塞读到另一位科学家的一篇论文，描述了如何通过向沥青铀矿添加酸，释放出一种不活跃的气体。拉姆塞想知道这种气体是否可能是氩气。

他把沥青铀矿经酸处理之后，制得一种新气体。他把新气体封入一个真空管，然后做光谱分析。

在光谱仪上他看到了氩的光谱，除此之外，还有一种深黄色的明线，光辉灿烂。这极有可能又是一种新的元素！

经过谱线比较，拉姆塞证明了它就是20多年前在太阳上发现的氦！而拉姆塞在地球的物质中找到了氦。

仔细研究氩和氦的特性，拉姆塞发现这两种元素都具有“惰性”，和其他元素截然不同。

于是，拉姆塞大胆预测元素周期表中还存在一个新的“卓尔不群”的族群。这个新族群的化学特性不活跃，不太参与化合反应——“躺平”似乎是它们的特性。它们在氟、氯和溴等卤族元素的右侧，里面包含了氦、氩，还有其他尚未发现的成员。

别的科学家都是预测某种元素存在，或者发现某种元素，而拉姆塞一捞就是一串儿。

拉姆塞决定去找到新族群的其他成员。他说服了一位叫特拉弗斯的研究生一起合作。

他们反复思考发现氩的过程，推测“躺平族”氩气中可能潜伏着其他更“低调”（更低浓度）的成员。

1898年5月，他们制取了1升的液态空气，并小心地分步蒸发。在大部分气体沸腾逸去之后，残余气体中氧和氮仍占主要部分。他们进一步用红热的铜和镁去吸收残余部分的氧和氮，最后剩下

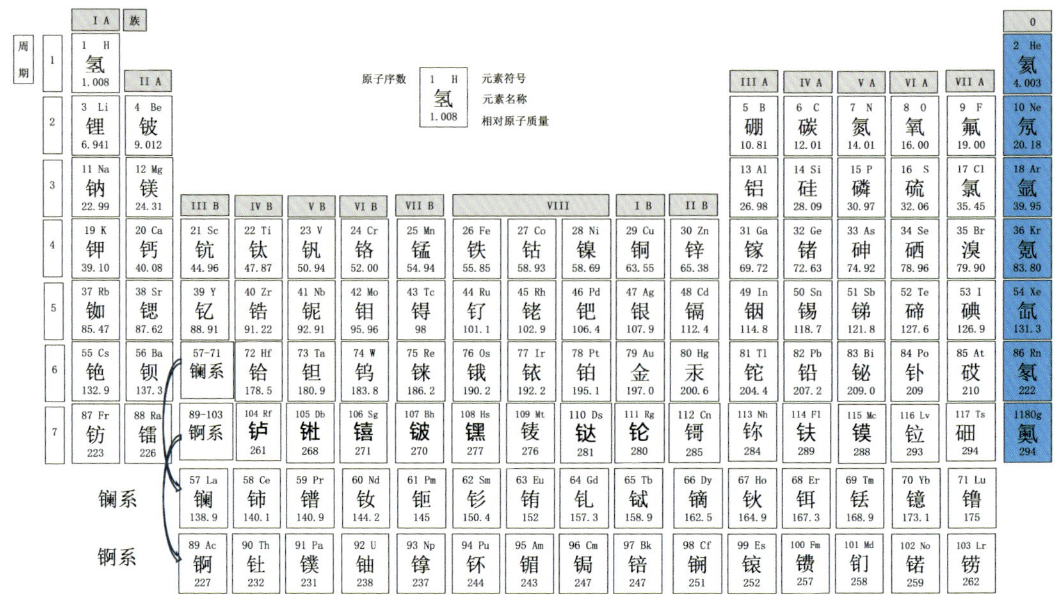

:: 元素周期表中的新族群

了25毫升气体。

他们把这25毫升气体封入玻璃管中，然后观察其光谱：一条黄色明线，这条线比氦线略带绿色，另有一条明亮的绿色谱线。

这绝不是已知元素的谱线，他们给新元素取名为“氪”，氪（Krypton）在英语中是“隐藏”的意思，元素符号Kr。

几天后，他们用减压法继续分馏残余的气体，收集了从氩气中挥发出的部分。这部分气体具有极壮丽的光谱，带着许多条红线和淡绿线，还有几条非常明显的紫线和黄线。

新发现的气体取名氖（Neon），元素符号Ne，它含有“新奇”的意思。我们在都市里看见的霓虹灯，它绚丽多彩的光芒就是来自氖。

1898年7月，他们发现了另外一种惰性气体，命名为“氙”（Xe），含有“陌生者”的意思。

这对师徒“塞－特”组合，在三个月之内，连续发现了3种新元素——氖、氪、氙。

后来，拉姆塞又发现了氡（Rn）。

从大胆设想到小心求证，拉姆塞为元素周期表增加了一个全新的元素家族，完整地插入到元素周期表中，使元素周期表更加完善。这一工作，比单个元素的单独发现更为重要。

1904 年，拉姆塞因“发现空气中的稀有气体元素，并确定它们在周期表中的位置”而获得诺贝尔化学奖，而瑞利因发现氩元素获得同年的诺贝尔物理学奖。

:: 霓虹灯

稀有气体，因为其不活跃和含量极微，很不容易被发现。只有十分勤奋、专注、精细的人，才能找到它们。这可谓是“以勤克惰”。

著名科学家开尔文曾这样评述拉姆塞的伟大发现：“大部分学者认为科学的想象力更胜于精确的量度。其实，瑞利和拉姆塞的工作证明—— 一切科学上的伟大发现，几乎完全来自精确的量度和从大量的数字中明察秋毫。”

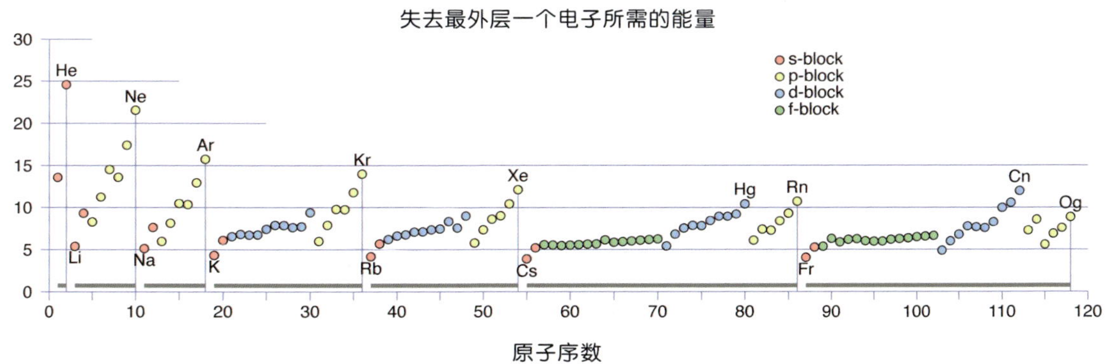

:: 第一电离能（去掉最外层一个电子需要的能量）和原子序数的关系，稀有气体的原子站在各个高峰

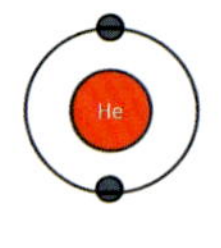

Helium 氦(2)

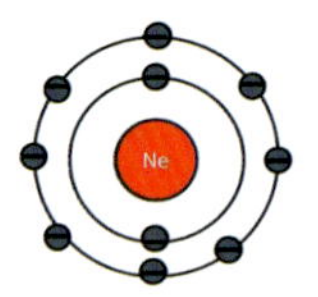

Neon 氖(2,8)

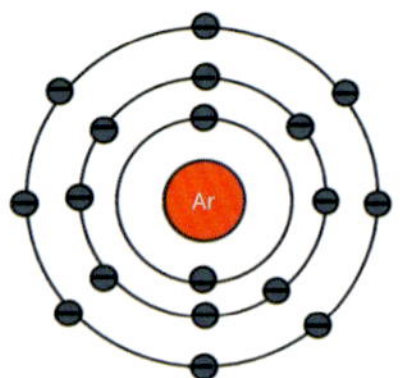

Argon 氩(2,8,8)

:: 稀有气体的最外层电子数已“满”，达到稳定结构

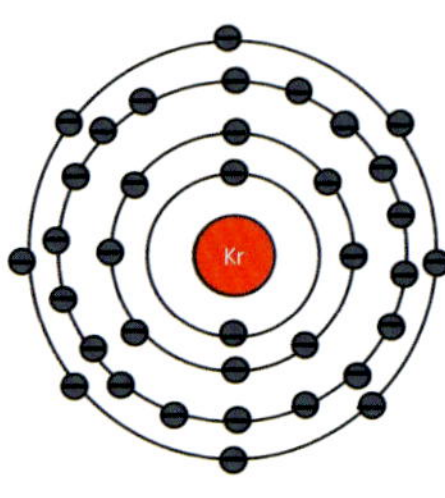

Krypton 氪(2,8,18,8)

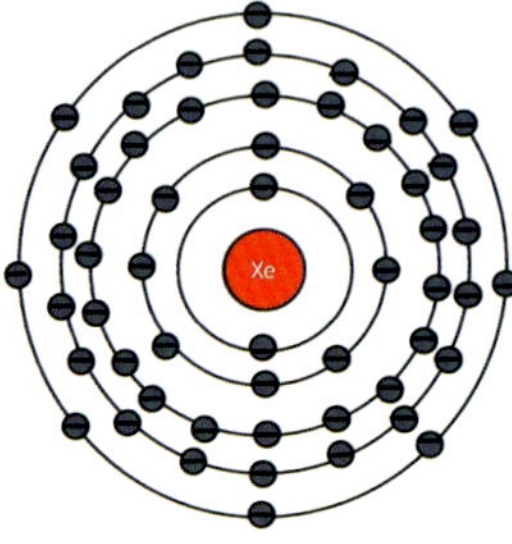

Xeon 氙(2,8,18,18,8)

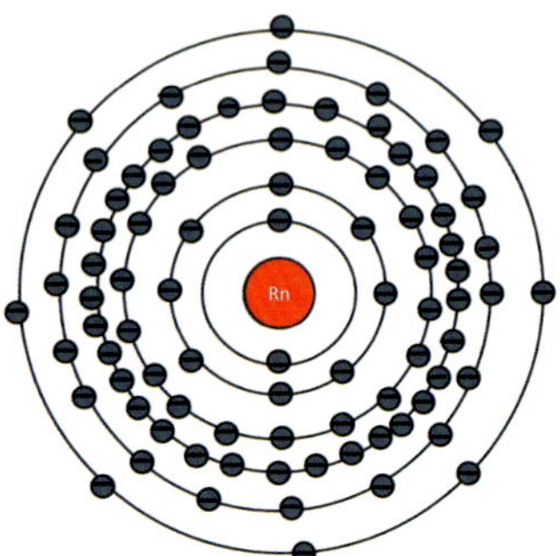

Radon 氡(2,8,18,32,18,8)

关于“惰性气体”和“稀有气体”的自辩陈述

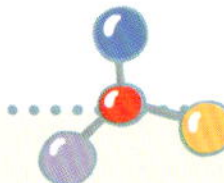

人们说我是“惰性气体”，不和其他元素起化学反应。我不服！

我遇到超强氧化剂六氟化铂（PtF_6），就变成了六氟合铂酸氙（$XePtF_6$）。

我还能合成一系列新型的稀有气体化合物—HXY（X为稀有气体元素，Y为卤素），例如：HXeCl、HXeBr、HXeI、HXeCN、HKrCl、HKrCN、HXeSH、HArF等。只要能找到激活我的方法，我就不“惰”。

不过，迄今仍未合成氖、氦元素的化合物。要摘掉氖、氦“懒惰”的帽子，得靠下一代化学家的努力了。

有人说我稀有，我不服！

我在地球上的含量确实十分稀少，但在宇宙间的分布非常广泛，而且含量大得惊人，特别是氦、氖，远远超过硅的含量。

【元素篇】

请问贵姓

物理学家和天文学家，通过理论和实验，为元素周期表中的每一种元素算出了来历。

最轻的氢元素和氦元素来自宇宙大爆炸初期。

后来，恒星诞生了。在恒星的核聚变大熔炉中，开始产生重一点的元素，加上宇宙射线的作用，原子序数一直排名到铁的元素出现了。当恒星死亡，它的残骸——它一生中生成和拥有的元素撒向四方。当一个“老年”大质量恒星死亡时，会发生超新星爆发，形成并喷射出更重的金属（如金、银等）。

所有这些恒星的残骸在宇宙中经过亿万年的游荡，甚至经历多次恒星系统的生死过程，有一部分来到了原始太阳所处的地方。这些历经轮回和劫数的星尘，便是构成我们太阳系的原始材料。

46亿年前，星尘在原始太阳星云中积聚，环绕在原始太阳周围的物质飞快旋转，向原始太阳的赤道面集中。从此，物质演绎出无数的吸引、遇见、碰撞，渐渐结成小团块，小团块聚集成大团块，形成了最原始的行星。近太阳的行星有更多的重元素，成为固态的岩石行星，而远离太阳的行星则有更多的轻元素，成为气态的巨行星。地球上的所有元素都来自那个时候。哪些元素多，哪些元素少，取决于当时原始行星区域内的物质成分，也与其到太阳的距离有关。

在这个过程中，有6种元素始终抱团。它们的量都很稀少，物理和化学特性相近，而且非常稳定，一般条件下不易与其他物质发生化学反应——这是一个性情相近抱团、不与外界交流的少数族群。更有意思的是，当每种元素形成单体结晶的时候，晶格中的某些位置可以容纳族群中的异类元素！比如作为老大的单体结晶分子，里面有些位置上有老二、老六，却不影响分子的结构。它们很排外，但在族群内不分你我、“皆兄弟也”。这在化学上称为类质同晶。

这个特立独行的族群就是铂族。它们中的6位成员加上我们平时常见的金、银，被称为“八大贵金属”，大多拥有美丽的色泽，可以用在漂亮的首饰中。

钌、铑、钯、银（谐音：缭绕八音）

锇、铱、铂、金（谐音：鹅已泊近）

八大贵金属中的金银，在地壳的含量很少。银的丰度是0.075ppm（1ppm = 每100万个原子

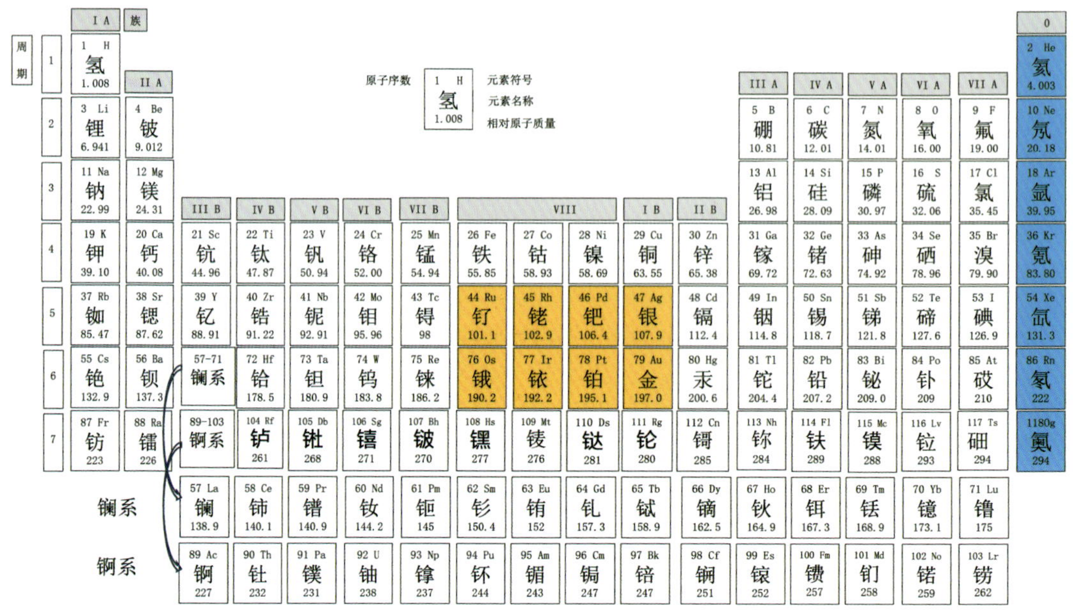

:: 八大贵金属

中含有1个原子），金的丰度是0.004 ppm。金比银更稀有，因此也更贵。

铂族的6种元素，比金子更稀有，全部低于0.001 ppm，也就是说，地壳平均每10亿个原子中才能勉强找到1个铂族原子。

南美洲的印第安人很早就知道并使用铂。西班牙人到南美后，称之为“小银”（platina）——实际上是含有6种铂族金属的天然合金。铂元素（Platinum）的命名就来自于小银这个名称。

后来“小银”被带到欧洲，引起了很多人的兴趣。科学家有了新元素可以研究，时尚贵族爱上了它的亮丽光泽。

铂族的第一化学功用是贝采尼乌斯发现的。他在实验室研磨铂的时候，手上沾了铂的粉末。之后被太太喊去吃饭，没有洗手就端起酒杯喝酒。

没想到，美酒变成了香醋。根据化学反应程式，酒是可以变成醋的，但是，这需要很长时间的发酵。怎么可能“秒变”呢？

原来是铂让酒加速了化学反应。喝完酒的贝采尼乌斯马上用铂继续做实验验证。1836年，他在《物理学与化学年鉴》杂志上发表了一篇论文，首次提出了化学反应中的“催化”与“催化剂”概念。催化剂可以让化学反应速度加快，但是，自身很稳定，不发生变化。这好比宴席上助兴的表

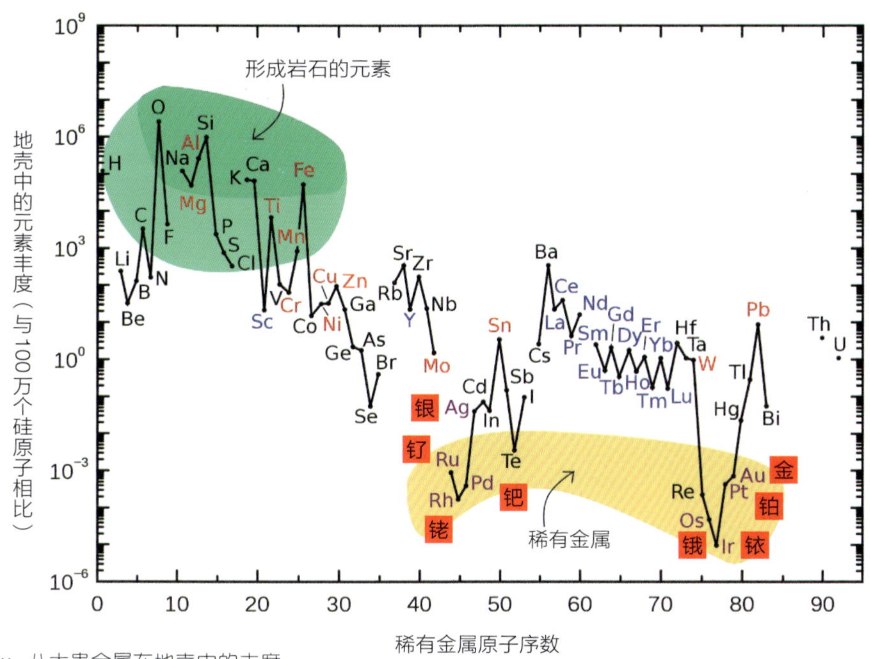

:: 八大贵金属在地壳中的丰度

演嘉宾，让宴席气氛更浓，宾客更尽兴。

贝采尼乌斯发现的这个催化功能，后来成了超级“安定团结”的铂族的“秘传神功”，在石油化工中广泛使用。

由于铂的化学稳定性超强，一般只有用王水才能将它溶解。1803年，与道尔顿同时期的英国科学家沃拉斯顿从铂的王水溶液中分离出2种与铂抱团的新元素——铑和钯。前者因其盐类具有玫瑰红色，以希腊语rhodon（玫瑰）命名为Rhodium（铑），后者以希腊神话中智慧女神Pallas命名为Palladium（钯）。两者合在一起倒是一个浪漫的名字——玫瑰女神。

沃拉斯顿因为铂的提纯而名利双收，不仅成为巨富，还被选为英国皇家科学学会的会长，是戴维的前一任。

天然的铂不能完全溶于王水，总有一些黑色的残渣沉积下来。这些残渣是什么呢？ 1804年，沃拉斯顿的朋友坦南特通过大量的实验，从铂的残渣中发现了锇和铱。锇的四氧化物挥发性很强，并有类似于氯气的刺激味，故以希腊语osme（臭味）命名为Osmium。铱的盐类呈多种色彩，以希腊语iris（虹）命名为Iridium——一个难闻，一个绚烂，居然都藏在铂的残渣中，安然无事。

1844年，俄国人克劳斯发现钌，以拉丁文Ruthenia（俄罗斯）命名为Ruthenium。

至此，在40年左右的时间里，一根藤上的6个葫芦娃——铂族的6个成员被一一确定真身。

下面我们来简单举例铂族元素在生活中的一些应用。

1.钌

诺贝尔化学奖获得者乔治·欧拉率领团队，首次采用基于金属钌的催化剂，将空气中捕获的二氧化碳直接转化为甲醇燃料，转化率高达79%。相关研究成果刊登在2016年1月的《美国化学学会杂志》上。该研究向未来的“甲醇经济”迈出了重要一步——二氧化碳的捕获和回收、汽车排放出的尾气都能成为燃料。

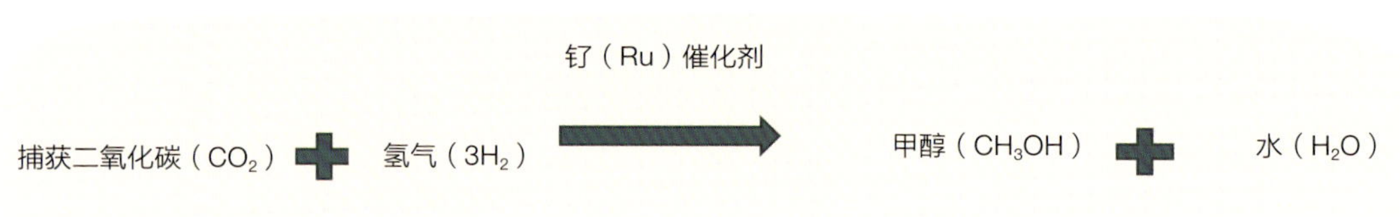

:: 钌：二氧化碳转化成燃料甲醇

2.铑、钯

玫瑰女神铑与钯吸附气体的能力特别强，是催化剂的理想材料。它们的身影可以在汽车的排气装置中找到，将尾气中的一氧化碳、一氧化氮等有害气体转化成危害小的气体。

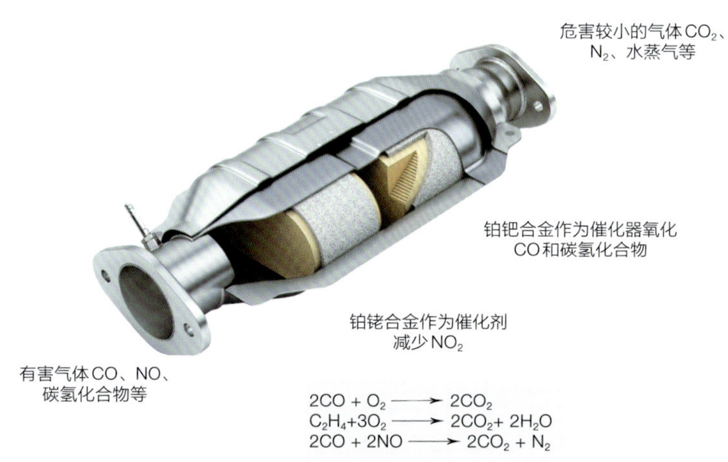

:: 铑与钯：可将一氧化碳等有害汽车尾气转化二氧化碳和水蒸气等

3. 锇

四氧化锇（OsO_4）具有刺鼻的气味，有剧毒，但可用作生物样品的染色剂，让神经细胞的细节纤毫毕现。

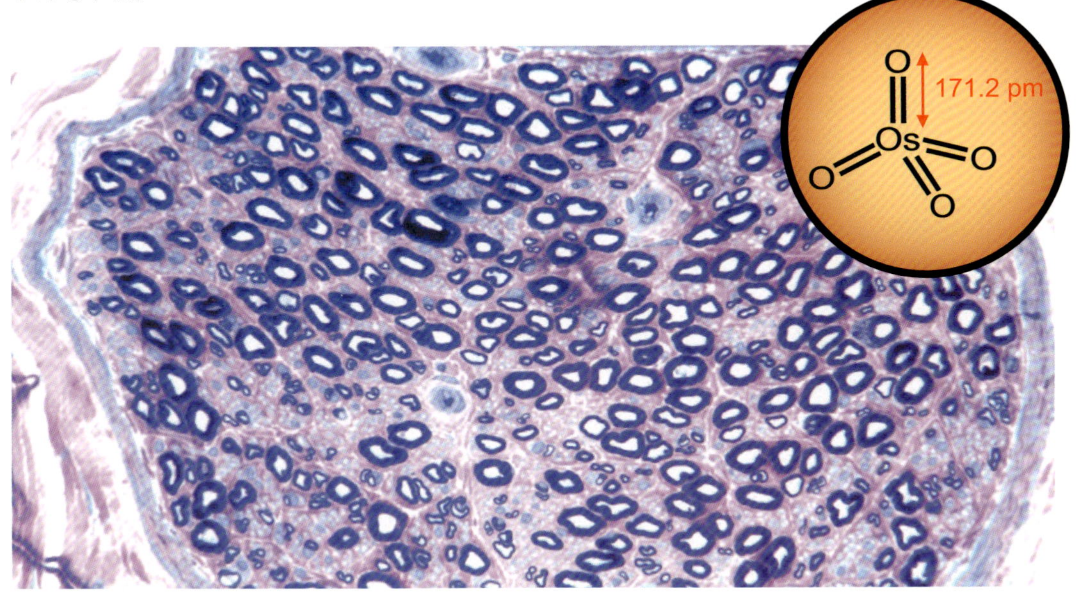

:: 四氧化锇和染色的神经细胞

4. 铱

铱曾在地质学和考古学上大显身手。

一方面，铱是地壳中最稀有的元素之一，平均丰度为0.001 ppm；另一方面，铱在陨石里的含量则高很多，一般丰度在0.5 ppm以上。

科学家发现在地质的岩层中，有一层黏土的铱含量异常高，达10 ppm。更加巧合的是，在这一层之上没有恐龙的化石，之下有大量的恐龙化石。

铱浓度的突然变化，恐龙化石的突然消失，陨石中的铱含量，这三者之间的关系让科学家阿尔瓦雷茨灵感闪现，他在1980年提出了一个非常大胆的假说：这一地层中丰富的铱是小行星或彗星撞击地球时带来的，那次撞击也是恐龙灭绝的罪魁祸首。这个含铱异常高的岩层，称为K-T界线，是地质考古从白垩纪到古近纪的分界线。

后来人们在中美洲尤卡坦半岛地底发现了约6 600万年前形成的大型撞击坑，即希克苏鲁伯陨石坑，很可能就是阿尔瓦雷茨假说中那颗小行星的撞击地点。

:: 铱含量异常高的岩层 K-T 界线

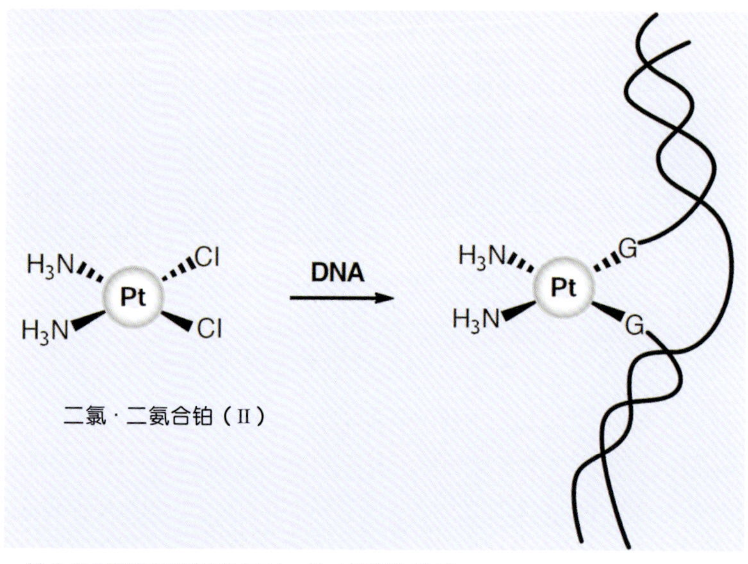

:: 铂化合物锁定癌细胞的 DNA，防止癌细胞分裂

5. 铂

1960年，美国密歇根州立大学的生物物理学家卢森堡在研究电磁场对细胞的作用时，发现了铂电极和氯化铵发生化学反应，生成一种名叫二氯·二氨合铂（Ⅱ）的铂化合物：2个氯原子和2个氨原子团分别连在铂原子的两侧。这种铂化合物对癌细胞有抑制作用，有效率可达80%。它的工作原理是锁定癌细胞的DNA，防止细胞分裂。科学家后来还发现它在抵抗病毒、细菌和寄生菌方面具有

很大的潜力。

上面介绍了铂族的“六个葫芦娃”，可谓是各显神通。

如果你遇到它们，问一句“请问贵姓”，它们或许会回应“免贵，姓铂”。

像锇一样沉重

元素周期表中的锇和铱这哥俩，原子序数相邻，是所有金属中密度较大的（两者密度都是铅密度的2倍多）。它们的相对原子质量虽然低于铂和金，但是，因为组成单质时原子堆积得更为紧密，所以密度更高。

精确的测量表明，锇的密度比铱的密度稍大一点：在20 ℃时测量的密度为22.587g/cm^3（锇）和22.562g/cm^3（铱），只有0.1%的差别。锇是周期表中最沉重的一个。

或许，在化学家看来，形容某物很重时说“像铅一样沉重”不够准确，应该说“像锇一样沉重”。

23

【元素篇】

不稀不土话稀土

在瑞典斯德哥尔摩附近有一个不起眼的小岛，岛上有一个不起眼的小村庄伊特比（Ytterby）。这个小村庄不仅在元素周期表上留下4种元素的大名，而且和八大金属元素有着莫大的缘分。

这个村子的科学故事可追溯至1789年。在伊特比一个盛产石英石（炼铁用）和长石（烧瓷用）的采石场里，瑞典的一名专业陆军中尉、业余研究矿物的发烧友阿伦尼乌斯（和诺贝尔奖获得者恰好同姓）来此淘宝。他在剩料堆里发现了一块黑色的石头，以为是钨矿石，并将这块奇特的黑色矿石送给了好友芬兰化学家加多林。

加多林一研究就是5年，终于在黑色矿石中发现了一种新物质，他以小村庄的名字命名为钇（Yttrium），元素符号为Y。矿石中黑色的物质就是氧化钇。

19世纪，科学界习惯于把不溶于水的固体氧化物都叫土，所以氧化钇也被叫作钇土。当时的人觉得钇土很稀有，所以又称之为稀土（Rare Earth）——很多年以后，人们才意识到把它们称作稀土，是误解了，它们实际上既不稀也不土。

后来，贝采尼乌斯的弟子莫桑德尔发现，这些稀土其实是好几种氧化物的混合物，只不过它们的化学性质非常接近，难以区分，所以被误以为是同一种物质。他从那些氧化物中分离出了其他几种物质，找到了3种新的元素：镧、铽和铒。

伊特比一时风头无二，陆续有4种稀土元素（钇Yttrium、铒Erbium、铽Terbium、镱Ytterbium）来源于这个村庄。而陆军上尉发现的这块黑色矿石，被证实为含有8种稀土元素（铒、铽、镱、钪、铥、钬、镝和镥）的氧化物。

“一村留四名，一石藏八元”，这村，这石，成就了化学史上的一段佳话。

“一村留四名，一石藏八元”

到了1947年，科学家找齐了全部17种稀土元素：化学元素周期表中镧系元素（57~71号），分别是镧、铈、镨、钕、钷、钐、铕、钆、铽、镝、钬、铒、铥、镱、镥，加上21号元素钪和39号元素钇。

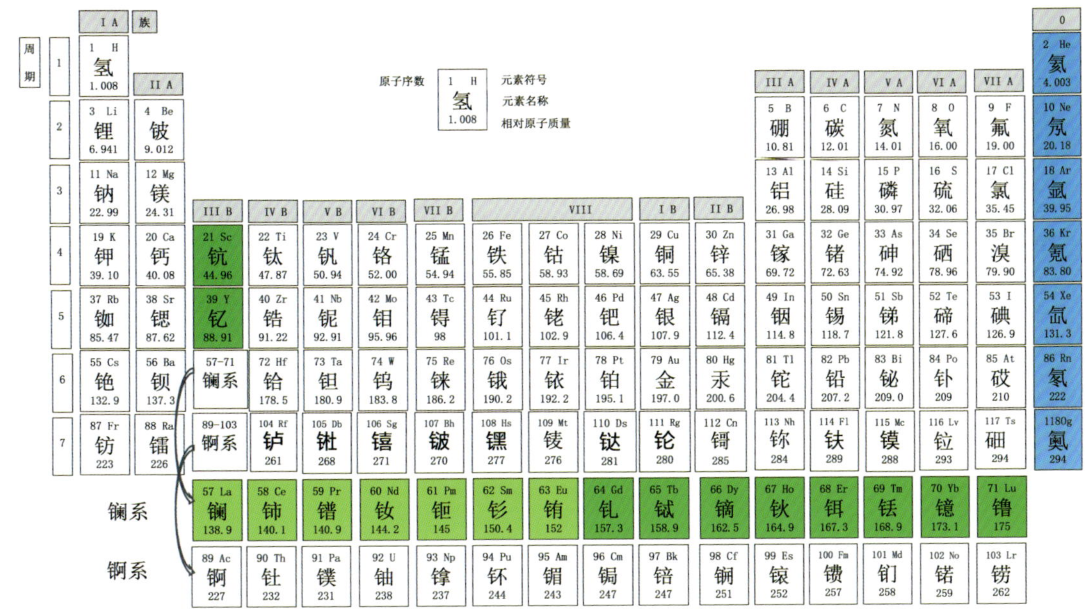

:: 稀土元素

> “抗议兰市圃，
> 女剥山柚价特低，
> 核儿丢一路”

这么多元素怎么记住它们呢？不妨试一下这个谐音的句子：“抗议兰市圃，女剥山柚价特低，核儿丢一路”。

关于稀土元素的起源，科学家认为在宇宙形成之初的超新星爆炸中，大量稀土元素就已经产生，在地球形成时逐渐被吸收到地幔深处。当火山爆发时，稀土矿物随岩浆上升，最终散布到整个地球表面。

这些稀土元素的共性：原子结构相似，半径非常相近，从镧到镥半径逐渐减少，15种元素总共缩小才14.3pm，平均每两个相邻元素减小1pm左右，这在元素周期表中是非常独特的。个头非常接近的小伙伴在自然界中密切共生。

实际上，稀土元素在地壳中含量并不稀少，其丰度堪比铜和锡。不过，这些稀土元素通常过于分散，给开采带来了很大的难度，而开采、分离、提炼过程往往会造成环境污染。

在稀土元素被发现后的很长一段时间内，科学家对它们的了解很少，它们的应用也极其有限。直到20世纪60年代，科学家才发现这些稀土元素原来是真正的宝藏。它们的光、电、磁、热、催化等性能相当出色，在军事、冶金、石油化工、电子、机械等领域大放异彩，可以生产永磁材料、

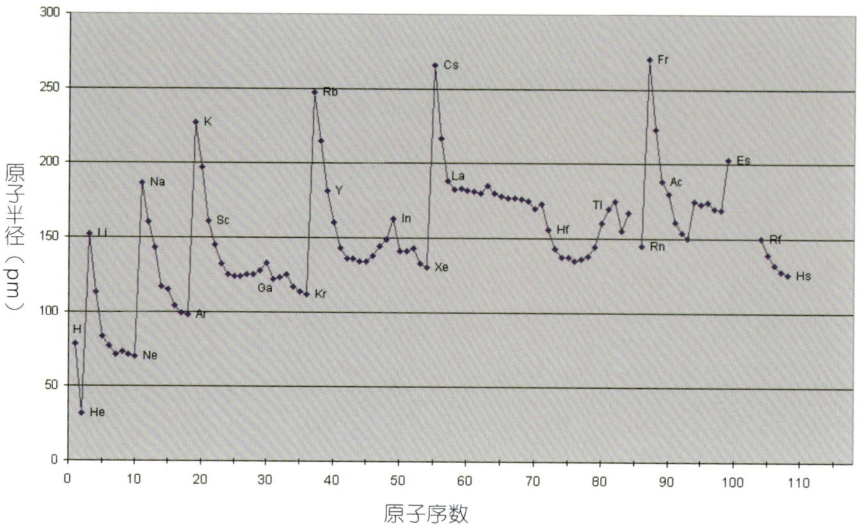

:: 元素的原子半径，每一个周期的开始 H、Li、Na、K、Rb、Cs、Fr 是一个高峰，是同一周期中半径最大的，大致趋势是从左到右半径减小（偶有例外）。

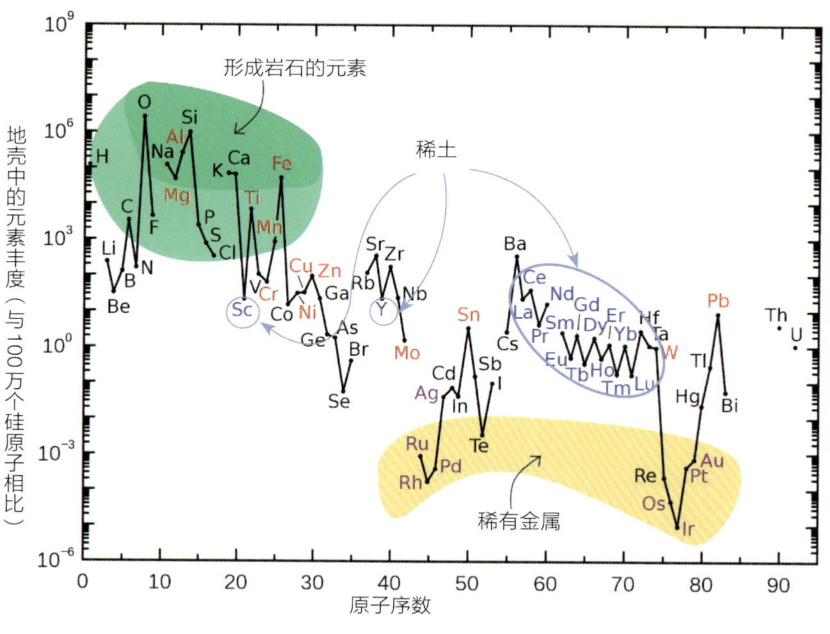

:: 稀土在地壳中的丰度

荧光材料、电池材料、电光源材料、储氢材料、精密陶瓷材料、激光材料、超导材料、光导纤维材料等。

我们这里仅举两个例子——磁和光。

比如钕元素与铁、硼掺杂时，可以形成世界上最强的 类磁铁。扬声器和麦克风中都需要用到磁铁，把声波转换成电信号，再把电信号转换成机械振动。钕使得这些元件中的磁铁可以做成微型，也让手机这样轻便可随身携带的设备成为流行。

声音是什么？声音是一种空气的振动，一种机械波。我们耳道里的耳膜，在声波的作用下，发生振动，通过听觉器官的一系列处理，产生生物电信号，传送到大脑。

麦克风和各种录音设备也是采用了类似的原理。麦克风里的一个膜片，会在声波的作用下轻微振荡，从而带动膜片上连接着的一个金属线圈振动。金属线圈是环绕着一个磁铁的，按照法拉第的电磁感应原理，金属线圈在磁场里运动导致电流产生。

声音越响亮，声波的振幅越大，膜片振动越大，产生的电压波动也越大。声音越激越，声波的振荡频率越高，膜片振动越快，电压的波动也越快。

就这样，一个简简单单的麦克风，通过膜片和电磁感应原理，把声音信号转换成了电压信号。电信号与声波亦步亦趋。对于膜片而言，就像一首歌唱的“把握生命里每一次感动”。

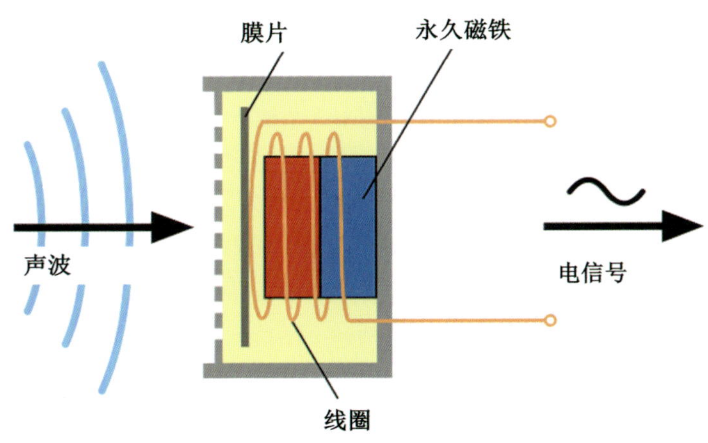

:: 麦克风将声波转换成电信号

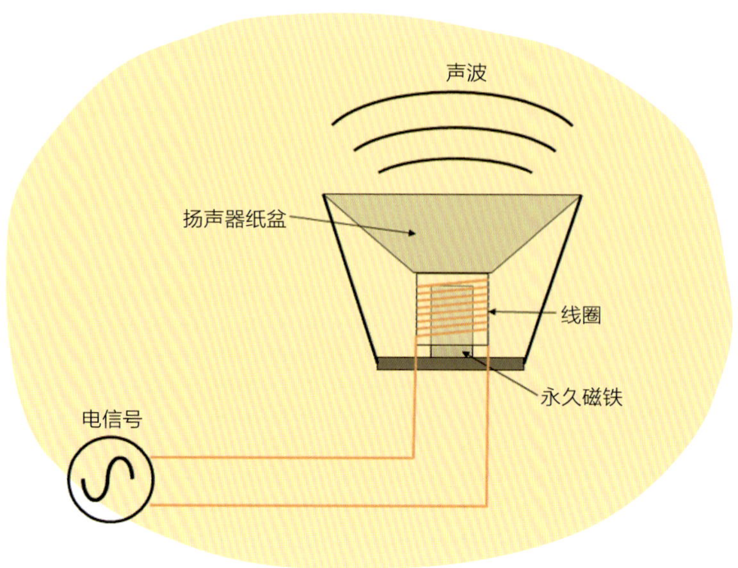

:: 扬声器将电信号转换成声波

那么，接下来电信号怎么恢复成声波呢？ 这是扬声器所要完成的工作。电信号驱动线圈和扬声器的喇叭口在磁场中振动，声音就在空气中传播出去了。这利用了电流的磁效应。

电磁感应和电流的磁效应被巧妙应用，能够将声波信号和电信号相互转换——而里面的关键材料就是磁铁，所以，在随身携带的设备中，有扬声处必有钕。

接下来我们看看电视和手机，这些屏幕上的色彩是哪里来的呢？

科学家发现很多稀土元素有磷光性，经某种波长的入射光（通常是紫外线或X射线）照射，吸收光能后跳到能级高的激发态，然后缓慢地消散，恢复到能量低的状态。

在这个过程中会有意想不到的惊喜——发出可见光波。简单一句总结就是“晒一晒，就灿烂”。

将铕和氧化钇组合起来，可以得到红色，铕的化合物产生蓝色，铽的化合物产生绿色。这就是“钇红”“铕蓝”“铽绿”，谐音为“怡红院里幽兰透绿”。

当你坐在汽车上打开手机时，你其实已经处于稀土的包围之中了。

汽车的引擎、玻璃、马达、电池，手机的麦克风、屏幕，它们用稀土独特的光、电、磁特性在你的周围构建起现代生活环境。所有的这一切，始于200多年前海岛小村里的一次偶遇。

:: 汽车上的稀土元素

:: 手机里的稀土元素

普天稀土，中土最丰

中国稀土的研究和开发，和“中国稀土之父”徐光宪紧密相关。他提出的串级萃取改变了中国的稀土产业，并获得2008年国家最高科学技术奖。

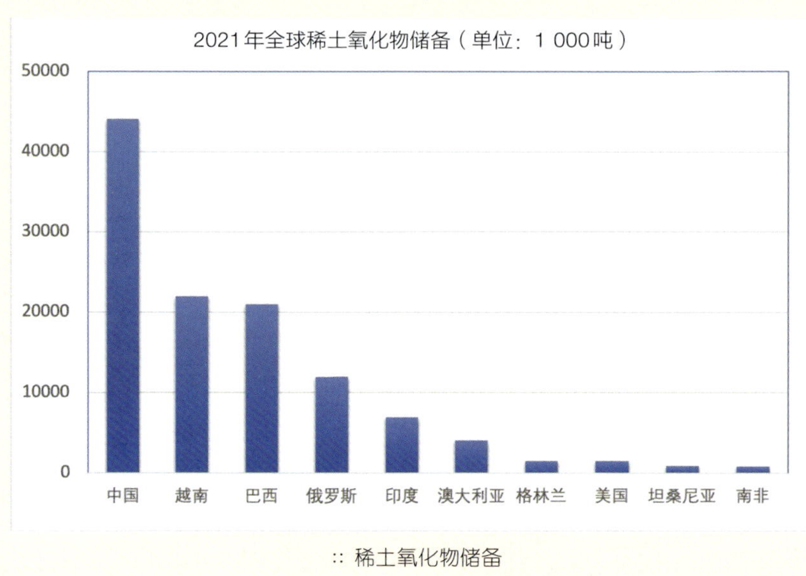

:: 稀土氧化物储备

【元素篇】

以生命之光放射

这是巴黎的一个科学世家。

祖上的安东尼·塞瑟·贝克勒尔是和盖·吕萨克同时代的科学家，发明了“点石成金”的法子——用电解法从矿石中提取金属。他还和儿子亚历山大·爱德蒙·贝克勒尔一起发现了“照光生电”的现象——在铂电极外裹一层氯化银或溴化银，当光照射到电极时，就会产生电流。这个光电效应也被称为“贝克勒尔效应”。

贝克勒尔因这两大贡献在法国科学界占据了重要的地位。巴黎的埃菲尔铁塔上刻有72位法国科学家的名字，贝克勒尔和盖·吕萨克的名字刻在一起——请君暂上埃菲尔，贝克勒尔名遐迩。

:: 安东尼·亨利·贝克勒尔（1852—1908 年）

第二代的亚历山大·爱德蒙·贝克勒尔从19岁开始就在父亲的实验室工作。除了光伏发电之外，他还研究荧光（物质在光照之后发光），特别是硫化物和铀化合物所显示的荧光现象。他设计了荧光镜，用来精确测量各种荧光物质曝晒在太阳底下之后，要隔多久才发光——有的给了阳光马上就灿烂，有的要过一会儿才灿烂。

这个家族两世的积累，似乎是为了在第三代震惊科学界。第三代的安东尼·亨利·贝克勒尔不仅继承了父亲的科学研究，还继承了家族留下的“铀盐”——铀化合物，以及从幼年起就记忆深刻的荧光。

1896年初，伦琴在真空管中发现X射线的消息传到巴黎。当时人们还不知道X射线究竟是怎么产生的，猜测是从真空管阴极对面发荧光的地方产生的，可能跟荧光属于同一机理。

贝克勒尔灵光闪现：既然真空管中有看不见的X射线和荧光一起出现，那么，荧光物质在太阳光下，会不会也有看不见的射线？

他用又厚又黑的纸，把感光底片严严实实地包裹起来。这样包裹的底片即使放在太阳底下晒一天，也不会感光。然后，他把荧光物放在黑纸包好的底片上，中间垫着一枚十字架，然后在太阳底下晒几小时。

他对很多荧光物质进行实验，底片上都没有留下十字架的阴影。这说明底片没有感光，荧光物质没有产生射线。

但是，当他用祖传的“铀盐”实验时，奇迹发生了——底片显示出了十字架的阴影。也就是说，“铀盐”在照射了太阳光之后，发出了射线！这是贝克勒尔的第一个发现。

又过了几天，贝克勒尔正准备进一步研究时，巴黎却连日天阴。他只好把包好的新底片、十字架和铀盐这些实验道具都搁在同一抽屉里。

不知道是因为某种灵感，还是科学家的职业习惯，抑或是冥冥之中祖上的暗示，贝克勒尔突然想看看，在抽屉里躺了几天没晒太阳的底片会不会也有十字架的阴影。他把底片洗了出来，惊奇地发现了底片上的十字架阴影——“铀盐”发出的射线跟荧光没有直接关系！它和荧光不一样，是铀元素自身发出的一种射线，不需要晒太阳来激发。这是贝克勒尔的第二个发现。

铀这种元素天然就能产生射线。贝克勒尔本人都没有意识到，他的发现打开了微观世界的大门，为原子核物理学和粒子物理学的诞生和发展奠定了实验基础，具有划时代的意义。他更没有意识到研究过程中铀的辐射伤害了他的身体。从他祖父和父亲的寿命来看，他在55岁去世实在是太年轻了。

贝克勒尔发现铀具有天然放射性作用，给了一对年轻的科学家夫妇启发。居里夫妇虽然家里没有矿，但是，“夫妻同心，其利断金”。

他们找来沥青铀矿废渣，用了两年时间，从数吨沥青铀矿废渣中进行数万次的提炼，发现了一种含量很少但放射性更强的新元素，其放射强度是铀的400倍。铀与其相比，可以说“米粒之光岂能与皓月争辉”了。

新元素用居里夫人祖国波兰的名字，被命名为钋（Polonium），后来被列为元素周期表中的第84号元素。钋在铀矿中的含量每吨仅0.1毫克，可见提炼之艰难。

过了5个月，他们又发现了一种放射性比铀强百万倍的新元素，这种新元素被命名为镭（Radium），列在元素周期表的第88号。

他们证明了天然放射性并不是偶尔的现象。

:: 居里夫妇

1903年，瑞典皇家科学院将诺贝尔物理学奖颁发给了贝克勒尔和居里夫妇。贝克勒尔的获奖原因是“发现天然放射性”，而居里夫妇的获奖原因是“对亨利·贝克勒尔教授所发现的放射性现象的共同研究”。由此，居里夫人成为第一个获得诺贝尔奖的女性。

接下来，居里夫妇通过电解氯化镭的方式获得了金属镭，并发现镭在杀灭癌细胞时的奇效，迅速轰动了整个西方世界。

1911年，居里夫人再次获得诺贝尔奖——这次是化学奖。由此，居里夫人成为第一位两次在不同领域获得诺贝尔奖的人。

1934年7月4日，居里夫人因为长期遭受辐射，患上了恶性贫血症，病逝于法国萨瓦省桑塞罗谟疗养院，终年66岁。

居里夫人不仅是一位伟大的科学家，还是一位伟大的母亲和老师。她的大女儿伊雷娜继承了父母对于科学的执着和钻研精神，和丈夫约里奥成为法国科学界又一对科学侠侣——约里奥－居里夫妇。

1934年，他们用钋的α射线轰击铝箔，发现当α射线源移开后，铝箔具有放射性。

这是人类第一次发现的人工放射性，也就是说，本来不是天然放射性的原子，被α粒子轰击了之后，就带有放射性了。

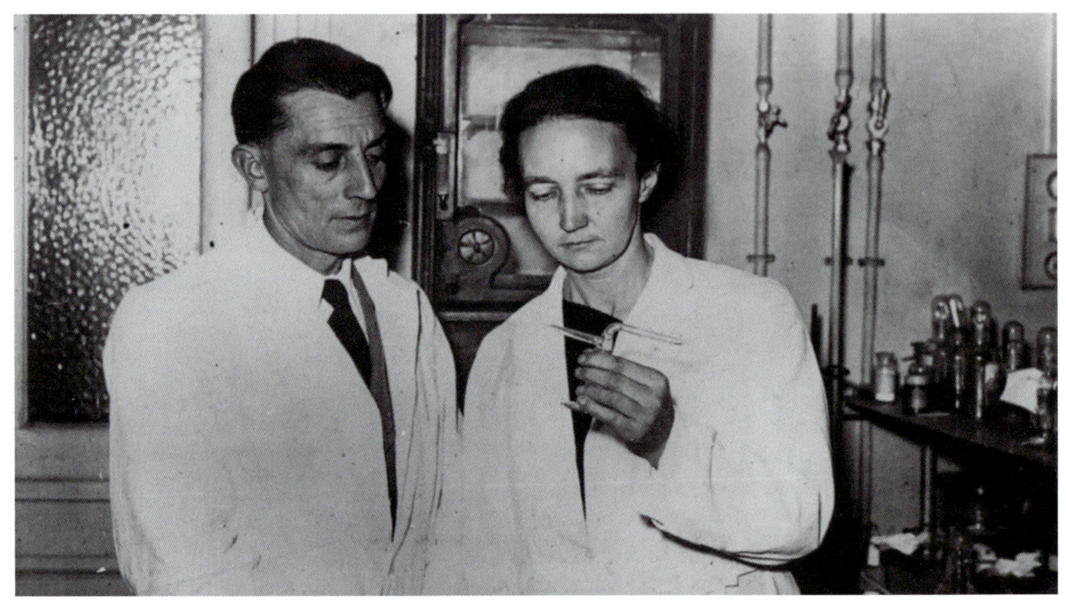

:: 约里奥－居里夫妇（伊雷娜和丈夫约里奥）

原子衰变

后来的研究发现，放射性衰变是一种自发过程，不稳定的原子核通过这个过程分解成更小、更稳定的碎片。那么，为什么有些原子核会衰变，有些却不会呢？

这是一个热力学问题。每个原子都寻求尽可能稳定的状态。当原子核中的质子和中子数量不平衡时，核内有太多能量，无法将所有核子聚集在一起，就会产生不稳定状态——这好比一个大家族，风平浪静之下有很多矛盾，当有一天爆发后以分家收场。

原子中存在三种形式的放射性衰变。

α衰变：原子核会喷出一个α粒子（本质是一个氦核，即两个质子和两个中子），使原子的原子序数减少 2，相对原子质量减少 4。

β衰变：原子核中的一个中子转化为质子，放射出β射线（就是电子）。新原子核的原子质量不变，但原子序数增加1（原子序数=质子数）。

γ衰变：原子核以高能光子（电磁辐射）的形式释放出多余的能量。原子序数和质量保持不变，但生成的原子核呈现出更稳定的能量状态。

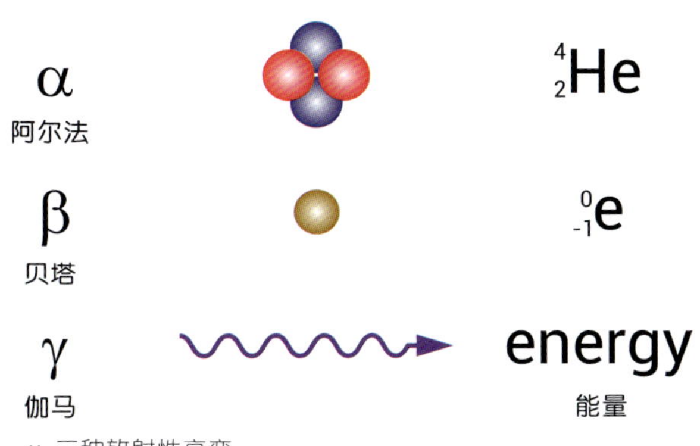

:: 三种放射性衰变

$$^{27}_{13}Al + ^{4}_{2}He \rightarrow ^{30}_{15}P + ^{1}_{0}n$$

$$^{30}_{15}P \rightarrow ^{30}_{14}Si + ^{0}_{+1}e$$

这种放射性是如何产生的呢？α粒子打在铝-27上，铝-27发出一个中子变成了磷-30；磷-30不稳定，放射出正电子，变成硅-30。

在这个实验中，原子发生了变化，铝原子变成了磷原子，又变成硅原子。这是道尔顿提出原子理论之后200多年来从未发生的事。

因为这一发现，约里奥-居里夫妇在1935年获得了诺贝尔化学奖。

由于缺乏防护，长期受到X射线和γ射线辐射，伊雷娜的健康受到严重伤害，患了急性白血病，于1956年3月17日不幸逝世于巴黎，终年58岁。

- 居里夫妇因对放射性的突出研究获得1903年诺贝尔物理学奖。

1903年

- 居里夫人因发现元素镭和钋、分离出金属镭获得1911年诺贝尔化学奖。

1911年

- 约里奥—居里夫妇因在人工放射性上的研究获得1935年诺贝尔化学奖。

1935年

- 小女儿艾芙的丈夫拉布伊斯代表联合国国际儿童基金会接受了1965年诺贝尔和平奖；艾芙是一位杰出的记者，因为出色的报道而被提名普利策奖。

1965年

居里家族是科学界的传奇。他们家有5人获得了诺贝尔奖，共6块奖章。

元素的放射性研究，揭开了原子内部的秘密，使得科学向更深、更微处推进。由于当时的科学家对于射线的危害认识不够充分，没有考虑到辐射防护，他们的身体长期处于高辐射之中。他们用生命毅然决然为科学开辟了新的疆域，以生命之光照亮了原子内部。

那些年错过的诺奖

约里奥-居里夫妇的科研成果十分丰硕，却好几次和诺贝尔奖失之交臂。

有一次，他俩做实验时，发现了实验物体突然释放出一种高能射线。他们以为是质子流。英国的物理学家查德威克读了他们的文章之后，灵光一闪，判断这就是他的导师卢瑟福预言的中子。于是，查德威克成为了“世界上第一个发现中子的人”，获得了1935年的诺贝尔物理学奖。

又一次，他俩做实验时，宇宙射线射向铅版，所有粒子往左飞，只有一颗特立独行的粒子往右飞。他们以为这是实验室空气太浑浊造成的实验误差。美国物理学家安德森读了他们的文章之后，灵光一闪，判断这就是狄拉克预言的正电子。于是，安德森成了“世界上第一个发现正电子的人”，获得了1936年的诺贝尔物理学奖。

还有一次，伊雷娜在做慢中子撞击铀的实验时，在反应产物中分离出一种半衰期为3.5h的放射性元素，以为这是一种新的“超铀元素”。德国化学家哈恩读了他们的文章之后，判断这是无人预言过的核裂变。于是，他获得了1944年的诺贝尔化学奖。

25

【元素篇】

同位素的妙用

1. 同位素和地球气候历史

如果手相学家对你说："伸出手掌，我来预测你的人生。"你大可一笑了之。

如果植物学家对你说："看着树轮，我可以判断过去几十年的降雨情况。"你可以相信，因为这是科学。

如果有人对你说："我有一样东西，可以知道过去一百万年地球气温的变化。"你会认为是科学推断还是胡编乱造呢？

这个人，就是丹麦的古气象学家丹斯加德。他的大胆设想，开辟了一个重要的研究领域，让我们有机会认识我们居住的这颗蓝色星球在过去百万年所经历的气候变化。而最早的发现，和一个啤酒瓶有关。

1952年，丹麦大雨，丹斯加德连续两天用啤酒瓶在草地上采集雨水样本，这些雨水样本按照两天的室外温度做了标记。

丹斯加德研究后有了重大的发现。

通常的氧原子带有8个质子、8个中子和8个电子，称为O–16（"十六阿哥"）。

氧原子有一个"同胞弟弟"O–18（"十八阿哥"），在原子核里带有10个中子，但有相同数目的8个质子和8个电子。这个被称为O–18的氧同位素，因为多了2个中子，质量更大。

当氧和氢合成为水的时候，也存在着两种不同的水。一种是带着O–16的水，另一种是带着O–18的水。

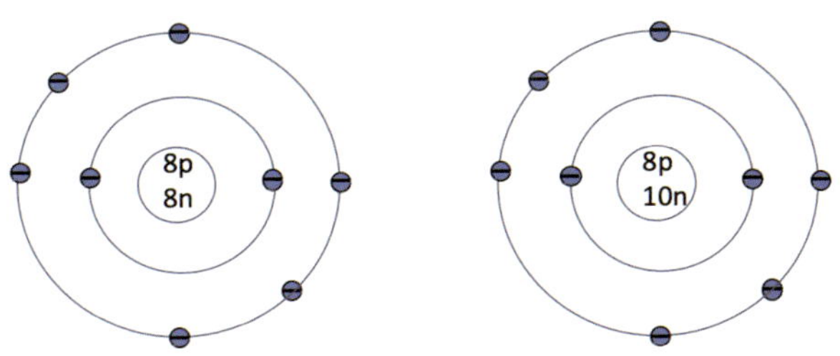

:: 氧同位素　　氧同位素：O-16，O-18

重点来了，丹斯加德发现：

白天温度高的时候，收集到的雨水里O-18的含量比例高。

晚上温度低的时候，收集到的雨水里O-18的含量比例低。

这在科学上也能够解释："十八阿哥"体"重"身"胖"，需要吸收更多的能量（热能），才能升腾蒸发成水汽，漂浮成云，最后降落成雨。

大胆假设，小心求证，这是科学研究之道。丹斯加德有了这个发现后，继续派出他的"啤酒瓶小分队"，收集大量的雨水样本和雪水样本。

丹斯加德得到了雨雪里的O-18/O-16比值，与雨雪形成时环境气温的定量关系。

他进一步大胆推断，如果我们找到百年前、千年前、万年前、百万年前的冰，分析其中的O-18/O-16比值，我们就能推测出地球百年前、千年前、万年前、百万年前的平均气温。

他由此建议提取南极和格陵兰岛冰原下的冰雪样本，来研究历史上地球气温的变化。

在南极和格陵兰岛，雪花降落后会一层一层堆积起来，凝结成冰。这些冰千万年都不会融化。科学家们用机器钻到几千米深的冰层，采集出冰芯。这一层层冰，层次非常清楚，像年轮一样。通过分析冰芯中各种物质的含量和比值，就可以推断地球气候的变化。

:: 科学家在南极采集到的冰芯

2. 同位素测年法

打开地球史和生物史的书本，科学家会确切地告诉你：在约45亿年前地球从原始太阳系的星尘中诞生，约38亿年前最早的生命迹象——原核细胞出现在地球上，约5亿年前有了鱼翔水底，而人类的祖先智人，则要到距今20万年前才开始行走于地球。

科学家们言之凿凿的依据来自哪里？我们个人对于几年前的事情都会遗忘，对于地球45亿年间发生的事该如何来确定？这种确定历史年代的方法，科学上称为dating——年龄测定。有趣的是，英文里的dating还有“约会”的意思。

那么，我们来旁观一下科学家是如何dating的吧。

同位素是原子里的“双胞胎”（或“多胞胎”）。有些同位素很稳定，在很长一段时间内不会发生变化；有些同位素则不稳定，会发出辐射，以固定的速度失去多余的中子或质子，逐渐转变成另一种稳定的原子，这个过程就是衰变。

- 铀铅测年法

1 g铀经过一年，有7.4×10^{-9} g衰变为铅和氦。经过约45亿年以后，大约就有0.5 g衰变为铅和氦。利用放射性元素的这一特性，我们选择含铀的岩石，测出其中铀和铅的含量，便可以比较准确地计算出岩石的年龄。

神奇的是，放射性元素衰变的速度是恒定的，不受外界物理化学条件的影响。你用锤子砸、用汽锅蒸、用油炸，铀原子依旧按照这个规律不紧不慢地衰变，哪怕斗转星移、沧海桑田、山呼海

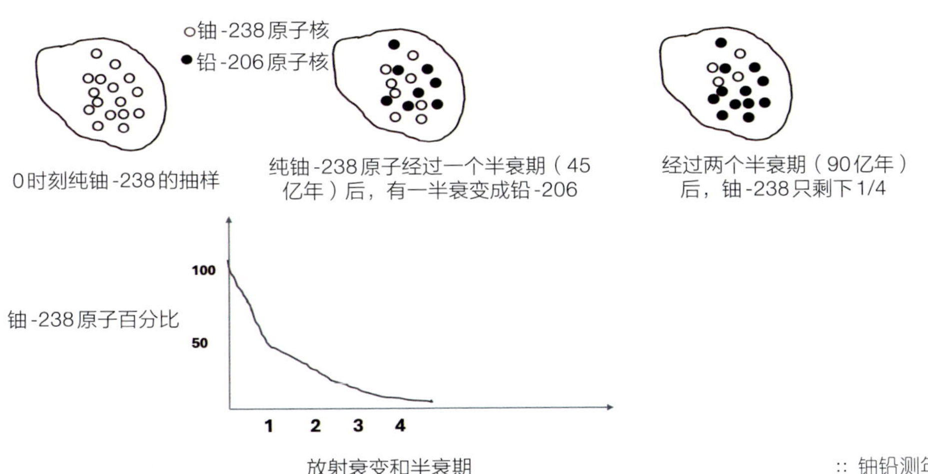

放射衰变和半衰期

:: 铀铅测年法

啸、移山填海，从地球诞生到恐龙灭绝、人类崛起，原子时钟精准无比，客观到冷酷。所以，要了解地球和矿石的年龄，没有比测量铀原子和铅原子更好的方法了。

按照这种精准的原子时钟，科学家最后测量出地球的年龄为45亿年。这是美国地球化学家帕特森得到的结果。

铀铅测年法是放射测年法中最早使用，并且准确度最高的一种测年方式，可测定距今100万到45亿年前的物体，精确度大约是测定范围的0.1至1%。

- **碳 -14 测年法**

碳也有多种同位素。碳-12很稳定。但是，它有一个“双胞胎兄弟”碳-14(C-14)，很不稳定。

碳-14是由宇宙射线撞到上层大气中的氮-14(N-14)原子后生成的。

空气中C-14和C-12的比例是固定的，植物能通过吸收空气中的二氧化碳而吸收C-14，然后这些植物又被动物吃掉，C-14因此就进入了动物体内。

要点来了：植物一生都从二氧化碳中吸收C-14，而动物又从植物中获取C-14。只要它们活着，体内的C-14和C-12的比例是固定的。当这些植物或动物死后，C-14衰变成为氮，它们体内没有了新鲜的“C-14”补充，C-14会逐渐减少——活着C-14不变，死了C-14减少。所以，用质谱仪检测它们体内剩余的C-14的量，可以判断它们死了多久。

自采用该方法以来，已进行过碳测年法的样品包括木炭、木材、树枝、种子、骨头、贝壳、皮

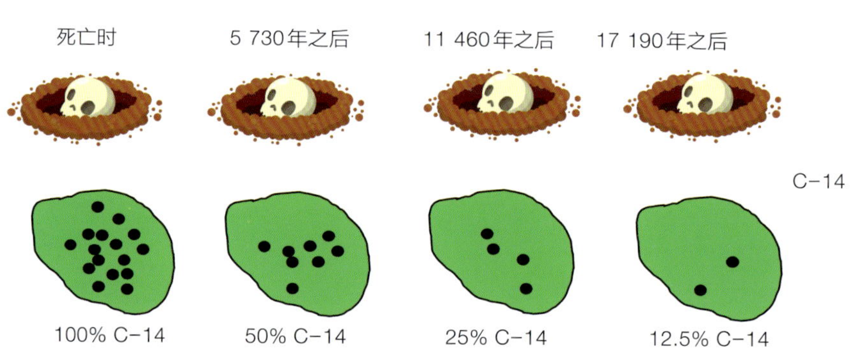

:: 碳 -14 测年法：动植物死后 C-14 每 5 730 年减少一半

革、泥炭、河湖淤泥、土壤、头发、陶器、花粉、壁画、珊瑚、残留血液、布料、纸或羊皮纸、树脂、水等。

因为C-14衰变得很快，所以5万年前的标本内几乎没有C-14，无法用这个方法来进行5万年前的年代测定。

碳测年法是由美国科学家利比发明的，他因此获得1960年诺贝尔化学奖——他和发现氘元素的尤里一样，都是路易斯的学生。

3. 同位素标记和示踪

1911年，匈牙利科学家赫维西在英国曼彻斯特大学学习访问，和卢瑟福、玻尔、莫斯莱建立了友好的合作关系。

他利用同位素之间难以分开的特点，创立了同位素放射性示踪方法。

他用自己的身体做了同位素示踪剂方面最重要的一个实验：他每天服用重水，检测尿液，最后发现水分子在人体内循环一周要花费9天时间。

他又用磷的放射性同位素研究了植物的代谢过程，以及测定了骨骼中无机物组成的交换。

这些研究让他获得了1943年的诺贝尔化学奖。

后来，遗传学家利用磷和硫同位素，证明了DNA在遗传中所起的作用。

生物史上最美的实验，是利用氮同位素，解开了DNA复制的秘密。

同位素，只是因为在原子核多了几个中子，就表现出不一样的特性。细心观察和喜欢思考的科学家们把它们用来作为科学研究的工具，从开发原子弹，研究上亿年地球的演化历史，了解几百万年地球气候的变化，考古人类历史，再到分子级别研究生物，这些不可思议的事情，都能通过同位素来完成。

宇宙把它的秘密藏在星空中，藏在原子中，就等着细心的人去探索。

:: 赫维西（1885—1966年）

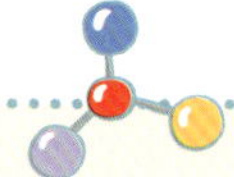

同位素的虚拟对话

氢：我的同胞是原子弹的原材料，威力巨大。我有诺贝尔化学奖。

铀：我的同胞精准无比，记录了地球历史，可以回望几十亿年。我有诺贝尔物理学奖。

碳：我的同胞测量千年到万年的文物最拿手。我也有诺贝尔化学奖。

硫、磷、氮：我的同胞跟踪生物分子，解开生物遗传的秘密。我有诺贝尔化学奖和医学奖。

氧：我的同胞喜欢不同的温度，忠实记录百万年气温的历史。只是我没有诺贝尔奖？……我觉得氧同位素还有更多秘密可挖掘。

26

【元素篇】

元素大点兵

世间万物皆由元素组成，而118种元素，各有各的来历，各有各的个性。

列在元素周期表前面的80多种元素大多可以在自然界中被找到，43号锝、61号钷元素除外。

43号元素锝就是被门捷列夫预言、将近70年后才被发现的元素。它是最轻的放射性元素，在自然界中很少存在，主要是由人工合成的，其名称来自希腊语Technetos，意思是“人工制造”。锝最初是被科学家在回旋加速器的废弃部件中发现的。后来在沥青铀矿中提炼出，每千克铀矿仅含0.2ng。由此可见门捷列夫的伟大之处。

巧合的是，第61号钷元素是捷克化学家布劳纳在1902年预言存在的，1914年被发现的。他也学到了“预言”的真功夫：从现有的元素中找出规律，大胆预测缺漏的元素及其特性。

元素周期表中83号到94号元素，都是放射性元素，这些元素随着时间的推移，会产生裂变，放射出射线和能量，变成较轻的元素。它们常在原子能源技术中大显身手——原子弹的主要材料铀就在此列，是92号元素。从质量转换成能量，这是爱因斯坦质能公式的一面。

排在95号元素之后的元素，都是通过人工合成的方法，在高温高压的加速器和对撞机中高速撞击生成的，而且寿命很短，无法在常温常压下稳定存在。20世纪40年代开始发现的大量元素，都在此列。从能量转换成质量，这是爱因斯坦质能公式的另一面。

据物理学家费曼的计算，人们可能合成的最终元素也是最重的元素为137号，它外围的电子速度达到光速。从理论上计算，第138号元素（如果存在的话），外围的电子速度会超过光速，这在现代物理学的认知框架中是不可能的。

我们的身体都是由元素组成的。但是，我们只是用到了118种元素中的一小部分，仅20多种。

碳、氢、氧、氮是人体的主要元素。DNA中加了一个重要的磷元素，磷酸键让螺旋伸展蔓延。蛋白质中加了一个重要的硫元素，二硫键让氨基酸链更加牢固稳定。

血液里的铁把氧气输送到身体的细胞和组织。骨骼里的钙支撑起我们身体。钠、镁、钾、氯平衡身体里的阴阳离子浓度，传递生物信息。身体中还有一些痕量元素。

用了宇宙间不到1/3的元素，进化出这样美妙的生命，真是神奇。

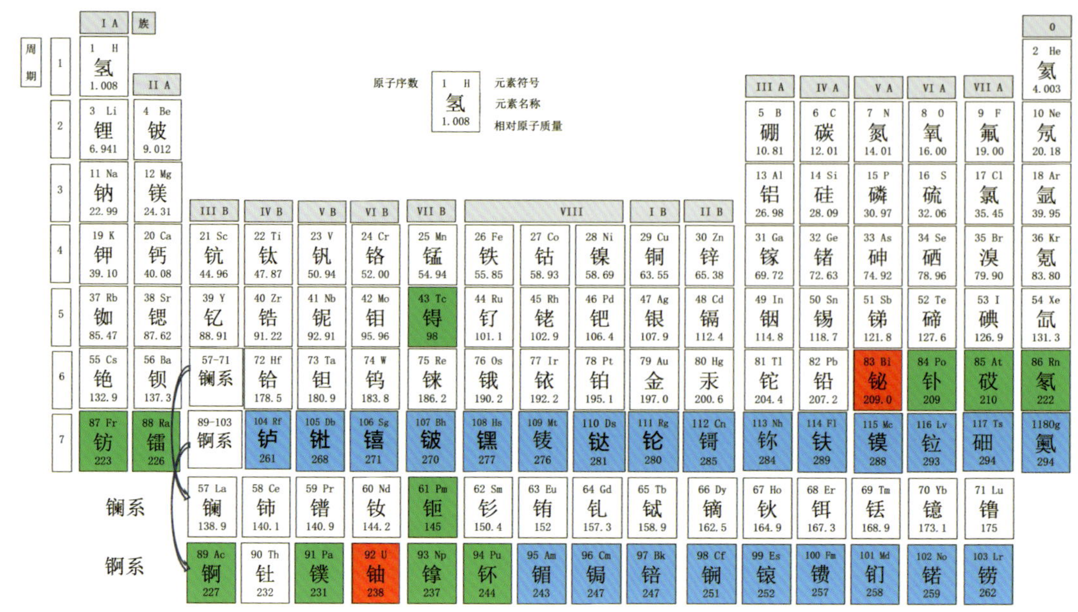

:: 天然元素和人造元素

我们再来看看手机里有哪些元素。据统计共有46种元素。

巧合的是，手机里面也有碳、氢、氧、氮、磷、硫，和我们身体内的蛋白质、核酸组成所需的元素一样。碳在锂电池的石墨电极上，硫在锂电池的电解质里使得电池更持久，氢在手机壳中，氧在玻璃屏幕的二氧化硅里，氮在充电器和强化外壳的氮化物里，磷在半导体里。不过，它们只占手机材料中非常少的部分。这些元素，和你身体里的元素，或许来自同一个山谷、同一处海湾。在你没有成为你之前，在手机没有成为手机之前，它们或许曾经相遇过。我无法证明，你也无法证伪。

除此之外，手机里还有更多其他元素。

硅、锗是半导体的主要材料，是半导体工业的基础。现代电子技术和文明就由此昌盛。当然，硅还有它自己的老本行——二氧化硅玻璃，它是手机玻璃屏幕的主要成分。

手机里的硼，不是清洁杀虫用的，也不是作为坚硬外壳的，而是作为半导体芯片中的重要材料。硼是硅、锗等半导体的有效掺杂剂。由于硼比硅和锗的原子少一个价电子，硼会产生一个空穴，形成p型半导体（具体原理我们已经在硅元素中详细分析）。而磷也不是磷肥，是作为n型半导体掺杂剂。磷与硼互补，p型半导体与n型半导体形成的pn结是硅文明的“生命之结”——半导体元件神奇的功能由这个结开始。

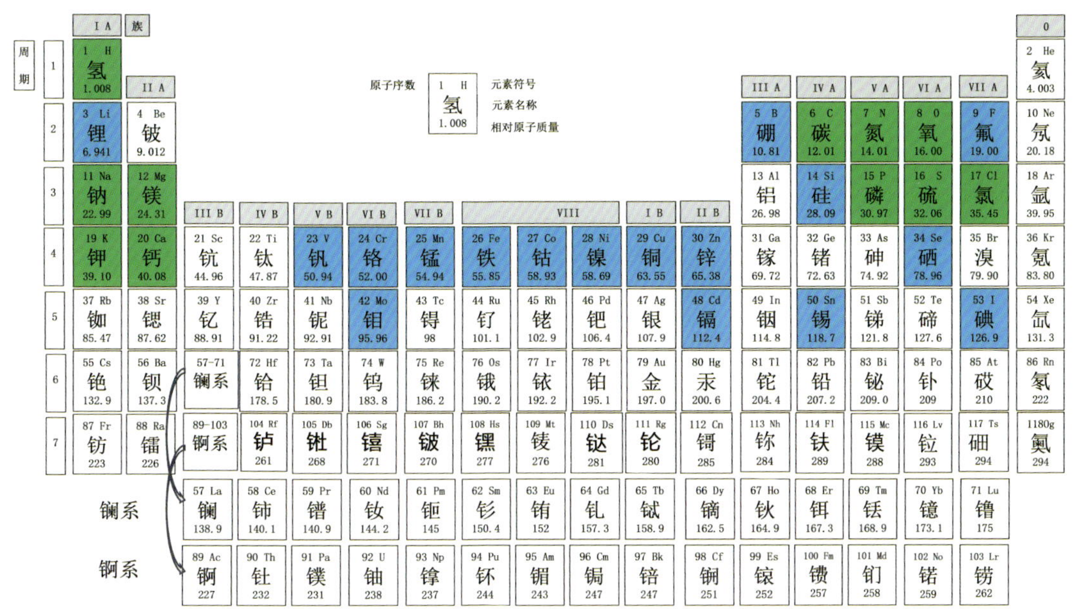

:: 人体中的元素

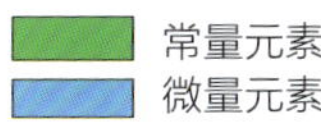

钾当然不是钾肥，而是增大手机屏幕强度的元素。你的手机掉在地上没有碎，多亏了钾。

镁肯定也不是用来进行光合作用。镁合金使得手机的外壳更加轻盈。与20世纪80年代堪比砖头重的手机“大哥大”相比，镁让手机成功减重。

金有什么用处呢？除了土豪金显示一种审美和时尚之外，金的电阻比铜和银的更低，是电子线路中导线的优材。

锡和铅是焊接元件的材料，那些精巧的元器件因为它们而牢固地贴附在电路板上。

手机电池中的重要材料是锂，新型的电池里有硫，辅材中石墨（碳）和钴是电极，铝是外壳。

阻火材料中有溴，外壳中的镍可以减小电磁干扰，钽是制造电容器的主要材料。

稀土元素铈可以减少紫外线的穿透，钇、铽、铕等为屏幕提供丰富多彩的颜色。那些灿烂的烟火、明媚的微笑和霞光来自稀土。

你播放音乐、与人交谈时，把轻声细语来回传递的扬声器和麦克风，里面是钕和镍在默默工作。你听到了它们，它们也听到了你，虽然你在读到本文之前可能不知道它们的存在。

含有铟元素的薄膜可以导电。你每次在触摸屏上轻抚，读懂你手指的点触并转换电信号的，就是铟。你触摸到了铟，铟也触摸到了你，如今的你们已经知道了彼此的存在。

:: 手机中的 46 种元素

演化与设计

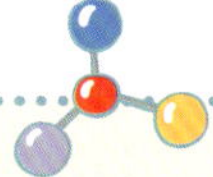

地球生命选择了最适合完成某项功能的元素作为材料，用碳、氢、氧、氮构建生命之基，用钙来造一副骨架，用铁来运输氧气，用镁、钠、钾、氯离子来传递生物电信号，调节身体的离子平衡。

我们选择最适合完成某项功能的元素作为手机的材料，用硅、锗、硼、磷构建半导体之基，用铝、镁造一副骨架，用锂、碳、钴来提供能量，用铜来传递电信号，用钕、镍和钇来转换声和光。

我们把前者叫作演化的选择，把后者叫作设计。

你怎么看？

有机篇

后传

【有机篇】

有机化学的“双子星”

19世纪初，原子论的建立给了化学家一个全新的视角来看这个世界。无论是水中的氢和氧，还是岩石中的铁和铜，科学家都可以通过定量的分析来研究这些元素和原子。

当时的化学大师贝采尼乌斯发现，碳元素在所有的元素中最为特别，我们可以在几乎所有与生命相关的物质中找到它。等到后来原子模型和化学键理论成熟之后，人们才发现碳之所以在生命中举足轻重，是因为它的化学键的灵活性，碳可以和其他元素以及自己构成“单键”“双键”“三键”。

1806年，贝采尼乌斯提出碳氢化合物是有机体（生命体）特有的产物。贝采尼乌斯没想到的是，这个概念一呼百应，最终形成了化学的一个庞大分支——有机化学，他也因此被尊为有机化学的“开山祖师”。

然而，贝采尼乌斯接下来马上犯了一个错误。他认为有机物是生命体特有的物质，区别于无生命的“无机物”，所以，我们不可能人为地用无机物合成有机物。

贝采尼乌斯的说法，主要是受当时流行的“活力论”的影响。“活力论”认为生命是有灵魂的，而这种灵魂是无机物所没有的。

贝采尼乌斯没想到的是，他的这个观点在20年之后被他的学生推翻了。

推翻他错误理论的是德国人维勒。维勒在完成了海德堡大学的学业、获得外科学医学博士之后，被导师推荐到贝采尼乌斯的实验室工作，主要研究方向是氰酸铵（NH_4OCN）的制备。

尽管当时有氰酸铵的制备方法，但维勒希望能够用更快捷的方式制备出来，因此，他选择了氰酸（HOCN）和氨水（$NH_3 \cdot H_2O$）进行反应。请注意，氰酸是有氢、碳、氮、氧元素的化合物。

加热之后，他得到了一种白色晶体物质。维勒确信这种物质不是氰酸铵。但它到底是什么呢？

:: 维勒（1800—1882年）

维勒回到德国，在一所大学里任教。4年之后，1828年，他采用更加先进的分析方法，发现之前在贝采尼乌斯的实验室得到的晶体居然是尿素。

这在科学界掀起了轩然大波，因为氰酸、氨水都是无机物，而尿酸是生物体才能产生的有机物。这意味着可以在实验室人工合成有机物，从无机物中造出有机物来！

如此一来，贝采尼乌斯“有机化学”的理论和背后的“活力论”岌岌可危了。贝采尼乌斯极力反对、坚决抗议，一怒之下，他还写信给维勒，问他为什么不在实验室里“造一个孩子出来”。

这时候，轮到有机化学“双子星”中的另一个明星李比希登场了。

李比希比维勒小3岁，1803年5月12日出生于德国，家里是经营药物、染料及化学试剂的小商人。儿童时代，李比希随父亲制造过家用药物和涂料，后来又当过药剂师的徒弟——看来当年的药房是化学家的人才库。

获得博士学位后，李比希经推荐到盖·吕萨克的实验室中工作。

当维勒在埋头做氰酸和氨水的化学实验时，李比希正在琢磨雷酸（HONC）化合物。请注意，雷酸也是氢、碳、氮、氧元素的化合物。

当他们读到彼此的论文后，发现氰酸和雷酸的化学组成竟然一模一样，1个分子中都有1个氢原子、1个氮原子、1个碳原子和1个氧原子。

:: 李比希（1803—1873年）

这怎么可能呢？雷酸与氰酸性质迥异，一个易爆炸，一个很稳定。就好比古龙小说《绝代双骄》里的小鱼儿和花无缺，不可能是同一个人。

李比希马上重复维勒的实验，拿来氰酸银进行分析，发现其中含有氧化银71%，并不是维勒实验所得的77.23%。

做事毛躁的李比希认为维勒的实验数据有误。后来几经交流，发现错在李比希自己。他所用的氰酸银不纯。李比希重做实验，最后证明了氰酸银与雷酸银的化学成分完全一样。

“雷酸银，氰酸银，都是同一个银。”

俗话说不打不相识，维勒与李比希在争论中相识了。李比希爽快、好动，像雷酸；维勒平和、好静，像氰酸。两位年轻的化学家的缘分，因为“同一个银”“同一个酸”被牵引到一起，自此结成了长达40多年的友谊。

在维勒合成尿素之后，李比希成为维勒的坚决支持者，在化学界齐头并进。

维勒的尿素合成实验表明氰酸铵和尿素这两种不同的物质，也具有相同的化学式，“氰酸铵和尿素，都是同一个素”。

1830年，贝采尼乌斯根据维勒和李比希的发现，总结并提出了一个新的概念“同分异构体”，指的是同样的化学成分，可以组成不同性质的化合物。

同分异构体的概念可以用一个类比来理解。好比足球比赛中，贝采尼乌斯的瑞典队一开始排出了442阵型，在失去一球的情况下，换成了433阵型，加强进攻。队员没有换，但是，阵型一换马上攻势如潮，恍若两支不同的球队。

我们来看看化学理论更为完善之后，“氰酸铵VS尿素”和“雷酸银 VS氰酸银”这两组同分异构体是什么样的。

1个碳原子（灰色）、1个氧原子（红色）、2个氮原子（蓝色）、4个氢原子（白色），这8个原子通过不同的排列组合，生成了氰酸铵和尿素这一对同分异构体。

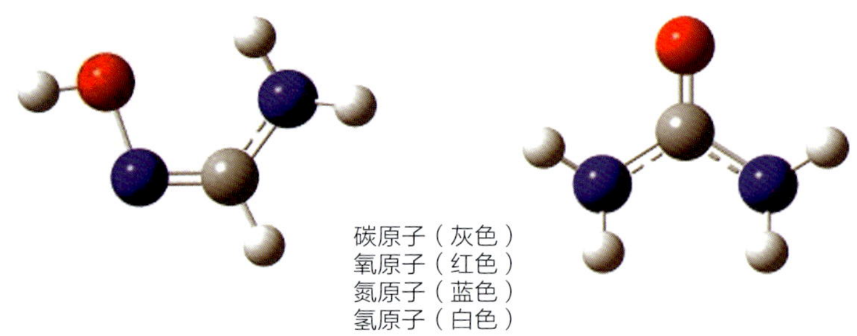

:: 氰酸铵、尿素互为同分异构体

1个碳原子、1个氧原子、1个氮原子、1个银原子，这4个原子通过不同的排列组合，生成了雷酸银和氰酸银这一对同分异构体。

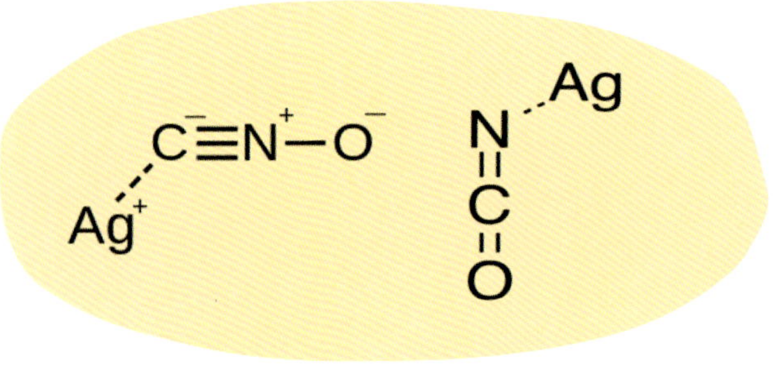

:: 雷酸银和氰酸银互为同分异构体，化学式中的1、2、3条横杠表示单键、双键和三键。

现代显微镜可以非常清晰地看到这些分子的结构，并能从电子壳层模型分析它们的成因。但是这在200年前是不可能的事。要知道，当时连分子的概念都没有完全被接受，原子间怎么构成物质更是众说不一，能提出“同分异构体”是非常不容易的，需要非常开放的思想。

维勒与李比希合作研究，完成了几十篇化学论文。李比希在给维勒的一封信中曾说：“我们两人同在一个领域工作，竞争而不嫉妒，保持最亲密的友谊——这是科学史上不常遇见的例子。我们死后，虽尸体化为灰烬，而我们的友谊将永存。”

维勒结婚后两年，妻子病故，李比希便把维勒接到自己家中，安慰他，并一起研究苦杏仁油。

这两颗有机化学的“双子星”，这两个性格不同的化学家（异构），怀着对化学同样的热爱（同分），惺惺相惜，互相激励，无私合作。他们发现了化学史上第一对同分异构体，同时他们本身也是化学史上的一对“同分异构体”。

李比希的“错误之柜”

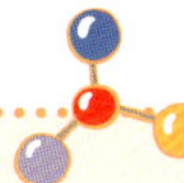

德国一家厂商寄给李比希一瓶红棕色的液体请求鉴定。李比希认定瓶里的液体是氯化碘。

多年以后，法国一名实验助理巴拉尔也研究了这种液体，证明这是一种新的元素——溴。

当李比希听到巴拉尔发现溴的消息后，立刻翻箱倒柜找回那瓶“氯化碘”，重新化验，最后确定真的是溴。错失了发现新元素的机会，这对于一个科学家来说是一生的遗憾。

为了吸取沉重的教训，李比希特意把那瓶红棕色的液体放到一个药品柜，搬到实验室大厅的显要位置，上面贴着醒目的大字“错误之柜”。从此，李比希常用自己的“错误之柜”教育学生，表现出了一名科学家的高风亮节。

李比希对待错误不隐瞒、不忌讳，认真总结教训。这不仅仅是科学工作者，而是所有人都应该学习效仿的。

2

【有机篇】

化学界最会做梦的“建筑师”

李比希是一位极其富有才华的化学家，甚至被称为德国化学之父，在有机化学、生物化学和农业化学方面都作出了杰出的贡献，是化学史上的一位重量级人物。

他在吉森大学建立了一个完善的实验教学系统，培养出一大批第一流的化学人才，其中最杰出的是来自他家乡的凯库勒。

李比希的这位小老乡从小的梦想是当建筑师。凯库勒18岁考入吉森大学，并如愿以偿进入了建筑系。

这位爱好广泛的未来建筑师，在选修了李比希的化学课后，被有机化学这个崭新的领域吸引了，遂改攻化学，并进入李比希的实验室。

:: 凯库勒（1829—1896年）

当时，化学界流行的理论是贝采尼乌斯的“电化二元论”，物质中带正电的微粒依靠静电力和带负电的微粒结合在一起。

那么原子结合起来的定量关系是由什么决定的呢？

凯库勒研究原子“亲和力”，一种元素以几个原子和另一种元素的一个原子“亲和”。

比如，假定氢的“亲和力”为单位1，那么，氯的“亲和力”也是1，因为它们合成HCl。氧的“亲和力”是2，因为它和2个氢结合成水H_2O。

这个“亲和力”后来演变成“化合价”的概念，元素可以按“亲和力”标“价”：

一价元素：氢、氯、溴、钾和钠……

二价元素：氧和硫……

三价元素：氮、磷和砷……

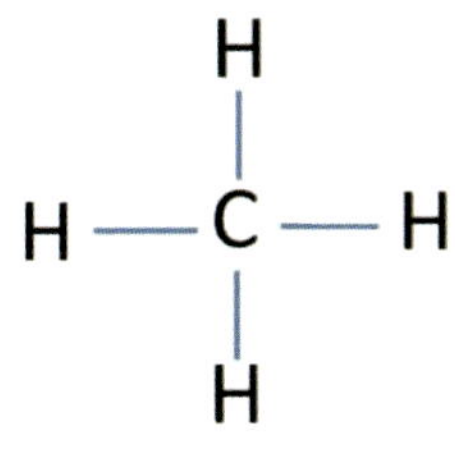

:: 甲烷的结构

他发现在所有的化学元素中，碳占有特殊地位。在有机化合物中碳是四价，因为它与4个一价的氢相结合而形成甲烷（CH_4）。但是，碳还能生成其他的碳氢化合物，如乙烯（C_2H_4）。因此，对于含碳的化合物需要加以特别的考虑。

他发挥建筑师的构图才能，把甲烷分子的5个原子排列成十字，碳原子在中间，四周4个氢原子，各自用1根短棍连接到碳，这表示原子间相互关联的“亲和力”单位，或者叫作“键”。

按照现代化学和原子理论，凯库勒的“亲和力”“化学价”“键”，实际上与原子最外层的电子数密切相关。但是，电子要等19世纪末才被发现。从这个角度来看，凯库勒的直觉非常敏锐，他纯粹是从化合物本身的特性总结并推测出来的。

凯库勒的这套理论在分析苯的化学式时碰到了困难。苯这种化合物，是由法拉第在1825年发现的。一个苯分子含有6个碳原子和6个氢原子，化学式是C_6H_6。

假设每个氢原子用1根短棍（键）、每个碳原子用4根短棍（键），那么，6个碳原子和6个氢原子怎么构成苯？这让建筑师化学家绞尽脑汁。

1864年冬天，凯库勒的灵感来了！他回忆道：“我坐下来写我的教科书，没有任何进展；我的思绪恍惚了。我把椅子转向炉火，开始打起瞌睡来。原子又在我眼前跳跃起来，这时较小的基团谦逊地退到后面。我的思想因这类幻觉的不断出现变得更敏锐了，既能分辨出多种形状的大结构，也能分辨出偶尔紧靠在一起的长行分子。它围绕、旋转，像蛇一样地动着。看！那是什么？有一条蛇咬住了自己的尾巴，这个形状虚幻地在我的眼前旋转着。像是电光一闪，我醒了。我花了这一夜的剩余时间，作出了这个假想。”

于是，凯库勒写出了苯的结构式：

- **6个碳原子组成封闭的环，6个氢原子围在外面，各自和1个碳原子相连。**
- **这是一个很稳定的“闭环”，6个碳原子之间的结合非常牢固，而且排列十分紧凑。**

1866年，他进一步完善苯环，6个碳原子是由单键（1根棍子）与双键（2根棍子）交替相连的，以保持碳原子为四价。请仔细数一下，是不是每个氢原子“拿”着一根短棍，每个碳原子“拿”着4根短棍？

当然，由于时代的局限，凯库勒结构式虽然是当时众多“苯环结构”中最令人满意的一种，但不能解释苯环的稳定性。

因为按照凯库勒的说法，苯分子中存在三个双键，这三个双键的位置是在1、3、5，还是在2、4、6？

凯库勒说是不确定的，会在这两个状态之间振荡！可是振荡的苯，怎么可能稳定?

另外，双键和单键的长短是不一样的，单双交错的六边形不可能是正六边形，是歪的！

这些漏洞，要等很多年以后，价键理论和电子杂化轨道理论出现之后才能被补上。苯更合理的形式，不是在两个状态间振荡，而是中间画一个圆，表示大 π 键，然后“躺平”，像一颗螺丝帽一样。

苯环结构的诞生，是有机化学发展史上的一座里程碑。

凯库勒把建筑和几何的美引入了化学。化学式的结构居然会有这样的几何图形。

化合物再也不仅仅是一些原子毫无规则地聚成一团，它们的结构可以很优美。

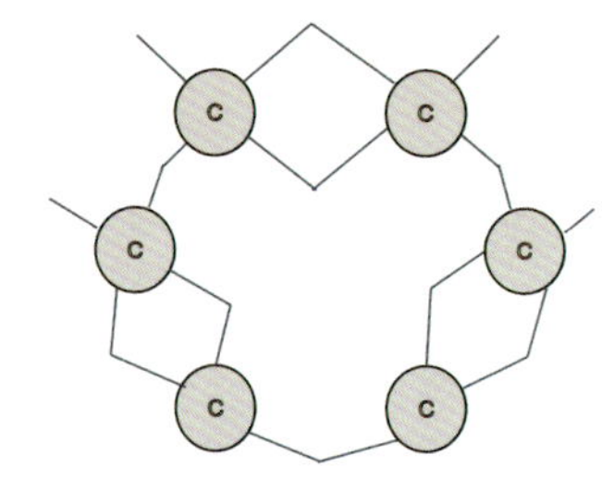

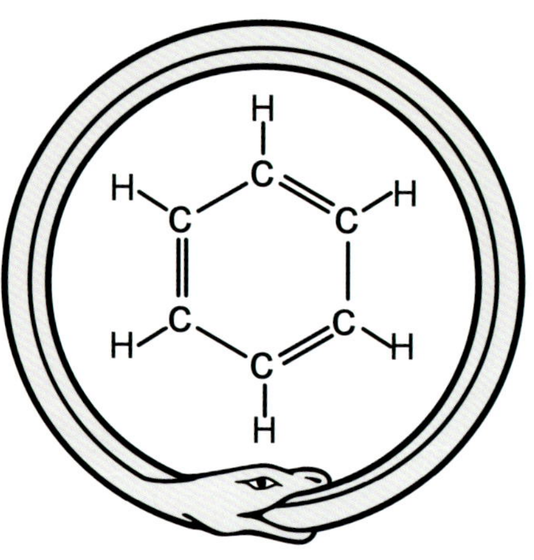

:: 因梦而得的苯环：最早书稿上的原图和后来的宣传图

凯库勒结构式

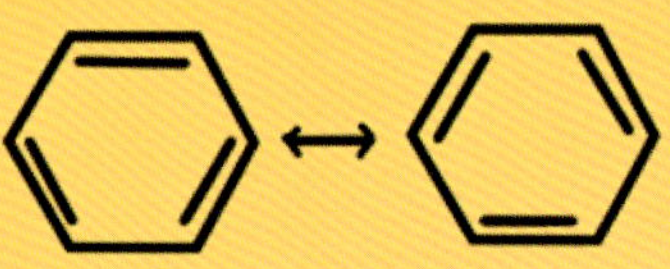

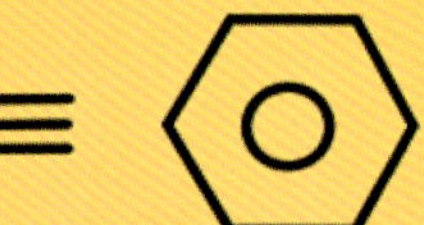

苯的两个等价的振荡结构

振荡混合

:: 来回振荡的苯环画法和更合理的形式

“门”梦得、“凯”梦得和“云”无梦

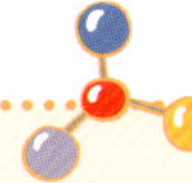

化学史上凯库勒因梦而得苯环，门捷列夫因梦而得元素周期表。这两个梦并不是偶然的。

他们善于独立思考，冥思苦想，才会梦其所思。更重要的是，他们在捕捉到灵感之后，以严肃的科学态度进行多方面的分析和完善。梦只会给一个模糊的启示，事后需要更多的数据分析和逻辑推理。凯库勒的双键、单键交替和振荡模型，门捷列夫对于空缺元素的预言，这些都是在梦醒之后，经过长时间的科学思考才得到的。

凯库勒说：“我们应该会做梦……那么我们就可以发现真理……但不要在清醒的理智检验之前，就宣布我们的梦。”

我们来看他们的时间线：长时间思考，梦中灵感，仔细分析推理，发表成果，最后在功成名就之后回首往事宣布这个梦。

凯库勒1864年做梦，1865年发表论文，1890年在德国化学学会的欢庆“苯环25周年”宴会上，让这个梦成真了。

- 1829 年出生的凯库勒，1864 年梦到蛇时，35 岁。
- 1834 年出生的门捷列夫，1869 年梦到元素周期表时，35 岁。

3

【有机篇】

给化学升维的人

人的思维往往有很大的局限。

凯库勒，这位化学界的“建筑师”在设计有机分子结构的时候，原子们都是“躺平”的，无论是苯环的六边形还是甲烷的十字形，所有的原子都是在一个二维的平面上的。

这种二维平面的结构，在解释乳酸结构时碰到了麻烦。

早在18世纪，舍勒已从酸牛乳中分离出乳酸，它是由乳糖经细菌发酵生成的，所以被称为“发酵乳酸”。

1807年，贝采尼乌斯又从动物肌肉的水提取液中获得另一种乳酸，命名为“肌肉乳酸”。

后来李比希鉴定这两种乳酸具有相同的化学成分，但口感不一样，是不同的物质。显然，李比希又一次遇到了同分异构体。

很神奇的是，这一组同分异构体表现出不一样的旋光性。

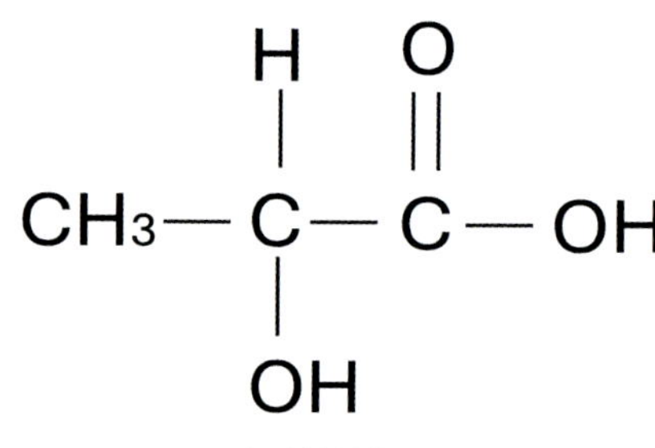

:: 乳酸的结构

什么是旋光性？

光源发出的光波，在垂直于光的传播方向，其振动是对称的、均匀的，各方向振幅相同。这种光称为自然光。如果让自然光通过一个偏振片，就像一种栏栅，只允许平行于栏栅（偏振化）方向的振动通过，同时过滤掉其他方向振动的光，这就是偏振光。

当偏振光通过旋光性物质后，会竖着进来，斜躺着出去，甚至横躺着出去，被旋转了。这两种乳酸的旋转方向不一样。好比一个人进了茶楼，喝了“发酵乳酸”后，向右歪着出来，喝了“肌肉乳酸”后，向左歪着出来。

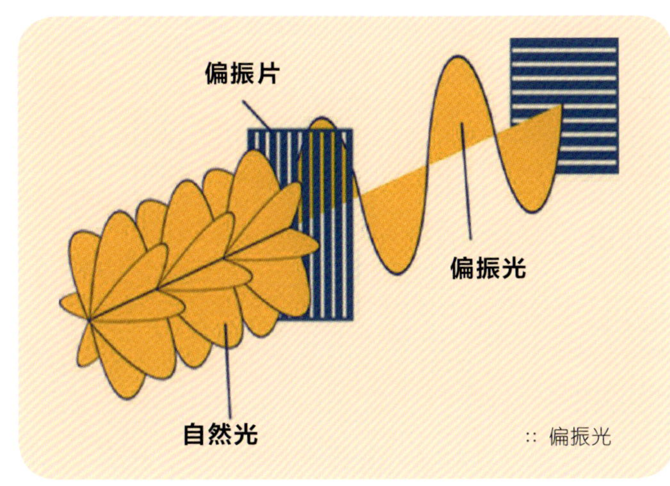

:: 偏振光

是什么神奇的原因造成了对偏振光的不同效果呢？

由于它们的分子式是等同的，由同样的原子组成，那么，造成这种差别的原因只可能是原子在空间的不同排布。

但是，这两种乳酸的结构和排布又是什么样的呢？

凯库勒的学生范特霍夫解决了这个问题。

1852年，范特霍夫出生于荷兰，自小天资聪颖，酷爱数学和化学，对实验抱有极大的兴趣，常常用父母给的零花钱购买实验仪器和药品，进行“化学小实验”活动。

他先在一所工业大学学习，后来转到莱顿大学学习数学和物理学，为将来研究化学打好了基础。然后，他又到波恩大学深造，在凯库勒指导下研究有机物结构理论。

1874年初，在凯库勒的推荐下他到法国巴黎结构化学权威武兹的实验室工作，结识了好友勒贝尔，一起探讨有机物旋光性的问题。

范特霍夫苦思冥想乳酸中的原子排列。

他从较为简单的甲烷着手，研究原子排列情况。甲烷中的碳原子肯定处于中心地位，而氢原子又如何排列呢？

很显然，这4个氢原子是平等的，它们一定是均匀分布在碳原子周围的空间。

如果是在一个平面上的，那么，就如凯库勒画的“十字剑法”，碳在中心，前后左右各1个氢原子。这样的布局在平面上是均匀对称的。

但是，如果它们是在三维空间，那么应该构成一个正四面体结构，碳原子在中心，氢原子在四面体的顶点。而且，可以用初等的立体几何知识，严格推导出氢—碳—氢的夹角是109° 28'。

:: 范特霍夫（1852—1911 年）

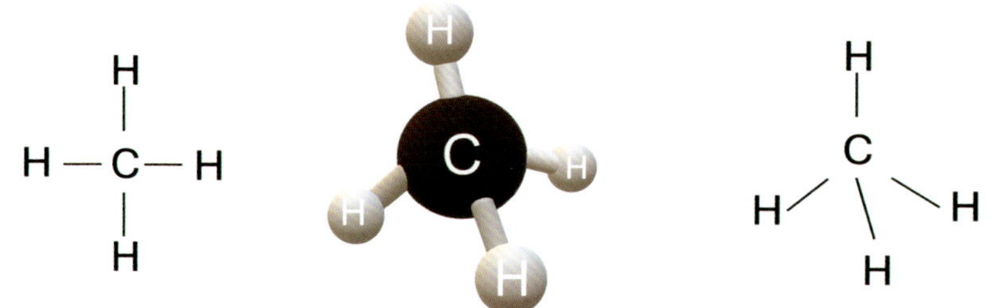

:: 躺平在二维平面上的甲烷结构和站立在三维空间的甲烷结构

从二维走向三维之后，天地一下子宽广起来。他用“四面体”破了当时的“十字剑法”，这与他大学时选修数学和物理打下的基础是分不开的。

他还进一步大胆想象，复杂的乳酸分子可以从简单的甲烷推广得到。如果在甲烷的基础上，把其中3个氢原子替换掉了，分别换成了CH_3、COOH、OH这3个基团，保留第4个氢原子，就成了乳酸！

变甲烷为乳酸，这是范特霍夫再创新招。

:: 甲烷和乳酸的结构比较

这个乳酸分子在三维空间中有2种不同的排列方式，它们互为镜像，就像你的左手和右手一样！这种互为镜像的分子，它们的空间结构造成了一种神奇的效果，一个使偏振光右旋，另一个使偏振光左旋。

旋光性是由分子在三维空间结构上的不同排列造成的。范特霍夫揭开了旋光性的秘密。

范特霍夫的论文发表后不到2个月，他的同学勒贝尔也独立发表了具有相同观点的论文《有机化合物的结构和旋光性的关系》。

范特霍夫和勒贝尔的立体化学在化学界引起了巨大反响。

从凯库勒的平面结构到范特霍夫四面体，有机化学从二维空间飞跃到三维空间。范特霍夫的论文在篇幅上虽然只有11页，但就其广度、深度和高度来看，具有划时代的意义。当时的范特霍夫年仅22岁！

1877年后，范特霍夫的研究方向转向了物理化学，着重研究了化学平衡、溶液渗透压理论等前沿问题，他与阿伦尼乌斯、奥斯特瓦尔德合称“物理化学三剑客”，开创了物理化学的新门派。

一个人参与建立两大门派：立体化学和物理化学，范特霍夫能够荣获1901年第一届诺贝尔化学奖，是当之无愧、实至名归的。

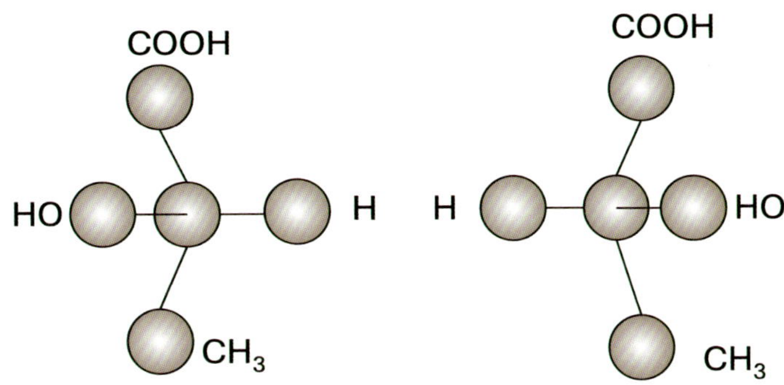

:: 乳酸的立体结构和镜像对称

升维的思考

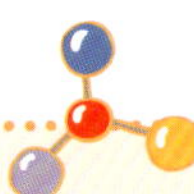

某某某： 人之所以陷入困境，大多是因为困在自己已有的知识体系内无法超越，解决的办法就是升级自己的思维。

凯库勒： 化学分子不是在一维上将原子连成线，而是在二维平面上构成的。这是我的升维！

范特霍夫： 化学分子不是在二维平面上平躺，而是在三维空间挺立。这是我的升维！

苏轼： 不识庐山真面目，只缘身在此山中。必须升维！

王之涣： 欲穷千里目，更上一层楼。准备升维！

杜甫： 会当凌绝顶，一览众山小。一起升维！

王安石： 不畏浮云遮望眼，自缘身在最高层。已经升维！

【有机篇】

镜子内外的世界

从前有一个魔鬼，做出了一面颠倒黑白的镜子。美丽的东西在这镜子前一照，就变成人人厌恶的东西；丑陋的东西一照，就变成人人趋之若鹜的东西。魔鬼提着镜子招摇过市，结果强盗变成了英雄，丑蛤蟆当上国王，良知之士进了监狱，阿谀奉承之徒高居庙堂……世界就让这个魔鬼给歪曲了。

这是安徒生童话《冰雪女王》讲的故事，镜中的世界和真实的世界正好相反。

在化学世界，也有“照镜子”这样的情况存在。有没有想起上一章范特霍夫研究的乳酸分子的立体结构？乳酸分子的同分异构体，互为镜像，但是结构不同，称为对映异构体。

这在科学上有个术语——手性。如果一件物体的镜像，和它自身不同，无法与原物体重合，就叫手性。实物和镜像之间，就像左手和右手，既对称，又不同。

范特霍夫研究的“发酵乳酸”和“肌肉乳酸”，这两种对映异构体仅仅是不同的乳酸，本身并没有危害。但是，对映异构体很可能在生理、药理活性上天差地别，甚至像安徒生童话里说的“善良变罪犯”。

20世纪60年代，著名的“反应停事件”便是这样一个悲惨的故事。

1953年，瑞士诺华制药合成了沙利度胺“反应停”，能够缓解孕妇的妊娠反应，镇静作用很不错。4年后，被投入欧洲市场。

1960年，人们发现欧洲地区的新生儿畸形比率异常升高。有1万多的畸形婴儿没有臂与腿，或是手和脚连在身体上，如同海豹的肢体，因此被称作“海豹畸形儿”。

这到底是怎么回事呢？

一年后，澳大利亚产科医生麦克布里德发表论文，指出“反应停”是造成婴儿畸形的元凶：“反应停”具有典型的手性特征，它的两种对映异构体具有相同的分子式，却有截然不同的作用，右旋的异构体可以镇静，左旋的异构体造成畸形。

类似的药物还有普萘洛尔，左旋异构体用于治疗心脏病，而右旋异构体用于男性避孕。如果不知道这一点，治心脏病会治成“绝后”。

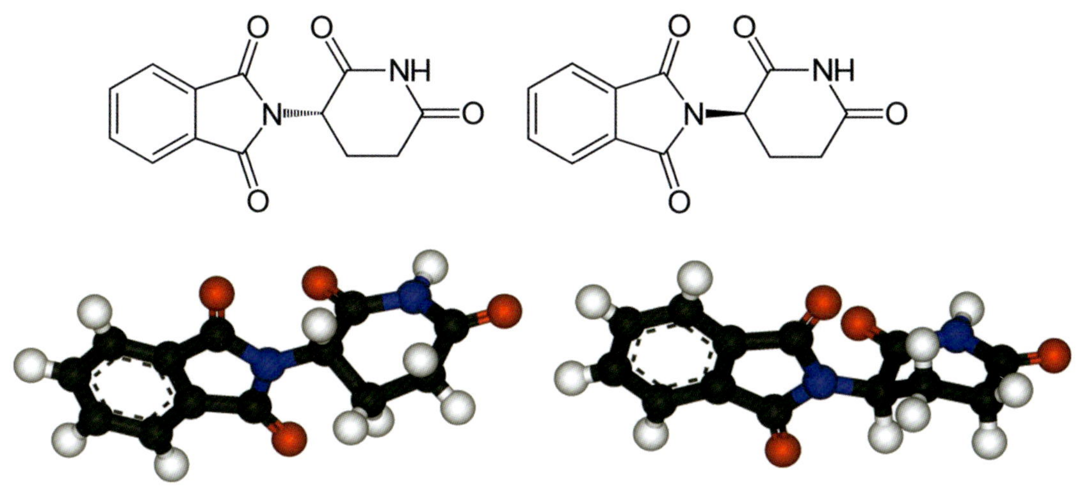

:: “反应停”药物的两个对映异构体，最右边六边形环上有 3 个白球氢分子，上下是颠倒的

经过“反应停”事件后，药物的研究和生产极为重视手性。化学反应的生成物质会有两种或多种对映异构体，我们必须确定哪一种对映异构体才是起作用的，并保证进入市场的药物产品中，只有有效的那种异构体。1992 年，美国 FDA 立法禁止手性药物以两种对映异构体的混合物形式出售。

美国科学家诺尔斯、夏普莱斯和日本科学家野依良治，研究通过手性催化剂，促进单一异构体药物的合成。他们因为在这个领域的突破性进展，获得了 2001 年的诺贝尔化学奖。

除了药物之外，我们来看生物体内的氨基酸。

人们发现人体蛋白质中存在 20 种氨基酸：甘氨酸、丙氨酸……谷氨酸、赖氨酸、精氨酸和组氨酸。

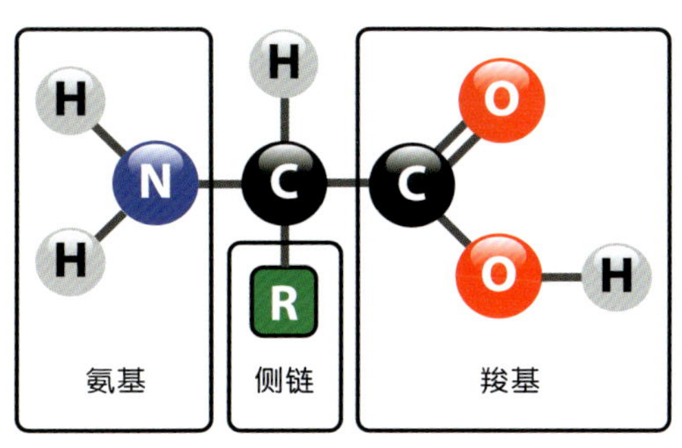

:: 氨基酸结构通式

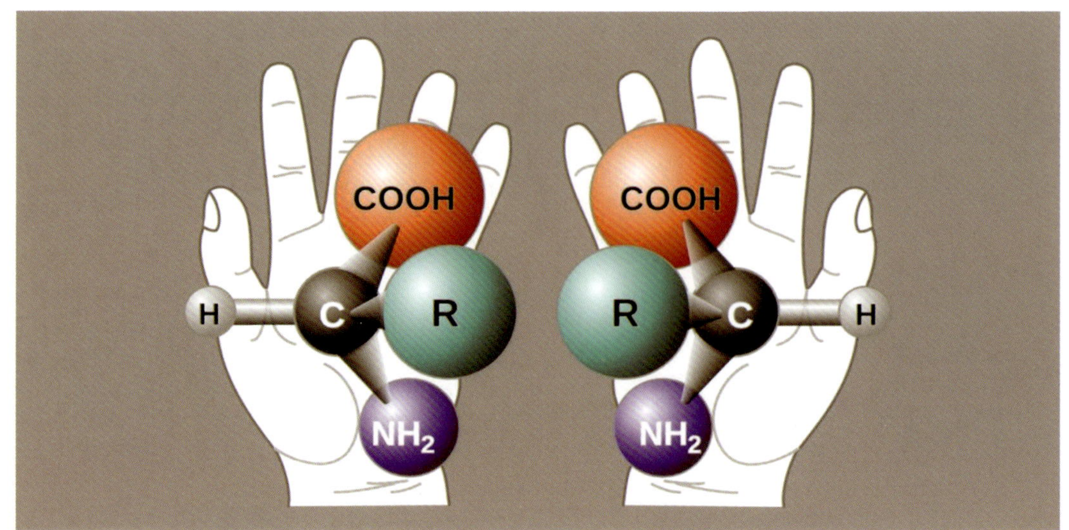

:: 左型氨基酸和右型氨基酸

这些氨基酸都是由四部分组成：中间是碳氢（CH），左边是碱性的氨基（NH_2），右边是酸性的羧基（COOH），旁边还有一个侧链R。20个氨基酸不同的只是这个侧链R。

按照范特霍夫的立体分子模型，如果把氨基酸的立体结构画出来，我们会发现它们都是以“碳氢”里的碳原子为中心，构成一个四面体。伸出你的左手，把氨基酸四面体放在掌上，“氢扣拇指羧向前，侧链朝上氨在腕”。我们把这种空间立体结构的氨基酸，称为“左型氨基酸”。

它的镜像结构，是一种对映异构体，正好可以放在右手上，称为“右型氨基酸”。

下面重点来了：地球上所有的生命中所含的氨基酸都是“左型氨基酸”！

为什么地球生命会偏好“左型氨基酸”？“右型氨基酸”在地球上出现过吗?

科学家曾对陨石中的氨基酸进行分析，发现氨基酸的2种异构体都存在。不过“左型氨基酸”比“右型氨基酸”多出40%左右。迄今为止，人们还没有在陨石中发现右型比左型多的情况。这说明宇宙中天然形成的氨基酸就是左型异构体更占优势。或许是自然界存在的一些机制，选择性地破坏右型的异构体。

有科学家认为，生命可能来自“左型氨基酸“，也可能来自“右型氨基酸”，但不能同时出现。没有什么可以阻止生命从“右型氨基酸”发展而来，只是碰巧在我们的星球上，“左型氨基酸”中了“大奖”。

也有科学家认为选择左型的根源可能与天体物理学相关。既然异构分子的旋光性不同，那么，是不是反过来也成立呢？会不会是不同的光，造成了不同的分子结构呢？

如果选择了“右手”，会不会就是安徒生童话中的镜子世界？

关于“手性”的科幻

甲： 如果创造出一种“右型氨基酸”的藻类，它们能生存下来，又因为其他正常生物不会食用它们，没有了天敌，它们会不会在地球上泛滥？

乙： 如果某人在一场事故中变成了“镜像人”—— 体内是“右型氨基酸”，无法食用地球上的正常食物，他该怎么生存下去？

丙： 会不会地球和人类是某个试验场？会不会在宇宙另一个地方还存在另一个“右型氨基酸”的试验场。试验者是想看“左手”和“右手”哪一个进化得更好吗？或许还有一个试验场，里面左右各一半。

【有机篇】

油腻者的自白

我叫脂。

其实，我的组成无非是常见的碳氢氧三种元素。为什么会成为油腻的代称呢？我也不解。

你看，糖又宽又胖，不管是五碳糖还是六碳糖，碳原子围成一圈，身材都是横着长的。

而我呢，所有的碳连成一条链，细长细长的，像一条天龙（也叫蜈蚣），两排脚是氢原子。这样的身材只能用一个词来形容，就是苗条！

我头上有两个触角，一个短的触角上是双键，接一个氧原子，很结实；另一个长的触角是单键，接氢氧原子——这个单键的长触角是我的弱点，我常因“贪吃”而断裂。这个双触角的结构羧基叫（–COOH），在氨基酸中也存在。

我们“天龙长链”家族中分成两支。

一支叫饱和脂肪酸，中间的碳都是通过单键相连的，天龙的脚密密麻麻，不留空隙。它们占据了猪肉、香肠和牛奶。

另一支叫不饱和脂肪酸，中间的碳链偶尔有双键，有时一个双键，有时多个双键。每个双键的位置上，会缺两只脚，少了两个氢原子。它们占据了鱼和植物油。

我觉得，应该把这两个分支叫“健足”分支和“跛足”分支，才名副其实。化学家们习惯于把不饱和脂肪酸画成“拐脚”，和我的想法不谋而合，“油腻者”所见略同。

对于“吃货”而言，这两个分支的区别仅凭口感即可知道。不饱和脂肪酸会油，饱和脂肪酸会腻。

虽然肥肉中的脂肪酸是饱和的，但是，如果经过长时间的文火焐炖，肉的营养结构会发生很大变化，饱和脂肪酸降低40%~50%，而有益的不饱和脂肪酸大大增加。肉，变得油而不腻了。

不管是哪一个分支，我们都是非极性分子，对外表现出平和、不偏激，不带极性。

当我们和水相遇的时候，有趣的事发生了。

水分子是有极性的，水家族的这个秘密很多人不知道。在看似和谐稳定的水分子家庭中，独生子氧原子个子大，要占点便宜；而孪生的两个氢原子姐妹个子小，要吃点亏。所以，电子云要偏

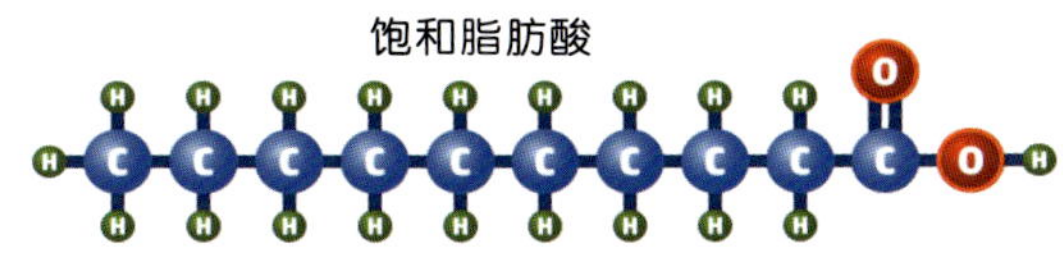

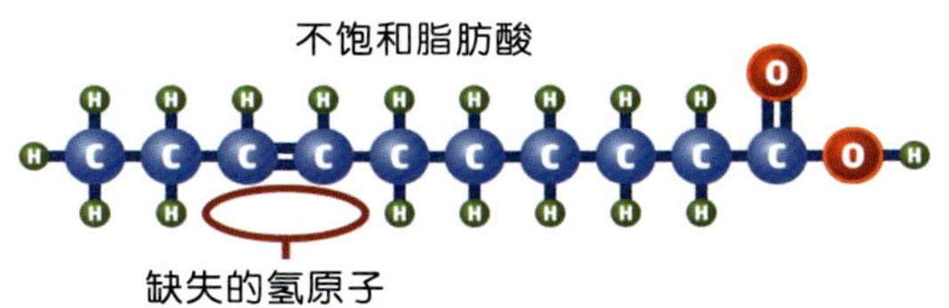

向氧原子。造成的结果是，水分子的氢原子是带正电的；而氧原子是带负电的。根据同性相斥、异性相吸的原理，当几个水分子碰到一起的时候，一个水分子中的氧原子会去亲近另一个水分子的氢原子。水分子之间的这种相互作用被称为氢键。

当脂类碰到水，非极性的家族不带正负极性，无法和水分子形成氢键，所以，会受到极性水家族的排斥——所谓油水不相容。

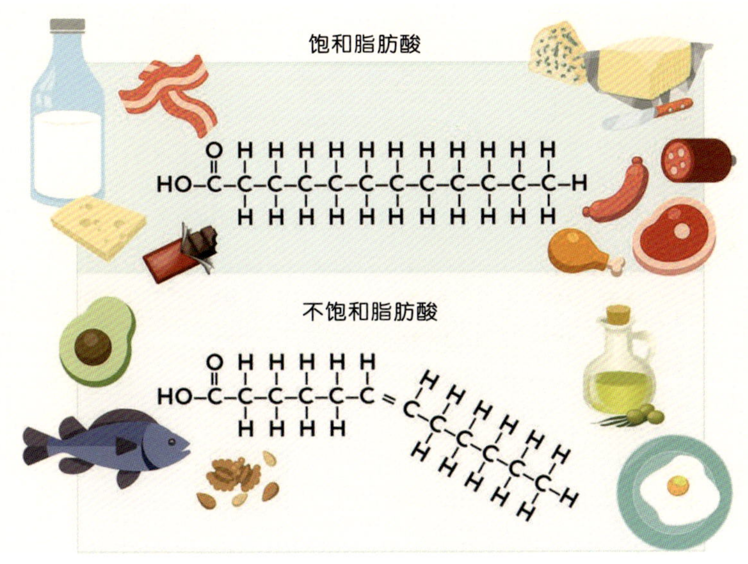

:: 饱和脂肪酸和不饱和脂肪酸

科学家把“油腻家族”的这个特性叫作疏水性。脂类在水里会自己聚成一团。如果你在水中滴一滴油，就能明白疏水性是什么样子了。

当脂肪酸遇到甘油，另一件奇妙的事发生了。

甘油，谁都认得它：无色、无臭，是带有甜味的黏稠油状的液体。甘，就是甜味，这与它的分子结构有关系。

在化学上，由一个氢原子与一个氧原子手拉着手结成的基团——OH，叫作羟基。葡萄糖分子

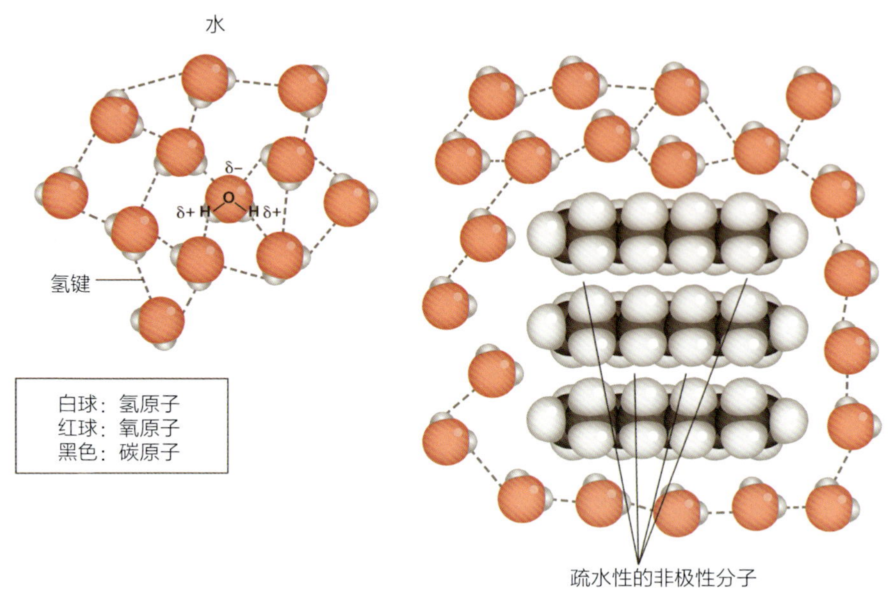

:: 当水遇上油

里有5个羟基，而甘油分子里含有3个羟基，所以都带有甜味。一个分子里所含的羟基越多，它就越甜。

甘油的分子式是$C_3H_8O_3$，看它的结构，就像一个衣架，衣架上有3个“钩子”，每个“钩子”就是一个羟基。

这个带有甜味的“钩子”是诱饵，对脂肪酸有很大的吸引力。脂肪酸碰到它，就会有3个“急先锋”跑上前亲近。然后，长触角上的氢氧和甘油上的氢结合，成为水分子。这就叫脱水缩合，脱掉一份水，缩合在一起。说穿了，全是“贪嘴”惹的祸，身子挂甘油上了，触角也断了。

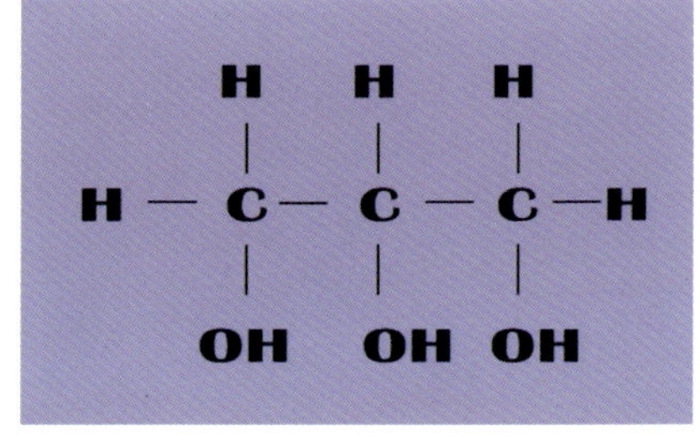

:: 甘油分子的结构

就这样，3个脂肪酸脱去3个水分子之后，一个全新的分子产生了——甘油三酯，“一油挂三脂”。这就是脂肪，你体内储量最大和产能最多的能源物质，同时，也起着保护器官和保暖的作用。你看看海豹那一身肥，就能明白为啥它能抵御寒冷了。

我们平时所说的肥胖，就是储存的甘油三酯太多了。那怎么减少油腻呢？无非是“管住嘴，迈开腿”，燃烧掉多余的脂肪和能量。动起来，跳起来，唱起来，“如果你是一只火鸟，我一定是那火苗，把你燃烧，把你燃烧”。

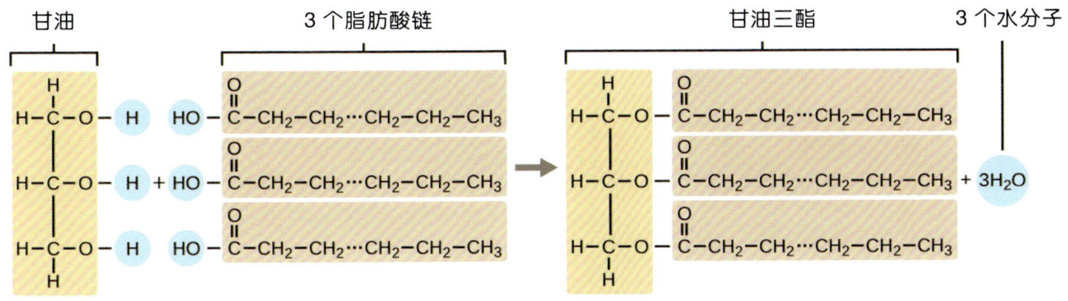

:: 甘油三酯的形成（脱水缩合）

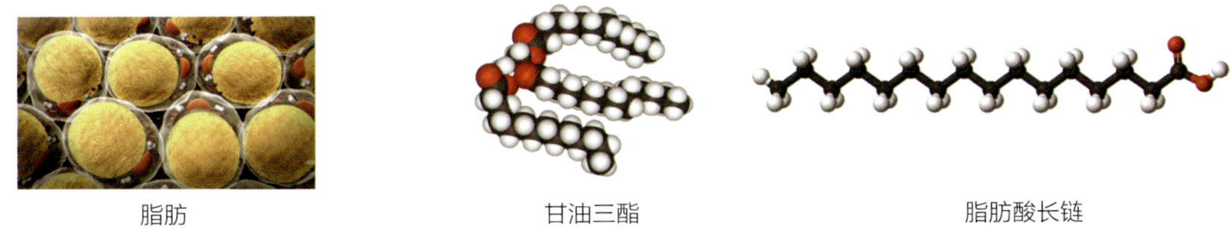

:: 从脂肪到甘油三酯再到脂肪酸的层层显微结构

接下来，让我们再次见证一个奇迹。当脂肪酸、甘油和磷酸盐，三者相遇时，会发生什么呢?

脱水缩合再次起神效。甘油的3个羟基“钩子”，勾引2个脂肪酸和1个磷酸盐，脱掉3个水分子，形成了一个新奇的化合物——磷脂，头部是磷酸盐，尾部是2个脂肪酸链条，中间是甘油。

这个磷脂有一个神奇的特征。它的头部磷酸盐是有极性的，所以，和水很合得来，这叫作亲水性，正好和尾部的疏水性相反。

当水中很多磷脂在一起的时候，它们会自动排成两列，亲水的头朝外对着水，疏水的尾巴朝内避开水。好像两排士兵，背靠背，脸朝外。这就形成了双层膜。这种结构，在水中自然而然就形成了。

生物演化过程中，这种双层膜就被生物遗传了下来。我们体内的细胞膜，都是这种磷脂双层膜。磷脂双层膜是自然界中最重要的自组装结构之一。

有了细胞膜，才开始有了最初的生命。而后，逐渐形成多细胞生物。

如果你在书上看到脂质体这三个字，不要以为在说某个人的体质容易油腻发胖。它是一个专业术语，是科学家利用磷脂双层而发明的一种人工膜。

科学家将磷脂放入水中，然后用电镜观察。磷脂分散在水中，由于磷脂“亲疏”的作用，疏

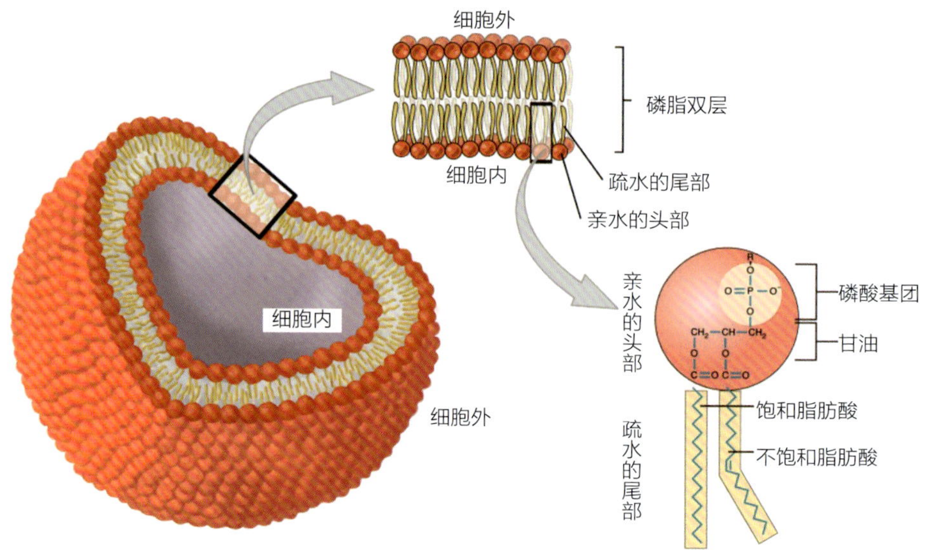

:: 磷脂的亲水头部、疏水尾部和双层结构

水尾部倾向于聚集在一起，避开水，而亲水头部暴露在水中。最后，形成具有双分子层结构的封闭囊泡，双分子层厚度约为4 nm。他们把这种具有类似生物膜结构的双层分子小囊称为脂质体。科学家利用脂质体可以和细胞膜融合的特点，将药物送入细胞内部。

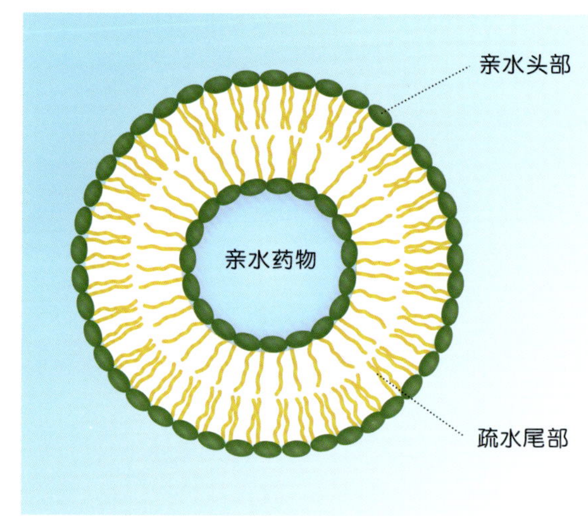

:: 脂质体输送药物

看到这里，你对脂肪的印象除了油腻之外，是不是另有一番观感？油腻，只是在甘油三酯过多的情况下才发生。实际上，人的每一个细胞中，都有脂肪的存在。

虽然脂肪油，但是它很温柔，你身体里每一个细胞的边界有脂肪在守护。

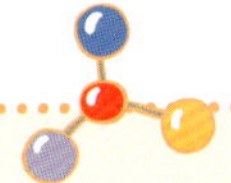

My name is Bond，Hydrogen Bond

我们平时在河流、小溪里看到的水，冲泡茶的水，都是液态的，里面的水分子都是三五成群，通过氢键结合在一起。

当我们把水加热到100 ℃时，水分子们获得大量的热能，到处乱跑乱撞，氢键没办法把它们束缚在一起了，这就是水蒸气。

氢键相当于两个人手拉手，可以拉，也可以分，由环境决定，因环境变化。

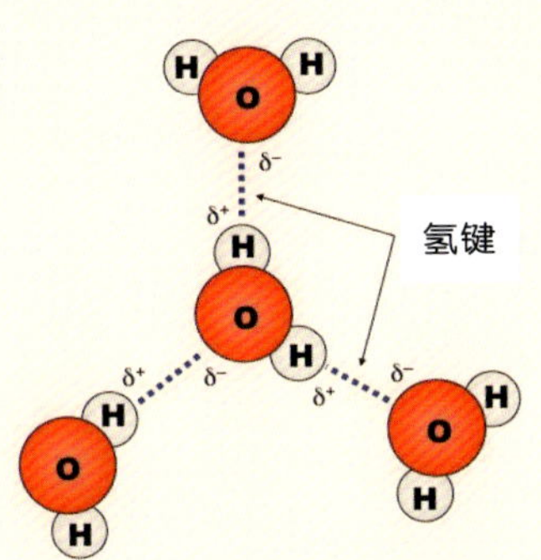

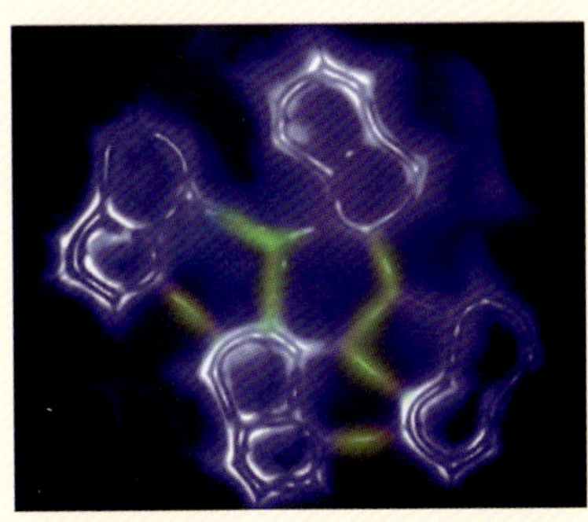

:: 氢键原理和照片（δ+、δ- 表示正负电极性）

2013年，中国科学院国家纳米科学中心的裘晓辉研究员课题组在《科学》杂志上发表论文，他们利用原子力显微镜技术，观测到氢键，在国际上首次实现了分子间作用的直接成像。分子间氢键的“照片”被同年的《自然》杂志评为年度最震撼的图片之一。

除了水分子之间存在氢键，氨基酸长链缠绕成蛋白质离不开氢键，DNA双螺旋结构中的横梯子通过氢键将碱基配对。如果没有氢键，也就没有了液态的水，没有生物体的蛋白质，没有将生命基因一代代遗传的DNA。

氢键让分子手拉手，正如一首英文歌所唱的：

Hand in hand we stand　我们手拉手站着

All across the land　横跨大地

We can make this world a better place in which to live　我们可以让这个世界变得更美好

6

【有机篇】

生活不仅仅是糖

对于很多科学家来说，获得诺贝尔奖是事业的顶峰，也是一生最高的成就。而有一位化学家，他在获得诺贝尔奖之后，在多个领域以一己之力做出了开创性的研究。

:: 费歇尔（1852—1919 年）

这位科学家叫费歇尔，他是范特霍夫的师弟，在1902年获得了第二届的诺贝尔化学奖，是凯库勒门下的第二个诺贝尔奖。

1852年，费歇尔出生于德国。他父亲是个富有商人，经营葡萄酒、啤酒、染坊、毛纺、水泥、钢铁等企业。缺乏化学知识，是他父亲最大的遗憾：如果家里有一个懂化学的，该多好啊！什么酿酒、染色、炼钢的困难都能解决。父亲的这一想法给少年的费歇尔留下了深刻印象，他暗下决心，将来一定要做一个化学家，至少帮家里开好染坊。

费歇尔以第一名的成绩从中学毕业，进入波恩大学化学系，而化学教授就是著名的凯库勒。凯库勒的讲课水平很高，深得学生爱戴。但是，学校的化学实验室却非常简陋，连天平都不够准确。费歇尔是从小就立志做化学实验的，而不是搞纯理论。所以，在波恩大学学习了一年之后，他转学到斯特拉斯堡大学。因为那里有他的师兄贝耶尔，贝耶尔的实验手段非常高明，还专门研究曙红、靛蓝等有机染料。染料，这可是费歇尔从小就听父亲叨叨的高深化学啊！

在贝耶尔的指导下，费歇尔不仅全面掌握了化学的基础知识，还经历了化学实验技巧的严格训练。

费歇尔在22岁的时候，成为斯特拉斯堡大学历史上最年轻的博士，并收获了一生中第一个重大的发现——苯肼（jǐng）。这是一种新的有机物，在凯库勒的苯环的一个角上连接了两个氨。

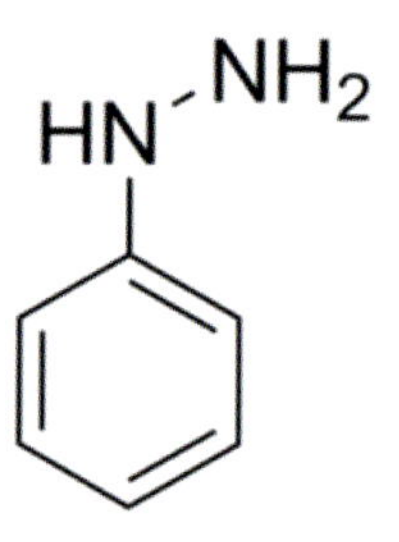

:: 苯肼

苯肼，这一极为有用的化合物，是合成染料、药物的重要原料，也是糖的优良试剂，成了费歇尔研究有机化学的有力武器，对他整个科学生涯具有重要影响。

生物体中有四大类有机物：核酸（其中重要成分是嘌呤和嘧啶）、糖、蛋白质和脂肪。费歇尔一人在前三个领域完成了开拓性的工作。

1882—1906年，他花了24年的时间研究嘌呤。他发现，植物中的腺嘌呤、黄嘌呤、咖啡因，以及动物排泄物中的尿酸和鸟嘌呤，这些当时鲜为人知的各种物质，都属于同一个家族，并且可以彼此衍生。他在1898年成功合成人工嘌呤。

1884年，费歇尔开始了糖的研究。

我们生活中司空见惯的糖，里面仅有三种元素碳、氢、氧，概莫如是，也叫碳水化合物。

当时，科学家知道有四种单糖（葡萄糖、果糖、半乳糖、山梨糖），它们的分子式都是$C_6H_{12}O_6$，都有羟基（$-OH$），也都有6个碳原子，所以称为六碳糖，也叫己糖（天干中“甲乙丙丁戊己”的己）。

当两个糖分子相遇，它们的羟基会结合，发生脱水缩合，脱去一个水分子，变成双糖，分子式为$C_{12}H_{22}O_{11}$。蔗糖、乳糖和麦芽糖都是双糖，由不同的单糖组合而成。

我们平时吃的米饭，里面的淀粉就是由一个个葡萄糖分子串联排列起来的。如果你多咀嚼一会儿，消化酶会把淀粉分解成糖，你会尝到丝丝甜味。

糖为什么会让你产生甜的味觉？有内外两个因素在起作用：

外因是甜味物质的化学结构。对单糖来说，甜味来源于结构中羟基的数目。只有1个羟基是不

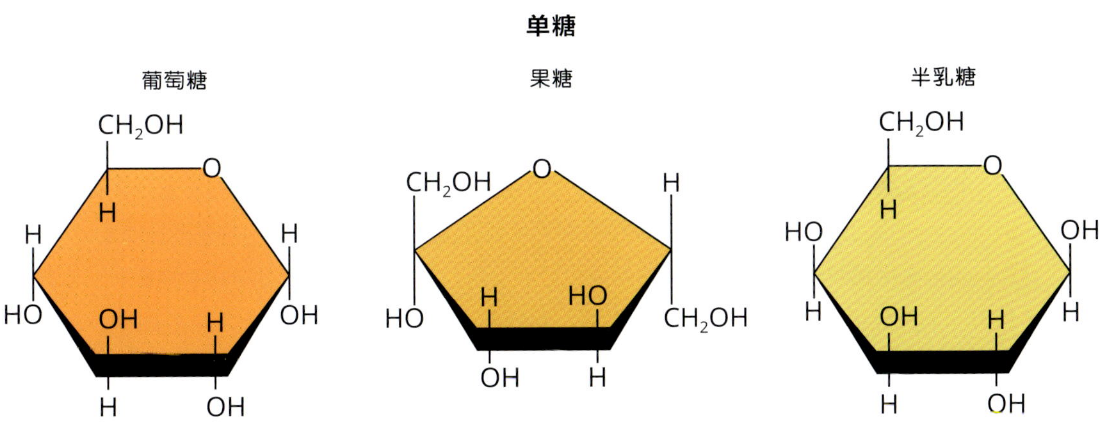

:: 葡萄糖、果糖和半乳糖分子的结构

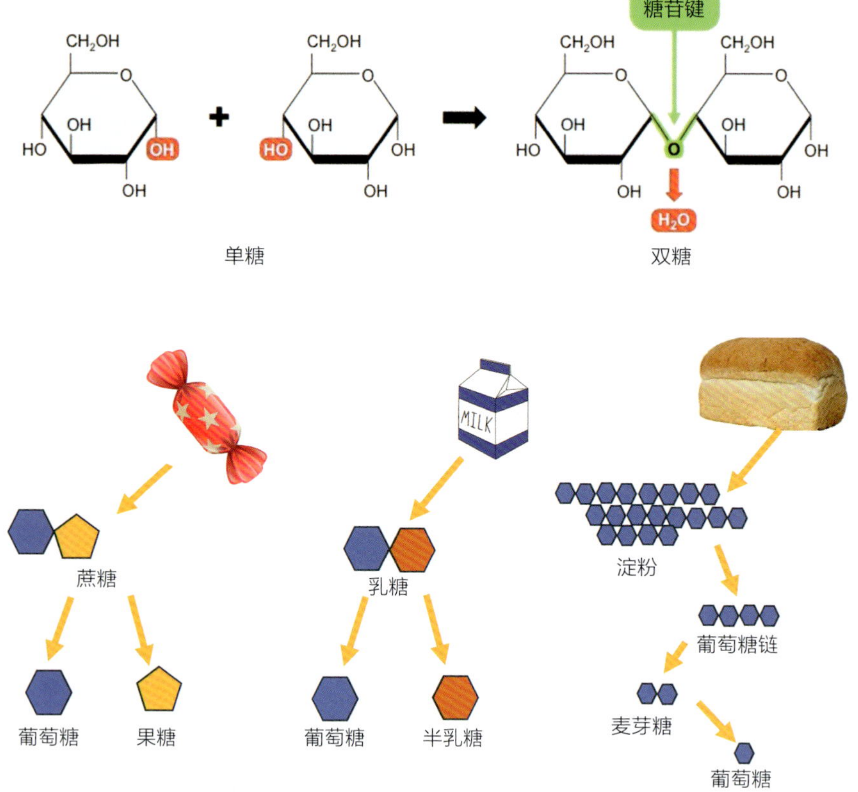

:: 单糖→双糖→糖链和淀粉

甜的，3个以上就略有甜味（比如甘油），羟基越多则越甜。葡萄糖、果糖分子都有5个羟基。

内因是人和动物舌头上有甜味接受器官。人的舌头上密密麻麻地布满50多万个味觉细胞，每10~50个味觉细胞组成花蕊状的味蕾，味觉感受器就长在味蕾的尖端小孔内。当味蕾感受器碰触到羟基时，检测通过，产生脉冲，并由神经传导到大脑，大脑得到信号触发一种叫作甜味的感觉。这种让人愉悦享受的甜味感觉，在生物长期演化过程中形成并遗传了下来。人和猩猩、猴子、老鼠等动物舌头上有甜味接受器，所以有甜味感觉。像鲸鱼、鸡、猪等动物的舌尖，没有甜味接受器，所以，即使给它们喂最甜的食物，它们也感觉不到甜味。西谚有云：Don't cast pearls before swine.（不要在猪面前丢珍珠，或不要对牛弹琴。）学过这一章，你也可以说：Don't cast sugars before swine.（不要在猪面前扔糖。）

当你把糖放进水里，糖会溶化。这是什么原因呢？极性水分子的氧原子附近带有负电，而糖的

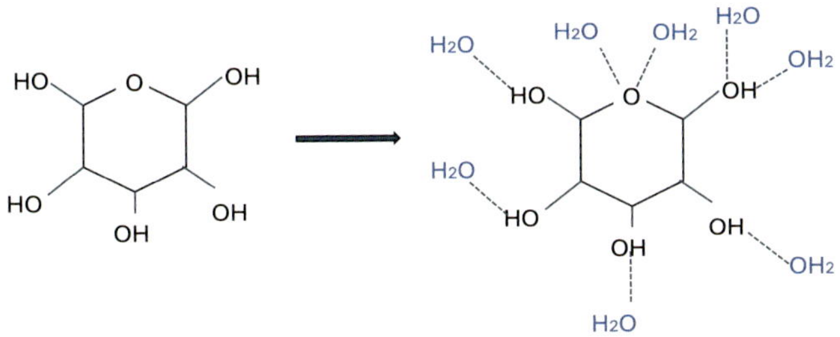

:: 糖溶于水的秘密在于氢键

羟基氢原子附近带有正电，它们之间相互吸引，形成氢键。所以，水分子会围在糖分子的四周，这样一来，糖分子原先的晶体结构就被破坏了。看来羟基的甜味不仅让人喜欢，连水都喜欢。

费歇尔发现糖也有立体化学性质和异构体，他把师兄范特霍夫的立体化学理论发扬光大后，发现了左旋糖和右旋糖。我们平时吃的葡萄糖，是右旋的。

他在糖方面最大的成功是在1890年从甘油开始合成葡萄糖、果糖和甘露糖。现在已知的16种己醛糖（六碳糖的一个类型）中，有12个是他一个人合成得到的。他是名副其实的“糖爸爸”——“糖化学之父”。

费歇尔从一个“家里有矿”的少东家、一个想染出漂亮衣料的少年，因为从小的爱好和家族的

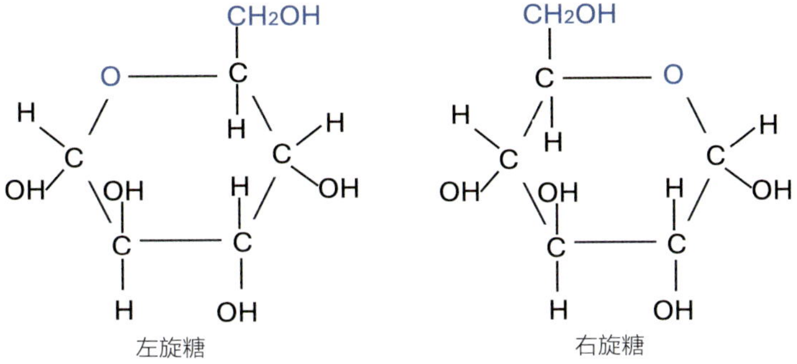

左旋糖

右旋糖

:: 左旋葡萄糖和右旋葡萄糖

厚望，一路走来，40岁的时候，他成为柏林大学化学系的教授，50岁的时候，获得了诺贝尔化学奖。他的学生中，有4位获得了诺贝尔奖。无论与哪一位科学家相比，他在事业上无疑都是成功的。

苯肼是费歇尔的至爱，然而带给他的并不全是福分。苯肼是一种有毒物质。多年与苯肼接触，严重损害了费歇尔的健康，肺炎、消化不良、支气管炎、失眠、喉炎等不断折磨着他。第一次世界

大战又给他带来无尽的伤痛，两个儿子死于非命——时代的一粒灰，落在个人头上，就是一座山，即使是费歇尔这样站在科学巅峰的科学家也无法承受。战争，是整个时代的不幸。

1919年7月初，他被确诊为肠癌。1919年7月15日，不堪忍受病痛的折磨，一代科学伟人费歇尔在柏林自己的寓所里服下氢氰酸自杀身亡，终年67岁。

每个人都有自己的幸与不幸。很多时候，科学并不能解决人生的难题。

爱吃不胖的“左旋糖”

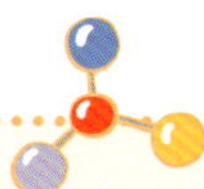

糖，也有同分异构体，有“左右之分”。我们平时吃的糖，是“右旋糖”。我们身体里的消化机制也只能消化吸收“右旋糖”。

由于食用太多糖会带来健康问题（肥胖、糖尿病等），我们可以开发出“左旋糖”，尝起来就像葡萄糖，这既能满足吃货的嘴馋，又不用担心健康的问题。多好啊！

这是很好的设想，逻辑上完美。但是，“左旋糖”会很贵，现在还没有开发出低成本的工业流程来生产。

或许未来咖啡馆里有一种“凡尔赛”是这样的：来一杯咖啡，加糖，左旋的！

【有机篇】

生命的积木

费歇尔因为嘌呤和糖类的研究而获得1902年的诺贝尔化学奖，之后他再接再厉在氨基酸和蛋白质方面做出了开拓性的成果。

之前说过氨基酸由四部分组成：中间是碳氢的骨干（CH），一边是碱性的氨基（NH_2），另一边是酸性的羧基（COOH），旁边还有一个侧链R。羧基（COOH）就是在脂肪酸中说到的两个触角。

当一个氨基酸的左手拉着另一个氨基酸的右手，会发生脱水缩合反应，失去一个水分子，就能形成一个二肽链。两个氨基酸之间的化学键叫作“肽键”。

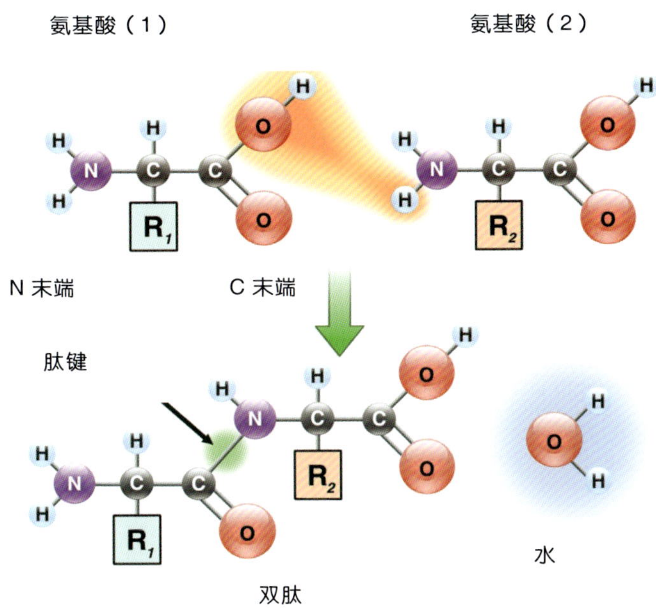

:: 两个氨基酸脱水缩合：通过肽链合成二肽，以共价键结合成一个大分子，同时失去一个水分子

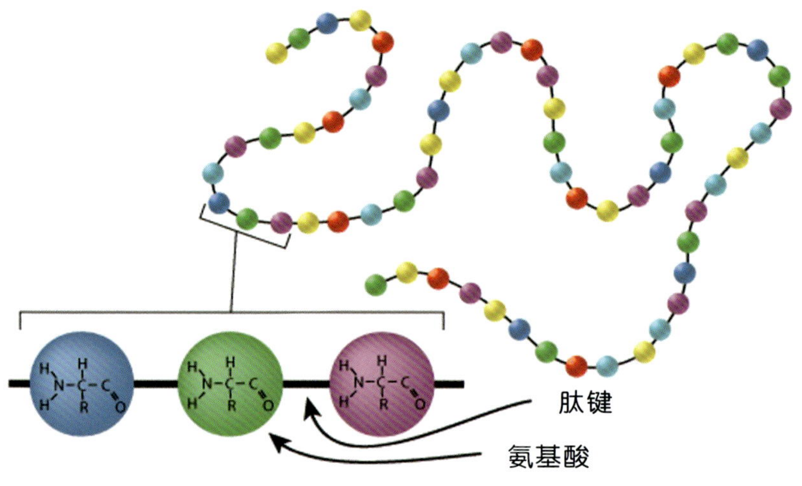

:: 氨基酸合成多肽链

当n个氨基酸排成队，相邻之间左手握右手，失去$n-1$个水分子，就形成了多肽，组成了蛋白质的一级结构。

这个一级结构的一端是氨基，一端是羧基，分别称为N端和C端。好比是一群小朋友手拉着手站成一排。两端的小朋友一个是小N、一个是小C，小N左手空着，“左手好闲”；小C右手空着，“右手好闲”。

这就是费歇尔的蛋白质多肽结构学说“有羧有碱氨基酸，中和脱水串成链”，两个氨基酸可以通过肽键连接起来，结合成二肽，三个氨基酸分子结合成三肽，多个氨基酸分子结合成多肽。当许多氨基酸以肽键结合而形成长链高分子化合物，就是蛋白质！

这是一个非常了不起的发现。蛋白质这样复杂的生物化合物，被他化繁为简，找到了搭建的基本模块——氨基酸，以及搭建的方法——肽键。

随后，他合成了100多种多肽化合物，由简单到复杂，开始只采用同一种氨基酸让肽链逐步增长。后来采用多种不同氨基酸组成长链。1907年，他成功制取了由18种氨基酸分子组成的多肽，成为当时的重要科学新闻。

到目前为止，科学家在自然界中已经鉴定出大约500种氨基酸，但是只有22种氨基酸组成了生物的蛋白质（常见20种）。这些氨基酸“积木”，搭建出10万种不同的蛋白质，构成了丰富多彩的生命。

那么，细细长长的氨基酸长链是如何缠绕折叠成一个个立体结构呢？

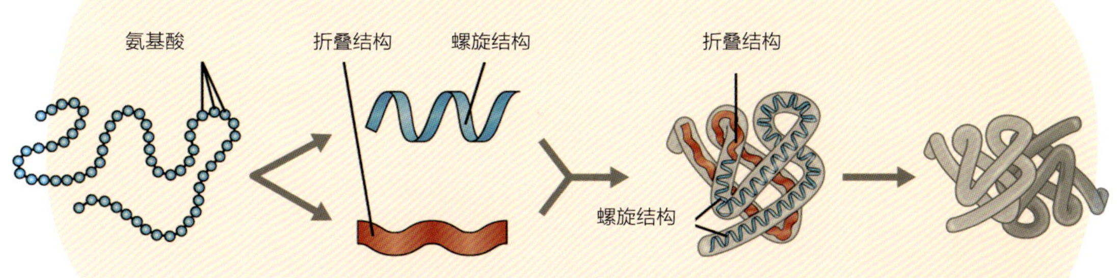

:: 蛋白质的多级结构

它们先是连成一条氨基酸链，而后螺旋和折叠，再盘绕成三级结构的亚基，最后多个亚基合成四级结构的蛋白质。

蛋白质分子折叠方式变幻无穷，只有当我们知道蛋白质如何折叠时，才能深入了解蛋白质的作用。这便是分子生物学中的蛋白质折叠问题，科学家研究了半个多世纪。

2020年11月底，谷歌公司Deepmind的AlphaGo战胜了人类围棋冠军之后，再次利用人工智能系统AlphaFold在蛋白质折叠问题上实现了突破。AlphaFold 通过蛋白质数据库中的1.7万个蛋白质结构，来训练机器学习的算法，变得功能非常强大。AlphaFold根据氨基酸序列来预测蛋白质结构，平均误差约为0.16nm，相当于一个原子的宽度。计算机、人工智能和生物技术交织在一起，描绘出一幅“壮丽”的篇章。

关于氨基酸的作用还有许多悬而未决的问题。

为什么地球上的生命会选择这20多种特定的氨基酸来构成蛋白质?

它们是不是还可以选择其他氨基酸?

如果一个星球的环境完全不同，外星生命会不会使用一组不同的氨基酸来构成蛋白质?

这些都是天体生物学中悬而未决的问题。我们暂且把这些问题留给科学家吧。

接下来看看你的体内此时此刻正不断发生的事情：午餐时吃下的水煮鱼片和麻婆豆腐中的蛋白质被消化酶分解成一个个氨基酸，它们为你呼吸、凝视、思考、奔走，提供所需要的能量，并在一定的指令下盘绕、折叠而转化成你身体的一部分。你的血液，你的头发，你的肌肉，这些身体的器官都是由蛋白质构成的。

在你的体内，味蕾的更新周期为10天，肺部表面细胞的更新周期为2~3周，皮肤的更新周期为28天，红血球的更新周期为4个月，它们的新元素都来自你吃进的食物和吸入的氧气。

但是，大脑的更新周期与寿命相同。

我们应该感恩这一点。当10年后我们再次相见，虽然血液、肌肤已不再是旧日的样子，但是，记忆里仍能闪回往日的时光。

22种氨基酸的忆江南

早期科学家发现，常见的组成人体蛋白质的氨基酸有20种：

甘氨酸、丙氨酸、缬氨酸、亮氨酸、异亮氨酸、甲硫氨酸（蛋氨酸）、脯氨酸、色氨酸、丝氨酸、酪氨酸、半胱氨酸、苯丙氨酸、天冬氨酸、天冬酰胺、谷氨酸、谷氨酰胺、赖氨酸、苏氨酸、精氨酸和组氨酸。

近年发现第21种氨基酸——硒代半胱氨酸，在某种情况下也用于人体合成蛋白质。

另外，在产甲烷菌中发现第22种氨基酸——吡咯赖氨酸，但还没有发现人体内蛋白质中含有吡咯赖氨酸。

我们可以用《忆江南》的句式把它们串起来：

氨基酸，

色苏脯丙赖。

苯亮异亮精组半，

天冬谷重见酰胺。

甘丝缬酪蛋？

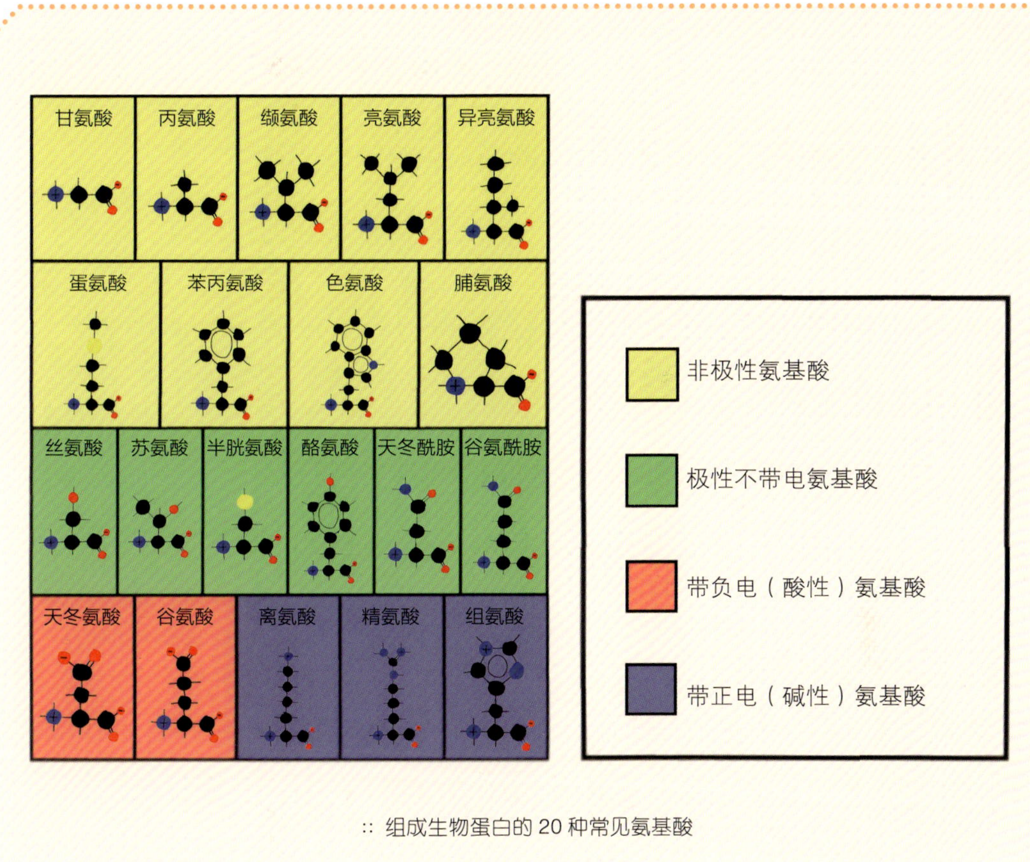

:: 组成生物蛋白的 20 种常见氨基酸

8

【有机篇】

核酸的密码

有两位同时代、同一大学、同一研究领域的化学家，居然查不到他们之间任何互动和交流的轨迹。这真是让人奇怪！

其中一位是前一章的主角费歇尔。1852年出生的他，1872年转学到斯特拉斯堡大学，拜在贝耶尔门下，1874年获得博士学位，之后，留校工作了8年。1892—1919年，他担任柏林大学化学系教授。他在1881年前后，研究嘌呤。

:: 科塞尔
（1853—1927年）

另一位就是本章的主角科塞尔。1872年，他考入斯特拉斯堡大学学医，拜在研究生物化学的赛勒教授门下，也选修过贝耶尔的化学课。毕业后留校。1883年，他进入柏林大学生理研究所担任化学部的主任，研究的也是核酸、嘌呤、嘧啶。

他们在斯特拉斯堡大学有差不多10年的交集，在柏林大学有20多年的交集，而且都是研究生化和嘌呤的。然而在各种资料中，居然没有他们交往的片言只语。

好了，言归正传，我们来介绍科塞尔的研究。

1879年，科塞尔开始研究核酸。他与当地的一家屠宰场建立了关系，请求把牛下水留下来给他研究。

他从30头奶牛中提取了100kg胰腺，分离出了200L酸。

1885年，科塞尔分离出了核酸的成分。

其中一种成分叫鸟嘌呤（Guanine），和鸟粪里的成分一样。大家看G这个字母像不像一只鸟的喙？

还有一种成分叫腺嘌呤（Adenine），来源于腺体的希腊语名称“aden”。

鸟嘌呤和腺嘌呤都属于嘌呤，在分子的结构中有两个“肩靠肩”融合的环，其中一个五边形，另一个六边形。

以腺嘌呤为例，蓝色球表示氮原子，黑色球表示碳原子，白色球表示氢原子，两根细棒表示双

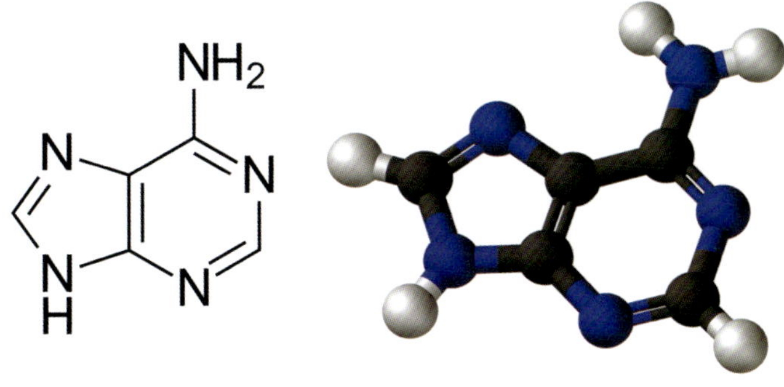

:: 腺嘌呤

键，一根粗棒表示单键。

几年后，屠宰场给科塞尔送去了另一批器官：胸腺（Thymus），是胸部的特殊腺体，可以提炼出T细胞的免疫细胞。

科塞尔和他的学生从胸腺中发现了胸腺嘧啶（Thymine）和胞嘧啶（Cytosine）。胸腺嘧啶来自胸腺的词根，胞嘧啶在希腊语中以“细胞”（cyto）一词来命名。

还有一种是尿嘧啶，之前已经被其他人发现了。

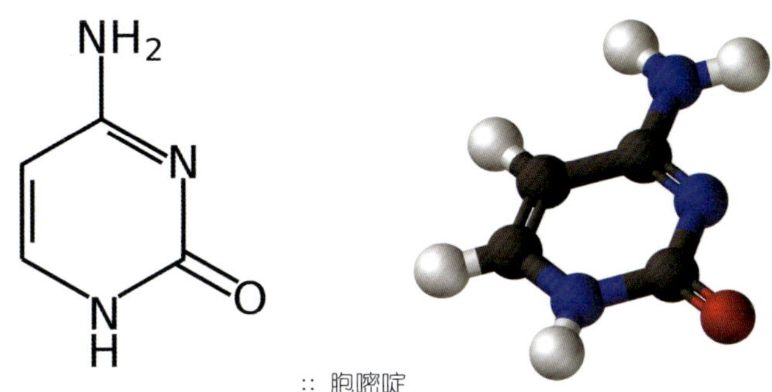

:: 胞嘧啶

嘧啶的分子结构是一个六边形的环。

以胞嘧啶为例，蓝色球表示氮原子，黑色球表示碳原子，白色球表示氢原子，红色球表示氧原子，两根细棒表示双键，一根粗棒表示单键。

这些嘌呤和嘧啶，分别用开始的第一个字母表示：腺嘌呤A，鸟嘌呤G，胞嘧啶C，胸腺嘧啶T，尿嘧啶U。

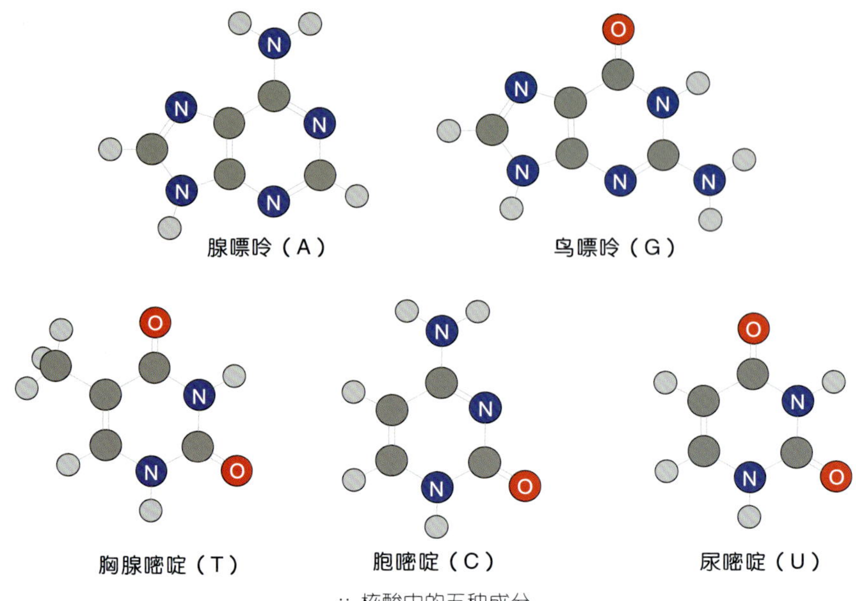

:: 核酸中的五种成分

科塞尔小心地水解核酸物质，在嘌呤、嘧啶之外，他还发现核酸中存在着碳水化合物。到20世纪初，科塞尔和他的学生们把核酸的所有组成成分全部辨认出来了，它们分别是：糖、磷酸、碱基（嘌呤和嘧啶）——仅由碳、氢、氧、氮和磷五种元素构成。

1910年，科塞尔因为对蛋白质和核酸的研究，荣获诺贝尔生理学或医学奖。

科塞尔的学生莱文证明了核酸所含的糖类由5个碳原子组成，而不像平时果糖中6个碳原子。他将这种五碳糖命名为“核糖”。

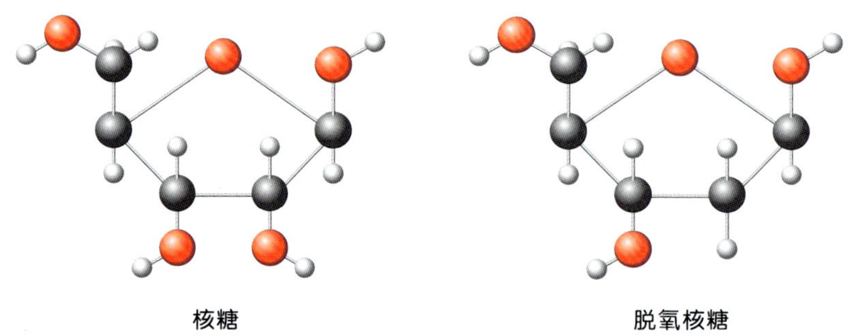

:: 核糖和脱氧核糖（灰色小球是碳原子，红色小球是氧原子，白色小球是氢原子。

莱文还找到了来自动物胸腺的核酸和来自微生物酵母的核酸之间的区别，它们的糖是不同的，胸腺核酸的核糖比酵母核酸的核糖少了一个氧原子。两种核酸分别被命名为“核糖核酸RNA”和“脱氧核糖核酸DNA”。

莱文发现核酸的单体结构是核苷酸。每一个核苷酸分子由三部分组成：

:: 5’ − 腺嘌呤核苷酸细节图示（碱基 + 核糖 + 磷酸盐 = 核苷酸）

这“糖磷碱三结义”，糖老大居中，左手拉着碱，右手拉着磷，共襄盛举，演绎出核苷酸在生命中的多彩。

几十年以后，科学家发现的DNA双螺旋结构，就是以这个核苷酸为基本单元模块搭建起来的。先剧透一下，我们将在《读懂基因》一书中进行非常详尽的讲解。

从氨基酸、核酸、蛋白质、糖类研究开始，化学与生理学、生物学交织在一起。化学进入了更为广阔的世界。

星空中，星系在诞生，在灭亡，元素在聚变，在裂变，无机物在生成有机物。核酸构成了生命遗传的物质，它们的编码指导了氨基酸和蛋白质的合成。

我们身上每时每刻的生理活动，比如我们行走、我们呼吸、我们感知这个世界、我们的思维、我们的意识、我们的欢乐和痛苦、我们的羞耻和遗憾，甚至我们的梦，都是身体里的各种化学反应在调控，都是各种化学元素在流转，在交互作用。这些经过亿万年遗传和演化而来的化学反应，被编码成生理信号，控制着我们的身体。生物学，归根结底是关于细胞内各种分子之间的化学。

康德说，有两种东西，他对它们的思考越是深沉和持久，它们在他心中唤起的惊奇和敬畏就越日新月异，不断增长，这就是他头上的星空和心中的道德定律。

对于哲学家而言，这两样东西是哲学问题。

对于化学家而言，这两样东西归根结底都是化学问题。

成为核苷酸的代价

一个五碳的核糖（或脱氧核糖），一个磷酸盐，一个含氮碱基（嘌呤或者嘧啶），它们是怎么“桃园三结义”成为一个核苷酸的呢？答案是脱水缩合反应。

考你一下，在这个过程中，它们失去了几个水分子呢？

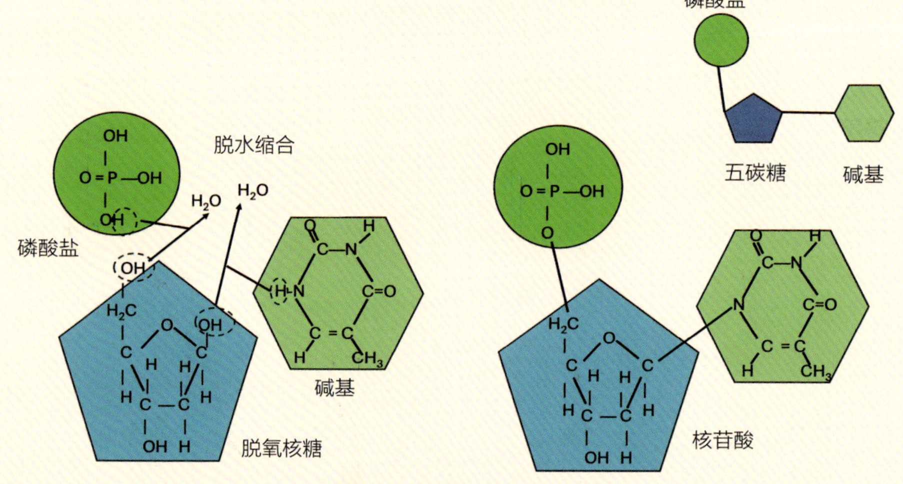

脱水缩合，这已经是第四次碰上了，第一次是在甘油和三个脂肪酸形成甘油三酯时，第二次是在单糖变成双糖时，第三次是在费歇尔发现氨基酸连成长链时。

9

【有机篇】

遇事不决，量子力学

范特霍夫的立体结构模型，将化学的研究带到了三维空间。但是，他有一个理论问题一直没有解决，而且整个科学界都没有答案。

碳原子有6个电子，按照电子壳层理论，第一层有2个电子居于稳定的状态。第二层的2s亚层有2个电子，2p亚层有2个电子。

第二层4个电子的能量是不同的，为什么合成甲烷CH_4时可以和4个氢原子形成正四面体结构呢？正四面体结构意味着4个电子是一样的，能量没有差别，轨道也是一样的。

而且，按照薛定谔方程和电子壳层模型，s的轨道是球形，p的轨道是花瓣形。它们和氢原子形成共价键时，这些不同的轨道，怎么会变得相同呢？

是四面体结构错了呢，还是薛定谔方程错了？

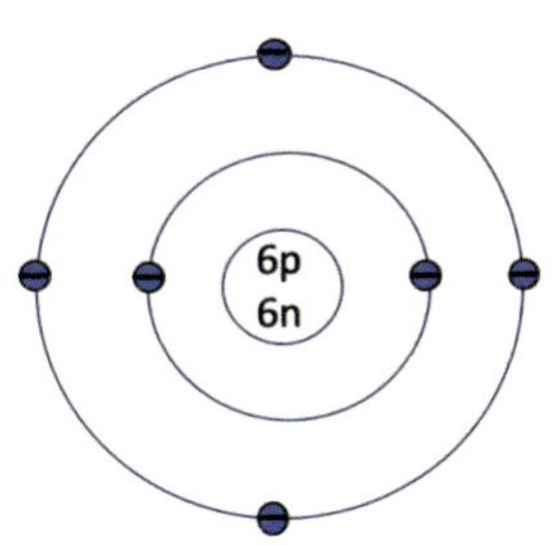

碳原子(C)：
6个电子，6个质子，6个中子

:: 原子模型

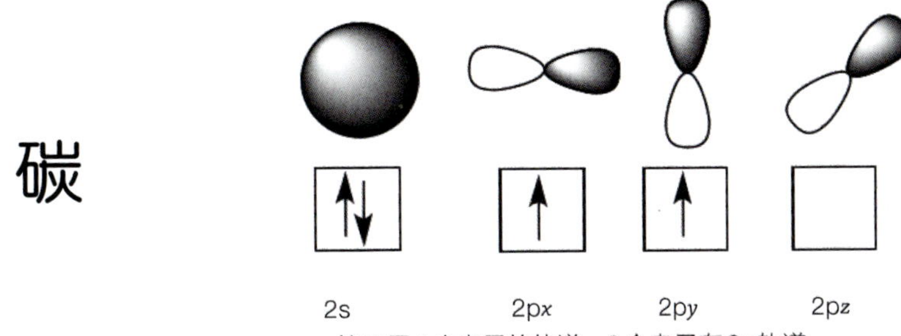

第二层4个电子的轨道：2个电子在2s轨道，
2个电子在2p轨道，第3个2p轨道上没有电子

这个问题最后被美国科学家鲍林解决了。他是历史上迄今为止唯一一位两次单独获得诺贝尔奖的科学家。我们在《读懂基因》中详细介绍了他。

1927年，鲍林开始研究怎么用量子物理来解释化学键。要知道，薛定谔在1926年才提出薛定谔方程，当时的物理学界支持者寥寥无几。

1931年，鲍林提出了“原子轨道杂化”的概念，他认为薛定谔和四面体结构都是对的。在形成化学共价键时，发生了一些奇妙的事情。

在甲烷的分子中，当碳原子和周围4个氢原子成键时，能级相近的原子轨道有可能改变原有的状态，变得混杂起来，并重新组合成一组新轨道。也就是说，不再是原来的s轨道或者p轨道，而是两者经混杂、叠加而成的杂化轨道，这种杂化轨道在能量和方向上的分配更加合理。

:: 鲍林
（1901—1994年）

这是非常有创意的学说。当碳原子没有和周围原子结合时，它有不同的2s、2p轨道，但是，当周围原子要和它结合时，因为要达到能量的合理分配，于是就变成了杂化轨道。

而且，更神奇的是，碳的1个2s轨道、3个2p轨道的“杂化”方法有多种，按周围是什么原子而定。

- **sp杂化：如果1个s轨道和1个p轨道参与杂化，就会形成2个杂化轨道，各含有1/2的s成分和1/2的p成分，杂化轨道在一条线上，之间的夹角为180°。这时候，碳原子还有2个p轨道没有杂化，可以和其他碳原子构成化学键。**
- **sp^2杂化：如果1个s轨道和2个p轨道参与杂化，就会形成3个杂化轨道，各含有1/3的s成分和2/3的p成分，杂化轨道在一个平面上，之间的夹角为120°。这时候，碳原子还有1个p轨道没有杂化，可以和其他碳原子构成化学键。**
- **sp^3杂化：如果1个s轨道和所有3个p轨道参与杂化，就会形成4个杂化轨道，各含有1/4的s成分和3/4的p成分，杂化轨道在立体三维空间，之间的夹角为109° 28'。**

我们举一个通俗的类比来理解杂化轨道。

假设你是一个情报小队的老大“碳头”，手下有1个高级情报人员（高手），3个初级情报人员（小弟）。你准备派人完成一项任务，那个高手一定要出马。为了安全起见，你所派出的人员化妆成同样的模样，不再分级别。

sp杂化相当于你派出1个高手，1个小弟。2个人的行动小组，1人负责东方，1人负责西方。剩下的2个留守，以便与其他情报小队的“碳头”联系。

sp^2杂化相当于你派出1个高手，2个小弟。3个人的行动小组，每个人负责120°的区域。剩下留守的那个，以便与其他情报小队的“碳头”联系。

sp^3杂化相当于你派出1个高手，3个小弟。4个人的行动小组，不仅要负责地面，还要负责空中管制。你已经全力以赴，没有留守后备了。

这个杂化轨道理论的依据是电子运动不仅具有粒子性，还具有波动性，而波又是可以叠加的。杂化轨道理论完美地解释了甲烷的正四面体结构：甲烷的分子产生的是sp^3杂化，4个杂化轨道，夹角是109° 28'。

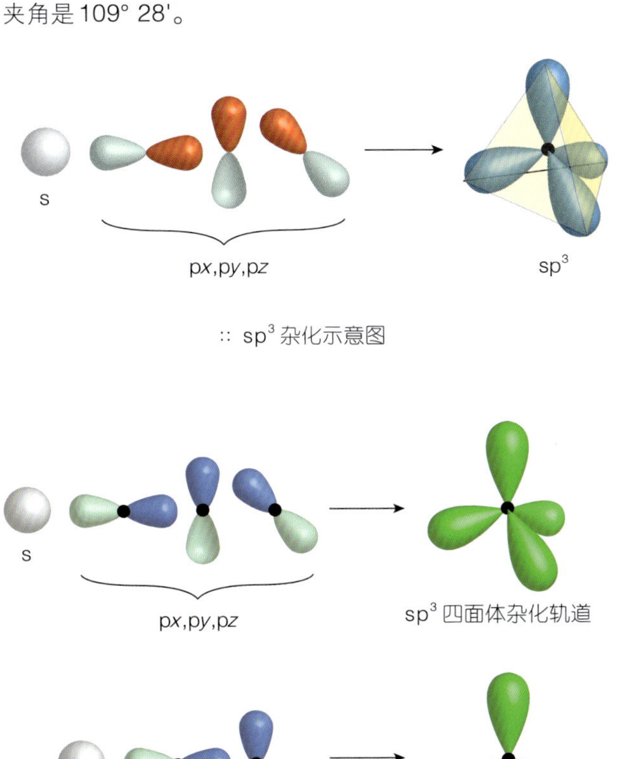

:: sp^3杂化示意图

:: sp^3、sp^2、sp杂化示意图

从物理学和化学的发展历史来看，鲍林把物理学的最新研究特别是量子物理应用于化学，起到了桥梁沟通的作用。

鲍林被认为是20世纪对化学影响最大的人物之一，他所撰写的《化学键的本质》是化学史上最重要的著作之一。他应用化学键这一理论，与学生合作一共确定了不下225种物质的分子结构，创下了一个前所未有的纪录。由于他对化学键本质的出色研究，他被授予1954年诺贝尔化学奖。

1944年，薛定谔出版了《生命是什么》一书，试图用物理学的角度去解释生命，在科学界反响巨大。鲍林在科学上的第二个重大贡献是追随薛定谔的脚步，跨界进入生物学领域。1950年前后，他开始攻克蛋白质结构。他和合作者研究了蛋白质晶体的X射线衍射图，发现在蛋白质的多肽链分子内存在α-螺旋体。这个螺旋每隔3.6个氨基酸旋转一次。

鲍林进一步揭示了螺旋是靠氢

键连接而保持其形状的，也就是说肽链的缠绕是由于氨基酸长链中某些氢原子形成氢键的结果。他在蛋白质方面的研究成果，也影响深远。很可惜的是，他和DNA双螺旋结构失之交臂。这个故事在《读懂基因》中有详细介绍。

当爱因斯坦提出相对论的时候，他的时空观念完全是基于闵可夫斯基空间和黎曼空间，也就是被很多人指责为“怪异”、毫无用途的几何空间。作为物理学家，爱因斯坦比其他人更早发现了纯数学提供的启示。这是爱因斯坦的一个伟大之处。

我们也可类似地评价鲍林：作为化学家，他比其他人更早发现了量子物理提供的启示。他在量子物理还没有被很多物理学家接受的时候，将之引入化学，非常具有前瞻性的眼光，在交叉的科学领域如鱼得水。

化学家中，没有人比他更懂量子物理；在物理学家中，没有人比他更懂化学。还可以加上一句，在所有得诺贝尔和平奖的获得者中，没有人比他更懂科学。

量子计算机模拟化学反应

用量子力学来研究化学反应和分子动力学的问题，牵涉巨量的计算。以苯分子（C_6H_6）为例，它只有12个原子，但是，在化学反应过程中，分子系统的电子结构会变得非常复杂，其计算维度却是任何传统计算机都无法处理的。

物理学家费曼曾经在1982年预言：自然是量子的，所以如果我们想要模拟它，我们就需要一台量子计算机。

2020年8月，谷歌的量子计算机登上了《科学》封面。它们用 12 个量子比特成功地模拟了二氮烯的异构化反应。

【有机篇】

无处不在的大分子

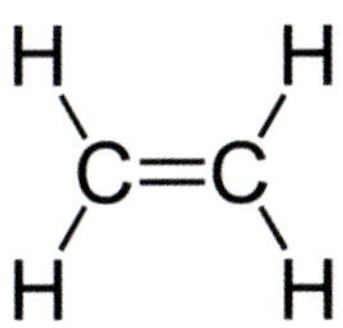

:: 乙烯的结构

乙烯是一种不饱和分子，在相邻碳原子之间具有双键。“不饱和”是指可以将更多的氢原子添加进来，以使其饱和。

1863 年，法国化学家贝特洛尝试把乙烯这样的分子，通过化学反应，形成更长的链。

他使用“聚合物”一词来描述这种过程，并提出了不饱和化合物可以相互反应形成聚合物的一般原理。

比如，2个乙烯分子加入氢气，反应生成丁烷，使碳链的长度从2个碳原子增加到4个碳原子。

:: 贝特洛（1827—1907 年）

$$2H_2C=CH_2 \longrightarrow CH_3-CH_2-CH_2-CH_3$$

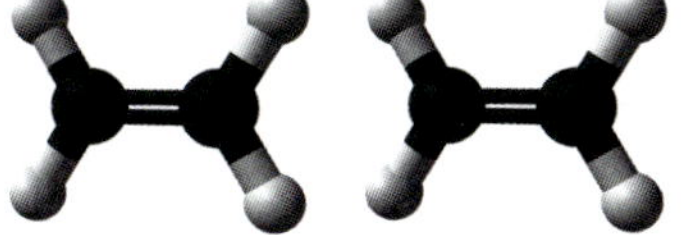

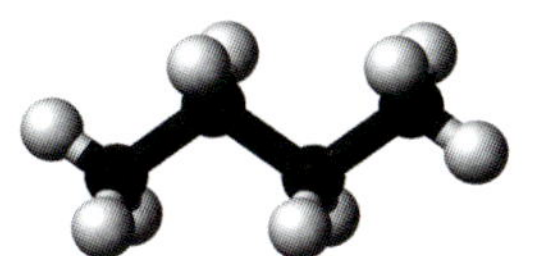

:: 2 个乙烯生成丁烷

他利用硫酸等催化剂的推动进行反应，合成了十六烷，将碳链的长度从2个碳原子增加到16个碳原子。

$$8\,H_2C=CH_2 \longrightarrow CH_3-(CH_2)_{14}-CH_3$$

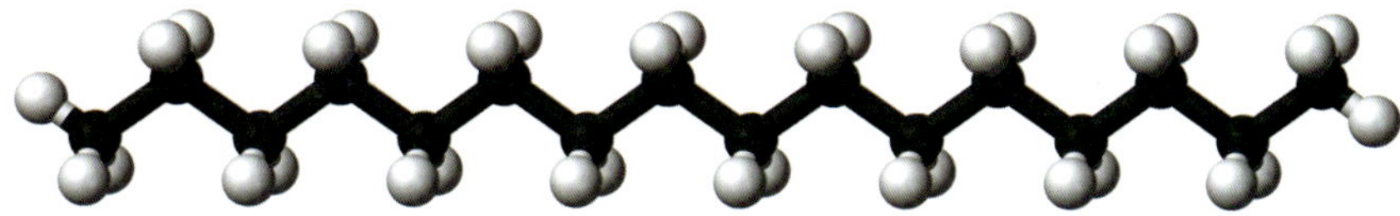

:: 8 个乙烯反应生成十六烷

后来的科学家合成了具有更长链、更高分子量的碳氢化合物。分子式中的n是重复n次，n越大，链越长，相当于电脑软件里的复制和粘贴功能。

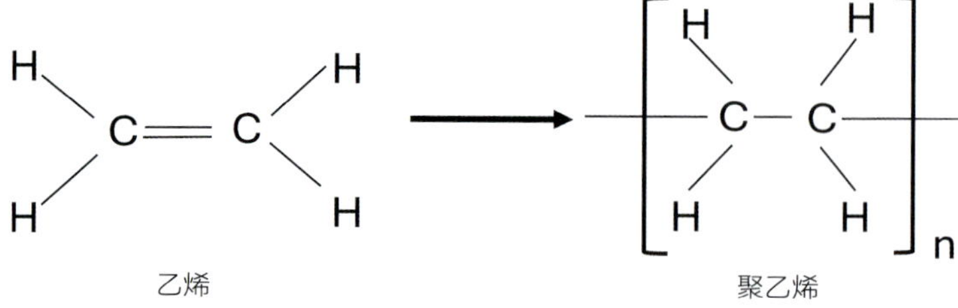

:: 长链的聚乙烯

:: 施陶丁格（1881—1965年）

1920年，德国化学家施陶丁格发表了一篇划时代的论文《论聚合》。

在这篇论文里，他明确指出橡胶、赛璐珞这样的化工产品，和淀粉、蛋白质等生命产生的有机物一样，它们的化学本质都是分子量很大的聚合物，是由共价键连接重复单元形成的。这些重复单元称为单体。很大数目的单体聚合起来，就形成了分子量很大、原子数很多的大分子。这些大分子含有的原子可能超过10万个。

这在当时的化学界引起了极大的争议和反对，大多科学家认为施陶丁格关于聚合物链中有 10万个原子简直是胡说八道。

诺贝尔化学奖获得者维兰德说："亲爱的同事，快放弃你的大分子想法吧！分子量超过5 000的有机化合物是不存在的。把你的诸如天然橡胶之类的产物提纯，它们就会结晶，它们就是小分子化合物。"

正如陈寅恪先生坚守的"独立之精神，自由之思想"，施陶丁格是化学界的逆行者。他坚持大

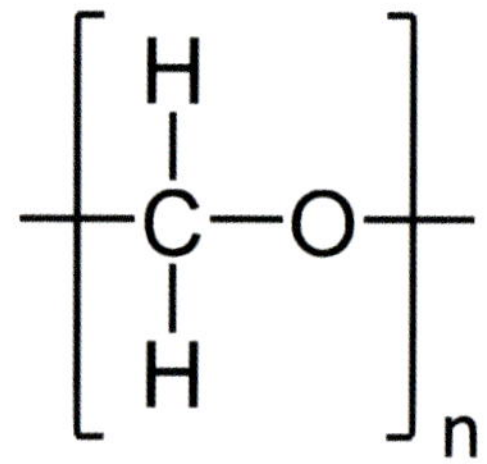

:: 赛钢分子

分子的研究，终于发现了一种聚合物聚甲醛（POM），被誉为“超钢”或者“赛钢”。赛钢的发明改变了人们的看法，学术界终于承认大分子的学说。

1953年，施陶丁格以其“开创大分子化学领域”的贡献获得诺贝尔化学奖。

施陶丁格为大分子聚合材料的时代揭开了帷幕。从此，各种大分子材料被发明：

塑料中的“四烯”（聚乙烯、聚丙烯、聚氯乙烯和聚苯乙烯）

纤维中的“四纶”（锦纶、涤纶、腈纶和维纶）

橡胶中的“四胶”（丁苯橡胶、顺丁橡胶、氯丁橡胶和丁腈橡胶）

可以说如果没有大分子，就不会有笔记本电脑、智能手机、显示器、电脑、电视、信用卡、汽车等。现代信息时代的材料基础，是大分子聚合物。

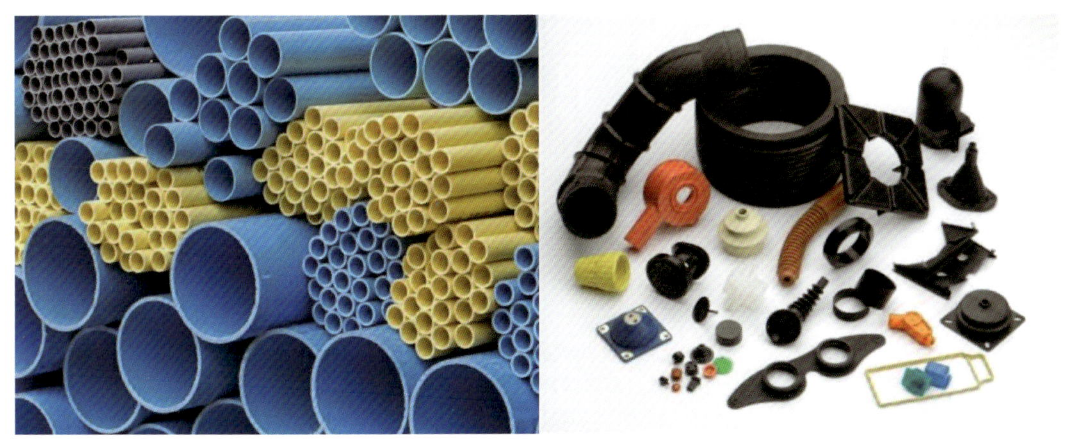

:: 大分子聚合物化工产品

2019年，全球塑料的产量已突破3.5亿吨。

聚合物分线性聚合物和交联聚合物。

线性聚合物像小朋友手拉手站成长队，有热熔性，可以再生，如塑料瓶、塑料鞋等，这些物品回收融化后，又可以做新的塑料制品。

交联聚合物像鱼网连成一片，不能再生。如电木胶板。

这些人工聚合物对环境造成了无可挽回的危害：大分子难以断裂的共价键，导致流散到自然界中的塑料可能需要数百年、数千年的时间才能降解。被大量排入海洋的塑料，威胁着海洋生物的生存。当年的奇迹材料，如今已成为亘古未有的问题材料。

新生代的科学家们正在研发可降解、对环境友好的新型大分子材料，比如吸收泄漏在海面上石油的植物油基大分子材料、可降解塑料的细菌等等。

“水可载舟，亦可覆舟”。任何事物都有其两面性，如何兴利除弊，不仅要靠人类的智慧，更要靠人类的良知。

看到这里，大家不要以为大分子都是人工聚合物。

换一个角度来看，地球上的所有生命都基于天然大分子。如果没有大分子，就没有生命。

- **氨基酸的单体分子，通过肽键串成长链，然后，经过多重折叠，最后形成蛋白质。**
- **核苷酸，连接盘绕，最后形成了 DNA 和染色体，成为生命的遗传物质。**
- **大量葡萄糖单元，通过脱水缩合连接，组成的聚合碳水化合物就是淀粉。**
- **脂肪酸聚合成脂肪。**

生物体内大分子和小分子之间的转换，构成了新陈代谢。

比如我们吃鱼，将鱼蛋白分解成氨基酸和各种矿物质，又将这些小分子合成蛋白质等大分子，构成身体的组织和器官。我们的身体所需的材料和营养都来自食物，它们经过我们身体这个大分子“化工厂”，分解，合成，变成了我们身体的一部分，这是多么奇妙的事！

从这个意义上来说，世间万物都是关联的：通过化学元素、分子、大分子的生化反应联系在一起，你中有我，我中有你。

正如一首著名的英文歌 *Every Breath You Take*《你的每一次呼吸》歌词所写：

Every breath you take（你的每一次呼吸）

Every move you make（你的每一个举动）

Every bond you break（你打破的每一个规则）

Every step you take（你跨出的每一步）

I'll be watching you（我都在看着）

……

Oh, can't you see（哦，你明白吗）

You belong to me（你属于我）

这里的bond，我可以把它理解成组成分子的化学键，它是离子键、共价键、金属键、氢键，它是构成世间万物的力——My name is Bond。

单体	聚合物	细胞结构
氨基酸 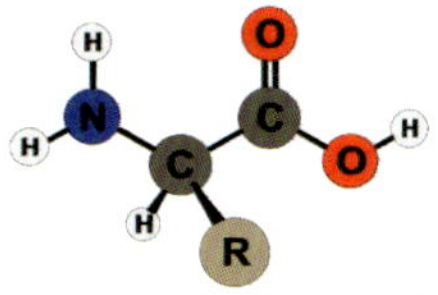	多肽 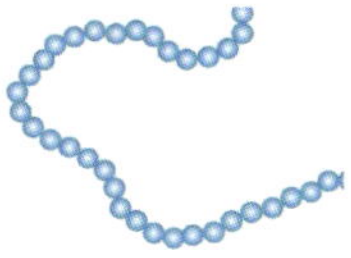	中间纤维 
核苷酸 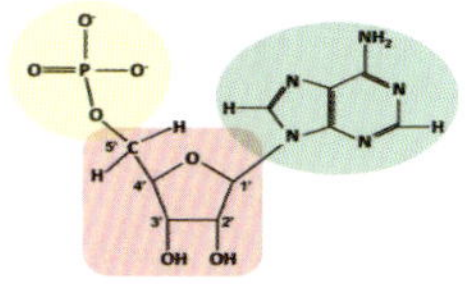	DNA链 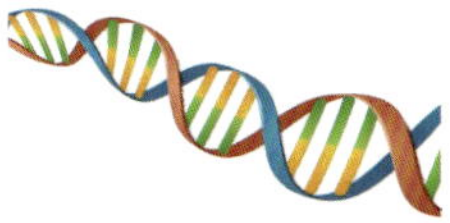	染色体 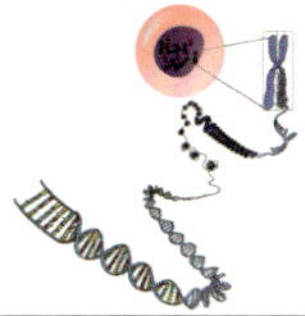
单糖 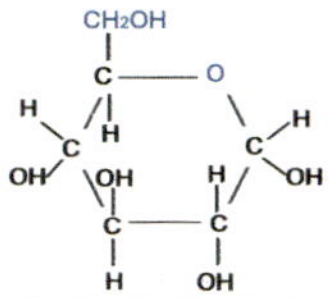	淀粉 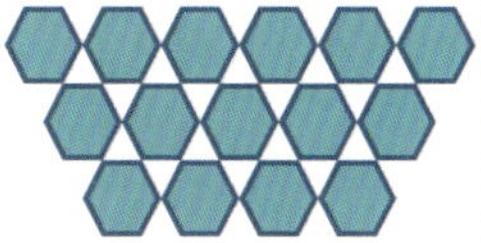	叶绿体中的淀粉粒 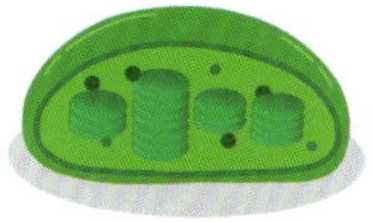
脂肪酸 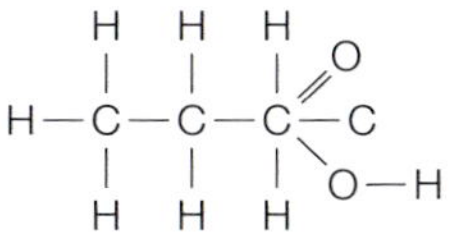	脂肪分子 	脂肪细胞 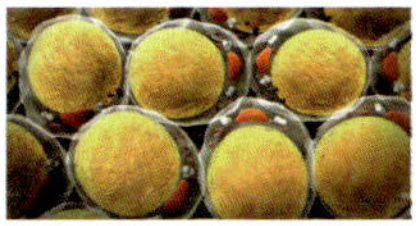

∷ 蛋白质、染色体、淀粉、脂肪都是大分子

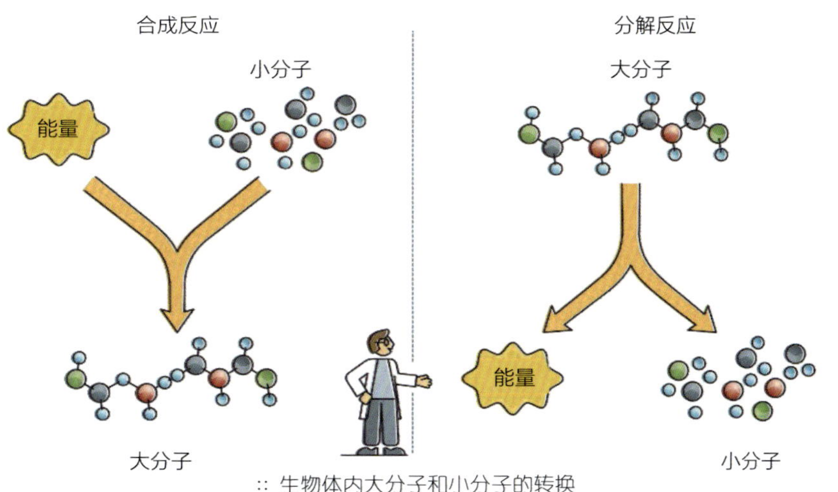

∷ 生物体内大分子和小分子的转换

人工大分子带来的问题

如果你把一只泡沫塑料杯扔在水里，看它漂浮起来，等它彻底在大自然中分解的时候，已经是50年之后，你已年老。

如果你把一枚电池扔在水里，听到它的响声，等它完全消融在水底的时候，已经是100年之后，你可能已不在人间。

如果你把一只玻璃瓶扔在水里，任它漂流，等它消磨殆尽的时候，已经是100万年之后，人类是否还存在？

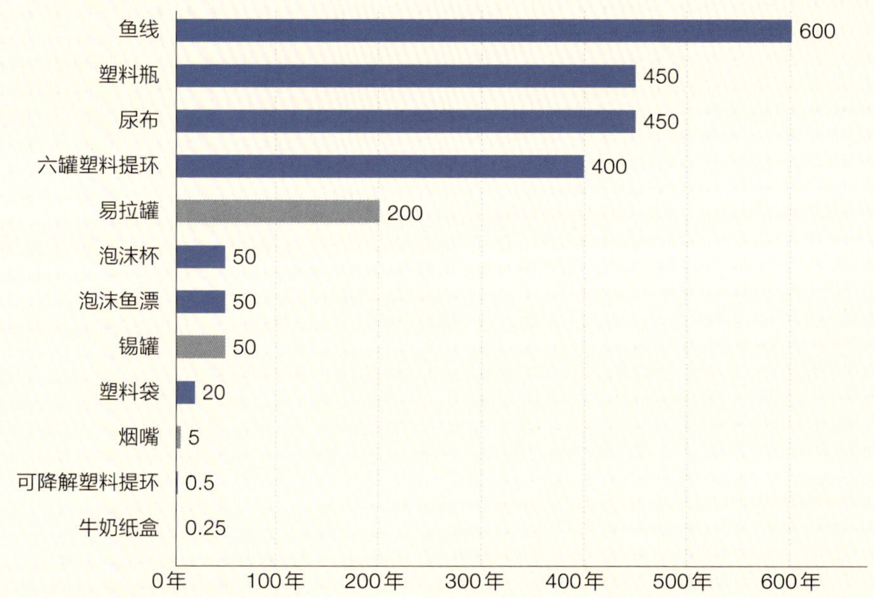

:: 人工大分子分解图

:: 图源：All of Our World in Data，Creative Common copyright license

趣味篇
别传

【趣味篇】

元素发现者排行榜

小伙伴们读《三国演义》，最喜欢做的一件事是给武将们的武力值排名。化学简史讲下来，我们也来给元素的发现者列一个排行榜。按历史发展的时间次序，请出榜上的化学家。

一、舍勒靠品尝

舍勒（1742—1786年），瑞典化学家。

由于家境清寒，舍勒只勉强上完小学，年仅14岁就到药店当了小学徒。药店的老药剂师鲍西，是一位学识渊博、医术高超的名医，对勤奋好学的舍勒言传身教：一种药品是否安全有效，要经过亲自品尝才能判定。舍勒由此养成了亲自“品尝”化学物质的习惯，成了化学界“亲尝百草”的“神农”。这对舍勒一生的研究和生命都产生了极为重大的影响。

舍勒一生完成了近千个实验，因吸过有毒的氯气、氰化合物，身体受到严重的伤害。他还亲口尝过有剧毒的氢氰酸。

舍勒去世时年仅44岁，从死亡症状来看，他是由于化学物中毒而亡。

舍勒在他短暂的一生中，发现了钡（1772年）、氧（1773年）、锰（1774年）、钼（1778年）、钨（1781年）5种元素。

二、贝采尼乌斯靠有矿

贝采尼乌斯（1779—1848年），瑞典化学家。

贝采尼乌斯在化学领域中的最大贡献是精确测量原子的质量，以及倡导以元素符号来代表各种化学元素。

他从矿物和伴生物中发现了铈（1803年）、硒（1817年）、硅（1823年）和钍（1828年）。

三、戴维靠电解

戴维，英国化学家。

戴维出身于中产家庭。16岁时，父亲去世。为谋生糊口，他到药房做学徒，用溶解、蒸馏的方法配制丸药和药水，操作化学实验仪器。

1801年，戴维被皇家研究所聘请，任化学讲师兼管实验室。由于他具有丰富的知识和高超的实验技术，入职后六个星期就被升为副教授，第二年被提升为教授。在学院举办的讲座上，戴维的聪颖和口才让他圈粉无数，赢得了杰出演讲者的声誉，成为伦敦的知名人士。有一位书店的学徒成了他的粉丝——他就是法拉第。

1799年，意大利物理学家伏打发明了将化学能转化为电能的电池，使人类第一次获得了可供实用的持续电流。

戴维推断，将化合物电解，是最有可能找到新元素的方法。从此，他变身“电解狂魔”，在短短两年间就“电解”出了7种新元素。它们分别是钾、钠、钙、锶、钡、镁、硼。他在元素发现排行榜上稳占榜首150多年。

不过，当戴维总结一生成就时，他说此生最大的发现，是法拉第。

舍勒、贝采尼乌斯、戴维和法拉第，这4位家境清寒的学徒通过努力，成为了世界闻名的科学家。在200多年前的欧洲，他们打破阶层的樊笼，创造了属于自己的精彩人生。

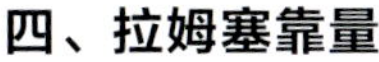

四、拉姆塞靠量

拉姆塞（1852—1916年），英国化学家。

拉姆塞从小天资过人。14岁，他被格拉斯哥大学破格录取。

升入大学后，他对化学产生了浓厚的兴趣。虽然学院里还没有开设这门课，但并不妨碍他进行各种各样有趣的化学试验。他的卧室四处都放着药瓶，瓶里装着酸类、盐类、汞等。他还自制了许多玻璃仪器。

∷ 戴维（1778—1829年）

1882年，英国化学家瑞利研究空气的成分。他经过极为精密的定量分析发现，由氨制得的氮总比由空气制得的氮轻1/200。他反复研究不得其解，便将这一研究事实，刊登在英国《自然界》刊物上，遍请读者解答。

拉姆塞得知瑞利的研究以后，也开始研究大气中氮的成分。经过精密分析和测量，他们发现了一种新的气体，定名为氩，即“懒惰的气体”。拉姆塞发现氩以后，再接再厉，又发现了氪（含有“隐藏”的意思）、氖（含有“新奇”的意思）和氙（含有“陌生人”的意思）。拉姆塞把氦、氖、氩、氪、氙等气体，作为一族，完整地插入了化学元素周期表中，使化学元素周期表更加完善。

1904年，拉姆塞获得了诺贝尔化学奖。

现在，人们对街市上五颜六色的霓虹灯已经司空见惯了。如果没有拉姆塞，没有他发现和制得的氖气，这一美丽的夜景是不可能存在的。

五、锎系靠对撞

西博格，美国化学家，10种新元素的共同发现者。他是“41次诺贝尔奖提名者”路易斯的学生。

1940年，西博格同麦克米伦等人制备超铀元素，用回旋加速器轰击铀靶，分离得到新的元素。

利用这个对撞的方法，西博格和吉奥索（1915—2010年）组成的团队，在20多年间，一共发现14种新元素，包括原子序数93~106的元素：

:: 西博格（1912—1999年）

:: 吉奥索（1915—2010年）

- 镎（93号元素，1940年）
- 钚（94号元素，1934年）
- 镅（95号元素，1945年）
- 锔（96号元素，1944年）
- 锫（97号元素，1949年）
- 锎（98号元素，1950年）
- 锿（99号元素，1952年）
- 镄（100号元素，1953年）
- 钔（101号元素，1955年）

- 锘（102 号元素，1958—1959 年）
- 铹（103 号元素，1961 年）
- 𬬻（104 号元素，1969 年）
- 𬭊（105 号元素，1970 年）
- 𬭳（106 号元素，1974 年）

西博格在其中参与发现了10种元素。

吉奥索参与发现了12种化学元素（95号~106号），排在元素发现者的榜首，取代了戴维雄霸150多年的位置。

1944年，西博格提出锕系理论，预言了这些重元素的化学性质和在周期表中的位置，并指出锕和比它重的14种连续的元素在周期表中属于同一个系列，现称锕系元素。鉴于在超铀元素方面的杰出贡献，他与麦克米伦共同荣获了1951年诺贝尔化学奖。

在1997年8月举行的国际会议上，西博格的名字被用于命名106号元素𬭳，打破了不能以在世者姓名为化学元素命名的惯例。

六、尤里靠聚变

:: 奥加涅相（1933年— ）
图 源：Wikipedia, Creative Common copyright license

尤里·奥加涅相，俄罗斯物理学家，极重元素合成先驱者。

在20世纪70年代，奥加涅相发明了“冷聚变”方法，在107号到112号元素的发现中发挥了至关重要的作用。

从20世纪70年代中期到20世纪90年代中期，由奥加涅相领导的JINR 与德国 GSI 亥姆霍兹重离子研究中心合作，发现了6种化学元素（107号~112号）。

- 𬭛（107 号，1976 年）
- 𬭶（108 号，1984 年）
- 鿏（109 号，1982 年）
- 𫟼（110 号，1994 年）
- 𬬭（111 号，1994 年）
- 鎶（112 号，1996 年）

而后，他又提出了新技术，称为“热聚变”，有助于发现其余的超重元素（113号~118号）。该技术在回旋加速器中，用钙轰击富含中子的较重放射性元素，从而聚变产生更重的新元素。使用这种方法发现的元素有：

- 鉨（113号，2003年）
- 𫓧（114号，1999年）
- 镆（115号，2003年）
- 鉝（116号，2000年）
- 䀲（117号，2009年）
- 鿫（118号，2002年）

118号元素是以奥加涅相的名字命名的，这是第二个以在世科学家命名的元素。

奥加涅相参与发现了几种元素？

有一种说法，他是107号~118号元素的共同发现者，共12种。在元素发现榜上，奥加涅相与吉奥索并列排名第一。这当然是俄罗斯的说法。

还有一种说法，他只参与发现了6种元素。这当然是俄罗斯之外的说法。

从93号元素起，西博格、吉奥索、奥加涅相等人发现的新元素，都采用了加速器撞击粒子的方法，离不开集体的协作，而且，都是连续发现，连续突破。

那么，从119号元素开始，下一次发现的方法是什么呢？会不会连续突破呢？

2

【趣味篇】

五位化学大师的“华山论剑”

在18—19世纪之交，欧洲的化学界涌现出了很多化学家，其中有五位更是鼎鼎大名。他们之间的论战精彩纷呈，惺惺相惜。

其中年纪最大的道尔顿和年纪最小的贝采尼乌斯相差13岁。

1803年，道尔顿继承了古希腊朴素原子论和牛顿微粒说，提出原子论，相信物质以原子形式存在。

同为英国化学家的戴维比道尔顿小12岁。

他利用意大利物理学家伏打发明的电池，开辟了用电解法制取金属单质的途径。

他是电解法大师。1807年，他用电解法分离出金属钾和钠。

他曾经并不赞同原子理论。后来，和道尔顿多次交流之后，才接受这个理论，并给予极高的评价：“道尔顿先生的永久声誉将取决于他发现了一个普遍适用于化学事实的简单原理——确定物体结合的比例，从而为未来的工作奠定基础……他在这方面的贡献可与开普勒在天文学方面的功绩相媲美。”

但是，戴维有一句评论特别有意思：“我毫不怀疑道尔顿是他那个时代最有独创性的哲学家之一。”他们只差了12岁，怎么用了时代的说法？其实两人是同一个时代的科学家。

道尔顿和戴维都培养了赫赫有名的弟子。道尔顿的学生叫焦耳。戴维的学生叫法拉第。

鉴于戴维在电学研究方面的卓越功绩，拿破仑颁发给他一枚勋章以示嘉奖。尽管英法两国当时正在交战，但英国皇家学会向戴维祝贺：“我们感到自豪，因为连敌人都承认我们的成就，这是您的功劳。”

1813 年，戴维开始了为期两年的欧洲之旅。 他访问了巴黎，接受了拿破仑授予他的奖章。当时法拉第是他的随从。

贝采尼乌斯也是电解法大师，和戴维交情颇深。

1808年，当戴维对石灰、苦土（氧化镁）等进行电解却毫不见效时，写信向贝采尼乌斯请教。贝采尼乌斯回信告诉戴维，他曾对石灰和水银混合物进行电解，成功分解了石灰。根据这一提示，

道尔顿（1766—1844年），英国化学家、物理学家，原子理论的创立者。

贝采尼乌斯（1779—1848年），瑞典化学家，原子量测定者、电化二元论的提出者。

戴维（1778—1829年），英国化学家，用电解法发现了多种新的元素。

阿伏伽德罗（1776—1856年），意大利化学家，分子理论的提出者。

盖·吕萨克（1778—1850年），法国化学家，气体化合体积实验定律的提出者。

戴维将石灰和氧化汞按一定比例混合电解，成功制取了金属钙，紧接着又制取了金属镁、锶和钡。电化学实验之花在戴维手中结出了丰硕的果实。

1812年夏，贝采尼乌斯应戴维的邀请，访问了英国皇家学会。在之后的5个月中，贝采尼乌斯与戴维进行了共同的化学研究，取得了许多共识。

贝采尼乌斯是原子论的拥趸者，他提出了电化二元论：化合物都是由两种电性不同（即带正电荷和负电荷）的成分构成的，开创了原子间相互作用的探索。

贝采尼乌斯在化学领域中的最大贡献是精确测量原子的质量。他以氧作标准来测定其他元素的原子量，从而使原子量的测定工作大大地简化了。原子量的测定使得道尔顿的原子理论逐渐被接受。

贝采尼乌斯首先倡导以元素符号来表示各种化学元素。有了这些符号，化学有了简洁明了的共同语言，也让我们今天不至于像“画天书”一样写化学方程式。

然而，道尔顿拒绝使用贝采尼乌斯提出的元素符号。他仍然深爱自己发明的“神秘”符号。

接下来的法国科学家盖·吕萨克，与道尔顿、戴维都有密切交流，隔着英吉利海峡过招。

1813年，法国两位化学家在海草灰里发现了一种新元素，但在尚未分离出来时无意地把原料都给了戴维。盖·吕萨克知道后十分激动：“不可原谅的错误！空前严重的错误！居然倾其所有，拱手送给了外国人。戴维会发现这种元素，并把研究成果公之于世。这样，发现新元素的光荣就会属于英国，而不属于法国了。”

于是他和两位化学家一起，日以继夜，终于确认了新元素——碘，为法国争得了荣誉。

盖·吕萨克在研究各种气体时发现，参加同一反应的各种气体，在同温同压下，其体积成简单的整数比。比如，氧气和氢气按体积1∶2的比例，合成水。氮气和氢气按体积1 ∶ 3的比例，合成氨水。这就是著名的气体化合体积定律。

盖·吕萨克自认为这一假说是对道尔顿原子论的支持和发展，并为此兴奋不已。

没料到，当道尔顿得知盖·吕萨克的这一假说后，立即公开表示反对，因为这将会得出存在半个原子的推论。

盖·吕萨克认为自己的实验是精确的，不接受道尔顿的指责，于是双方展开了激烈的学术争论。

最后一位阿伏伽德罗出身于意大利的显贵家族，但是，获得律师学位和执照的他，对科学情有独钟。

他仔细地考察了盖·吕萨克和道尔顿的气体实验和他们的争执，发现了矛盾的焦点。1811年，他提出了分子的概念，认为单质或化合物在游离状态下能独立存在的最小质点称作分子，单质分子可以由多个原子组成。

但他的这个假说长期不为科学界所接受，特别是遭到道尔顿和贝采尼乌斯的反对。尽管我们喜欢将科学看作一项崇高的事业，认为真理很快就会变得显而易见，但情况并非总是如此。科学家也是人，可能很固执，并不轻易接受有争议的新科学理论。

这五位化学大师中，家庭出身最为优渥的阿伏伽德罗，却是事业上最不顺利的。在去世50多年后，他才被科学家认可其科学成就。他甚至没有为后人留下一张照片或画像。唯一的画像还是在他死后，按照石膏面模临摹下来的——仔细观察他的画像，是不是异于常人，少了点神采?

其他四位，都在生前享尽殊荣。

【趣味篇】

200多年的师徒传承

:: 贝托雷（1748—1822年）和拉瓦锡在做实验

与拉瓦锡同时代，有一位法国化学家叫贝托雷。他比拉瓦锡小5岁。两人是事业上的好友，一起创立了新的化学术语体系，奠定了现代化学术体系的基础。

曾几何时，科学家们认为所有的化学反应都是不可逆的反应，世间万物一旦有了化学反应，便回不到从前。

贝托雷曾作为随军科学家，随着拿破仑远征埃及。他在埃及的一个盐湖边观察到，石灰石（碳酸钙）被盐水浸润，生成碳酸钠晶体和氯化钙。他在实验室里观察到的反应却是相反的：碳酸钠晶体和氯化钙反应，生成盐和碳酸钙。

他提出了可逆反应的想法：在同一条件下，物质既能向正反应方向进行，同时又能向逆反应的方向进行，达到平衡。这是人类第一次发现，可以在化学反应中实现正向和逆向的自由，达到奇妙的平衡。

$$Cl_2 + H_2O \rightleftharpoons HCl + HClO$$

贝托雷的化学贡献与氯分不开。他还发现了氯气和次氯酸钠（漂白水）的漂白作用。

贝托雷在大学教授化学，培养了很多化学家，其中最有名的是盖·吕萨克。贝采尼乌斯也曾经在他的实验室进修工作过。

:: 盖·吕萨克（1778—1850年）的热气球实验

盖·吕萨克勤奋好学，热爱化学和实验技术。贝托雷深为赏识，并倾囊相授。

当时，贝托雷曾同化学家普鲁斯特进行过一场激烈的学术争论。贝托雷让年轻的盖·吕萨克以实验结果来证明“老师是对的”。然而，盖·吕萨克经过实验，发现贝托雷的观点是错的。他反复试验和思考之后，把结果如实地汇报给老师。

贝托雷看完他的实验记录之后，不怒反喜。这个学生重视实验数据，尊重事实，不迷信权威，可以做他的衣钵传人。“我为你自豪！这样有才能的人，没有理由当助手，哪怕是给最伟大的科学家当助手。你的眼睛能发现真理，能洞察人们所不知的奥秘，而这一点不是每一个人都能做到的。”

从贝托雷和盖·吕萨克传承下来的这一支化学门派，在接下来的200年间人才辈出。

1805年，盖·吕萨克通过实验发现：氧气和氢气按体积1∶2的比例，合成水。氮气和氢气按体积1∶3的比例，合成氨气。他的发现启发了阿伏伽德罗，在化学原子分子学说的发展历史上起了重要作用。

1809年，盖·吕萨克发表了气体的体积-温度定律：一定质量的气体，当压强保持不变时，它的体积会随温度线性地变化——就是我们平时所说的热胀冷缩。

他为了实验，曾经单独乘坐热气球到达约7 010米（23 000英尺）的高空，够拼吧？这个惊人的升空纪录直到半个世纪后才被打破。

由于盖·吕萨克的杰出成就，法国成了当时世界上最大的科学中心。

盖·吕萨克也是桃李满天下，他的学生里面最杰出的人物是李比希（1803—1873年）。

李比希是德国人，出身于从事染料和化学试剂的小商人家庭。少年时代，李比希曾随父亲制造过家用药物和涂料，后来又当过药剂师的徒弟——又是一位学徒。

1815年，印尼的坦博拉火山大爆发，大量火山灰导致全球气温急剧下降，六月飞雪，北半球的大部分粮食作物被摧毁。这次天灾给欧洲和中国（清朝嘉庆年间）造成了饥荒，德国是灾荒最严重的国家之一。那年李比

:: 李比希五球仪

希13岁。正是这段经历在他年幼的心灵深处埋下一颗种子，让他立志于农业化工，让更多人免受饥饿。

李比希在1822年获博士学位后，慕名来到巴黎，在盖·吕萨克的实验室中工作。

回到德国之后，他在吉森大学建立了一个完善的实验教学系统。他要求学生既能定性分析，又能定量研究，自行制备各种有机化合物。这个实验室培养了一大批一流的化学人才，成了全世界化学工作者向往的地方。

李比希天资聪慧，思想敏锐，对于新事物有着强烈的好奇心和近乎疯狂的求知欲，敢于标新立异，在植物、农业、化学方面提出了很多至今深有影响的学说，成为有机化学、生物化学和农业化学的开路人。

- **植物矿质营养学说：土壤中矿物质是一切绿色植物的唯一养料。**
- **归还律：只要将植物吸收的矿质养分归还给土壤，就能保住土壤的肥力。**
- **最小养分定律：植物产量的高低取决于最缺乏的养分因子。**

他确定了氮磷钾肥料对于植物的重要性，成为农业化肥的创始人。几十年之后，他的门下弟子哈伯发明了氮肥的工业制造，终于实现了他“让更多人能吃饱”的梦想。

我们来看看美国化学会（ACS）的Logo。这个Logo中有一个重要的符号，来自李比希的杰作李比希五球仪（Kaliapparat），这是李比希在1831年研究燃烧分析时发明的一种仪器。

从李比希实验室走出来的化学家，最著名的是凯库勒（1829—1896），化学史上最著名的“两大奇梦”之一的主角。

凯库勒从小热爱建筑，立志长大后要当一名优秀的建筑大师。18岁考入吉森大学，如愿以偿进入了建筑系。后来他多次聆听李比希的演讲，马上转粉，遂改攻化学，并进入李比希的实验室。

凯库勒主要研究有机化合物的结构理论。他在梦中发现了苯的结构简式。苯环结构的诞生，是有机化学发展史上的一座里程碑。

现在我们已经知道，凯库勒式是不完备的，不能反映苯分子的真实结构（大π键），但它还是能够成功地解释关于苯的许多重要的反应机理。

近年来，史学家研究发现早在1854年，法国化学家劳伦在《化学方法》一书中已把苯的分子结构画成六角形环状结构，而且，凯库勒读过劳伦的这本书。凯库勒是在1865年发表有关苯环结构的论文的。1890年，在柏林市政大厅举行的庆祝凯库勒发现苯环结构25周年的大会上，凯库勒首次提到了这个梦。有理由认为：凯库勒提出苯环结构“借鉴”了别的科学家的研究成果，而不仅仅是靠梦得到的启发。

除了苯环结构的贡献之外，凯库勒还培养了很多著名的化学家。最初的五届诺贝尔化学奖得主中，他的学生占了三届：1901年的范特霍夫（第一届诺贝尔化学奖），1902年的费歇尔和1905年的贝耶尔。

范特霍夫（1852—1911年），荷兰化学家。

过去的有机结构理论认为有机分子中的原子都处在同一平面内。这一理论与很多现象是矛盾的，使很多现象都无法得到合理的解释。

通过多次精心实验，1875年，22岁的范特霍夫发表了《空间化学》一文，提出分子的空间立体结构的假说，使人类对物质结构的认识向前跨了一大步。

贝耶尔，德国化学家。

23岁那年，他获得了柏林大学博士学位。贝耶尔完成了多项轰动化学界的研究工作。现代三大基本染素：靛青、天蓝、绯红的分子结构就是贝

:: 贝耶尔（1835—1917年）

:: 温道斯
（1876—1959 年）

:: 汉斯 · 费歇尔
（1881—1945 年）

:: 迪尔斯
（1876—1954 年）

:: 阿尔德
（1902—1958 年）

耶尔发现的。

埃米尔 · 费歇尔，19世纪下半叶和20世纪之初，有机化学领域中的领袖。

他是生物化学的创始人，对糖类、嘌呤类有机化合物的研究取得了突出的成就，荣获1902年的诺贝尔化学奖。

:: 瓦尔堡
（1883—1970 年）

他的学生中，有4位获得了诺贝尔奖：温道斯、汉斯 · 费歇尔、迪尔斯和瓦尔堡。

温道斯，德国化学家，他因研究胆固醇与维生素的关系，并发现维生素D，而获得1928年的诺贝尔化学奖。

汉斯 · 费歇尔的贡献主要在血红素和血红蛋白，1930年荣获诺贝尔化学奖。

1950年的诺贝尔化学奖颁给了德国化学家迪尔斯和他的学生阿尔德，以表彰他们在1928年发现了著名的狄尔斯–阿尔德反应。

瓦尔堡，德国化学家。

:: 克雷布斯
（1900—1981 年）

1913年，瓦尔堡进入柏林威廉皇帝生物学研究所工作。第一次世界大战爆发后，他放弃学术研究去从军了。从军期间，他曾担任精英持矛骑士军官，并赢得了勇敢者一级铁十字勋章。然而，他的父亲希望他能够回归学术研究。爱因斯坦作为他父亲的朋友，给他写信：“离开战场，回归学术吧！对于这个世界来说，失去你的才华将是一个悲剧。”

就这样，这位优秀的军人带着荣誉从战场上归来，重新开始了他的学术研究生涯。

瓦尔堡的研究方向是细胞呼吸。他证明了呼吸酶是一种含铁的蛋白质，称之为铁氧酶。

他还在癌症研究方面成就斐然。1924年，他提出假说，认为癌症是一种代谢性疾病，癌细胞偏好使用葡萄糖作为能量来源。

1931年，瓦尔堡因为细胞呼吸的研究，获得诺贝尔生理学或医学奖。

1965年，英国伦敦海德公园赛马场发生惊马事件，危急时刻一位老人挺身而出，力挽狂“马”。这位老英雄，就是瓦尔堡。当时他已经82岁。

瓦尔堡的学生克雷布斯，英籍德国人。

1932年，他与其同事共同发现了人体内尿素生成的途径。1937年，他发现了柠檬酸循环。这一发现被公认为代谢研究的里程碑，以他的名字命名为克氏循环（Krebs cycle）。他也因此获得了1953年的诺贝尔生理学或医学奖。

从贝托雷、盖·吕萨克、李比希、凯库勒、费歇尔、瓦尔堡到克雷布斯，七代师生，从法国到德国，再到荷兰和英国，从无机化学到有机化学、结构化学、立体化学和生物化学，传承了200多年。

【趣味篇】

你没有见过的“天书方程式”

今天我们看到的化学方程式，简单明了，只要具备初级的化学知识就能一目了然。

但是，在化学方程式发展演化的过程中，它经历过复杂、神秘和烦琐。下面就带你去领略一下那些天书般的方程式。

在17世纪初期波义耳出生之前，法国就已经出现了最早的化学方程式：

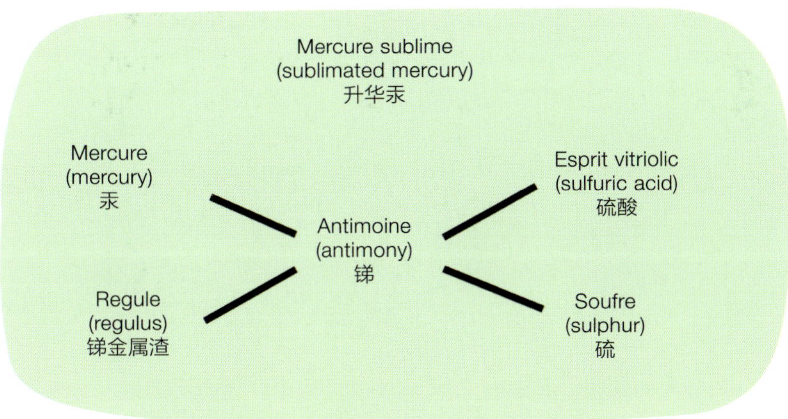

这个简图加文字，实际上是氯化汞（$HgCl_2$）和硫化锑（Sb_2S_3）的反应。

很显然，表达倒是直观，但按现代的标准来看，看不出哪些是反应物，哪些是生成物，也没有量化。

到了18世纪，有人发明了用横向箭头“→”表示化学亲合力，用括号“{”表示元素的合成（类似现代化学键的概念）。

左边一排是当时的方程式，右边一排是翻译的现代方程式。

“残月”的符号表示铜元素。

“手执镜子”♀（生物学上的女性符号）表示银元素。

“手拉弓箭”♂（生物学上的男性符号）表示铁元素。

如果不看翻译的现代方程式，我打赌绝大部分读者猜不出它的含义。

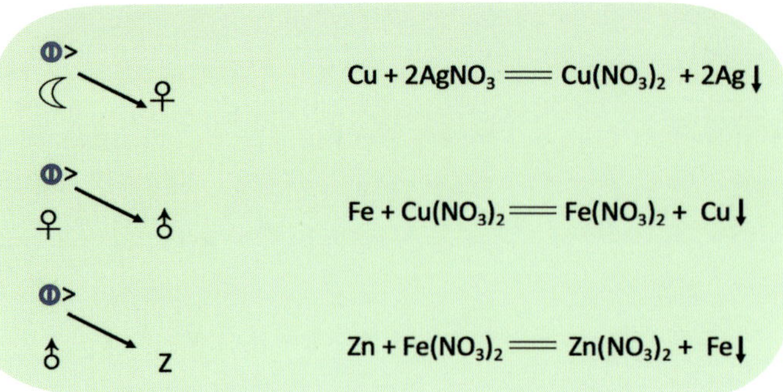

这三个方程式是置换反应：用铜置换硝酸银中的银，用铁置换硝酸铜中的铜，用锌置换硝酸铁中的铁——从生意的角度看，前两个反应是赚钱的，最后一个亏本了，锌比铁贵多了。

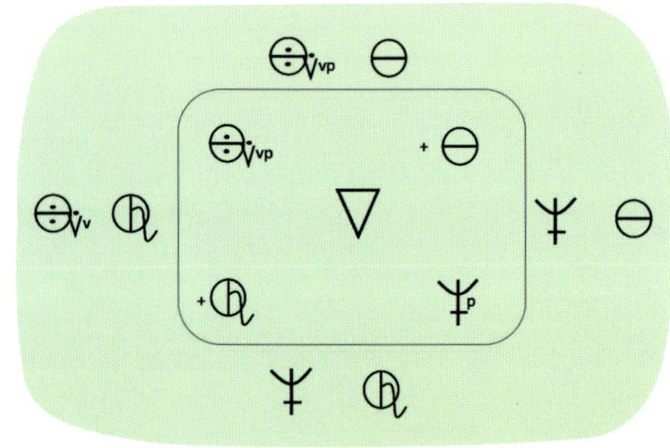

当时，还有更复杂的表示法。

怎么看这个“天书符号”呢？

它表示的是把框框左右两边的物质，放入框框，生成的物质放在框框的上下：

再翻译成现代的方程式，就是一个复分解反应：

$$K_2SO_4 + BaCl_2 = BaSO_4 + 2KCl$$

虽然看起来复杂，但是这种表示法非常形象，而且有故事性。

当然，因为当时还没有定量的概念，所以，这个“天书方程式”没有系数。

这个“天书方程式”，有点像下围棋，两边的人把自己前面的棋子放入棋盘中，置换后，又把吃掉的棋子放到棋盘外面。

1782年，拉瓦锡发明了新的方法来表示化学方程式，并在方程式中加入了表示量化的系数，也有了“+”号。

大家不要小看这些系数，它们暗示着物质守恒。因为物质守恒，反应前后的质量不变，方程式中的反应物和生成物需要加入系数来保持平衡。

(a♂) + (2ab▽ + ab/q▽) + (ab/s ⊕ + ab/t 🜂)

到了19世纪，有了道尔顿的原子论和贝采尼乌斯的拉丁文表示法之后，化学方程式就非常接近我们现在的样子了。

这是1867年德国的一本百科全书上的化学方程式：

$$1)\quad \underbrace{Ag}_{\text{Silber}} + \underbrace{2\,SO_3}_{\text{Schwefelsäure}} = \underbrace{Ag\,O\,SO_3}_{\text{Schwefels. Silberoxyd}} + \underbrace{SO_2}_{\text{Schwefelige Säure.}}$$

$$2)\quad \underbrace{Ag\,O\,SO_3}_{\text{Schwefels. Silberoxyd}} + \underbrace{Cu}_{\text{Kupfer}} = \underbrace{Cu\,O\,SO_3}_{\text{Schwefels. Kupferoxyd}} + \underbrace{Ag.}_{\text{Silber.}}$$

1884年，荷兰化学家范特霍夫用双向箭头代替等号，来表示可逆反应及其平衡。

至此，现代化学方程式的演化完成了。

5

【趣味篇】

载入史册的卡尔斯鲁厄会议

1859年，道尔顿、贝采尼乌斯、盖·吕萨克、阿伏伽德罗等一代化学宗师已经仙逝。后一代的衣钵传人李比希、维勒也过了知天命之年。

化学的发展似乎进入了停滞期，发现新元素的步伐缓慢了下来，能够用传统的化学反应和电解法发现的元素大多已被发现，而当年引起上一代宗师争斗的原子分子论已然被人遗忘。

不承认分子的存在，造成了对原子量测定的众口不一。当氢的原子量为1时，碳的原子量有人用6，有人用12；氧的原子量有人定为8，有人定为16。

对于氢气、氧气单质里面有几个原子，意见也是不统一的。

有机化学让问题变得更为复杂，对于同一个分子，在不同的大学、不同的实验室都有不同的表示。例如，醋酸就有19种不同的化学式。化学基本概念的混乱使得化学学术理论的正常交流变得极为困难。很多时候的学术探讨，成了鸡同鸭讲。

此时，少壮派的一代看出了问题所在。正当壮年的30岁的凯库勒举起了大旗，和志同道合者决定召开一次国际化学大会，来结束这种混乱的状况，共同探讨化学面临的问题。

大会定于1860年9月3日至9月5日在德国工业城市卡尔斯鲁厄举行。广撒英雄帖之后，有15个国家的约140位化学家群起响应。

凯库勒带着他23岁的年轻弟子贝耶尔前往，代表他的老师李比希参加盛会。

本生带着弟子迈耶尔、门捷列夫乘兴而来。

还有一位意大利的化学家康尼查罗，更是有备而来，憋足了气为他的同胞阿伏伽德罗翻案。

:: 康尼查罗
（1826—1910 年）

这次“华山论剑”的第一个议题是原子量之争。一开始的争论就非常激烈，有人认为有机化学和无机化学是截然不同的领域，应有各自的原子量系统。有人认为每种元素只有一个原子量，不管是有机还是无机。

康尼查罗则亮起了阿伏伽德罗的原子－分子大绝招：“分子”和“原子”是两个不同的概念。如果把分子看作是参加化学反应的最小质点，而原子是存在于分子中的最小质点，很多矛盾就迎刃而解。

大多数化学家赞同康尼查罗的观点。但也有反对者认为重提分子假说毫无新意，前辈大师贝采尼乌斯、盖·吕萨克就已经驳斥过。

这时，戏剧性的一幕发生了。康尼查罗的同胞帕维塞分发了康尼查罗写的小册子《化学哲学教程提要》给与会者留念。

康尼查罗的小册子很让人意外。他并没有做大量的实验，也没有提出新的理论假说。他只是仔细分析了自道尔顿提出原子论以来的历史，反复推敲盖·吕萨克、阿伏伽德罗、贝采尼乌斯等人的实验结果和理论假说，利用逻辑推理，把原子论和分子假说协调成一个有机整体，澄清了当时化学界的混乱。这好比金庸小说《射雕英雄传》里的黄裳，虽不懂武功的具体招式，却通过读遍道教藏书，写成了武功秘籍《九阴真经》。

他确定的化学式原则，至今仍然在用。比如：

- **氧气、氮气都是双原子分子，写成 O_2 和 N_2**
- **两个氢分子只能写成 $2H_2$，而不能写成 4H 或者 H_4**
- **水分子有 2 个氢原子、1 个氧原子，写成 H_2O**
- **化学方程式两端的各种元素的原子个数一定要相等，体现质量守恒定律**

这个册子依然是赞同者欢迎，反对者嗤之以鼻。

3天、15国、140多人的会议，最终以“不表决、无决议”而结束。大会的主持人在闭幕式上的致辞是：“科学问题，不得勉强。青山常在，绿水长流，大家各自安好吧！”

虽然当时没有形成决议，但是，这次大会对于化学发展的巨大作用在几年之后慢慢显现了。正如朱熹的诗：“昨夜江边春水生，艨艟巨舰一毛轻。向来枉费推移力，此日中流自在行。”

迈耶尔在回家途中读了小册子后豁然开朗，“眼前的翳障好像剥落下来，好些疑团烟消云散了”。大会之后的第四年，1864年，迈耶尔出版了他的名著《现代化学原理》，详细介绍了原子分子论和康尼查罗的论证，同时在书中提出了元素周期律。

大会之后的第五年，1865年，凯库勒提出了碳链学说和苯环理论。

门捷列夫在给他导师的一封信中，十分详细地记述了这次会议的过程，并盛赞康尼查罗写的小册子。大会之后的第九年，1869年，门捷列夫提出了他的元素周期表。

如果没有卡尔斯鲁厄会议，迈耶尔、凯库勒、门捷列夫的这些理论至少要晚几年出现，甚至可能不会出现。这次大会的得益者，是康尼查罗，是迈耶尔，是门捷列夫，是凯库勒，更是化学本身。

物质	分子量	一个分子量中的各元素质量			现在已知的分子式
		氢	氧	碳	
氢	2	2			H_2
水	18	2	16		H_2O
一氧化碳	28		16	12	CO
二氧化碳	44		32	12	CO_2
乙醇	46	6	16	24	C_2H_5OH
乙醚	74	10	16	48	$C_2H_5OC_2H_5$

:: 康尼查罗的小册子中的内容

【趣味篇】

影响人类的十大化学反应

一、何以解忧？唯有杜康

$$C_6H_{12}O_6 \xrightarrow{\text{酵母}} 2C_2H_5OH + 2CO_2$$

:: 酒的酿造

酒是何时出现的？考古最早的历史，可追溯到公元前1万年新石器时代的美索不达米亚。

在中国，民间传说发明酒的是一个叫杜康的人，他把吃剩下的米饭挂在树枝上，偶然间酿成酒。后来，“杜康”就成为酒的代称，曹操的诗中说：“何以解忧？唯有杜康。”

当然，也有传说酒是猴子在烂水果树下发现的。

粮食酿酒多以含淀粉物质为原料，如高粱、玉米、大麦、小麦、大米等，其酿造过程大体分为两步：一是用曲霉将淀粉分解成糖类，称为糖化过程；二是由酵母菌再将葡萄糖发酵，转化为酒精（化学术语为乙醇）。

“诗酒趁年华”“把酒话桑麻”“一曲新词酒一杯”“李白斗酒诗百篇”。诗歌的意境中，酒的化学方程式撑起了半边天空。虽然我们无法考证是哪个人第一次与酒相逢，但是可以肯定，只要人类还有传承，酒会一直流传。

二、草灰油脂，净我衣裳

:: 古埃及壁画中的肥皂

公元前3000年，古代的苏美尔人就将灰烬和动植物油一起煮沸，制成浆糊来做清洁品。

约公元前1500年的埃及金字塔记载有相似的工艺：将碱性盐与油混合，作为洗涤用的清洁剂。

古代中国是用猪的胰脏混合草木灰，所以，北方人仍然称肥皂为“胰子”，香皂叫作“香胰子”。

从现代化学的角度来看，这个肥皂的配方是甘油三酯和氢氧化钠一起，引起皂化反应，生成了肥皂分子和甘油。

肥皂分子像有着一个大头、一根长尾巴的蝌蚪：它的头，喜欢水、厌恶油（亲水性），由钠原子或钾原子形成；它的尾巴喜欢油、厌恶水（亲油性或疏水性），由脂肪酸链所构成。

$$\begin{array}{l} CH_2-O-C(=O)-R_1 \\ | \\ CH-O-C(=O)-R_2 \\ | \\ CH_2-O-C(=O)-R_3 \end{array} + 3NaOH \longrightarrow \begin{array}{l} CH_2-OH \\ | \\ CH-OH \\ | \\ CH_2-OH \end{array} + \begin{array}{l} R_1-COO^-Na^+ \\ R_2-COO^-Na^+ \\ R_3-COO^-Na^+ \end{array}$$

甘油三脂（动物脂肪或植物油） + 氢氧化钠 ⟶ 甘油 + 脂肪酸钠（肥皂主要成分）

当肥皂“小蝌蚪”在水中时，它“亲油”的尾巴会被污垢（细菌）吸引过去，用尾巴缠绕在污垢的四周，并将污垢分解成较小的分子。同时，它“亲水”的头会往水里钻。就这样，让污垢从衣服或皮肤上脱离开来。

肥皂之所以能够当作清洁剂，就是因为它“头部亲水、尾部亲油”的特性，可以在两个完全不可能融合共存的物质“水”和“油”之间，扮演“中间人”的角色。

肥皂在人类的清洁和卫生史中，起到了举足轻重的作用。这个化学方程式让人类告别“洗澡靠干搓、洗衣靠敲打”的年代。

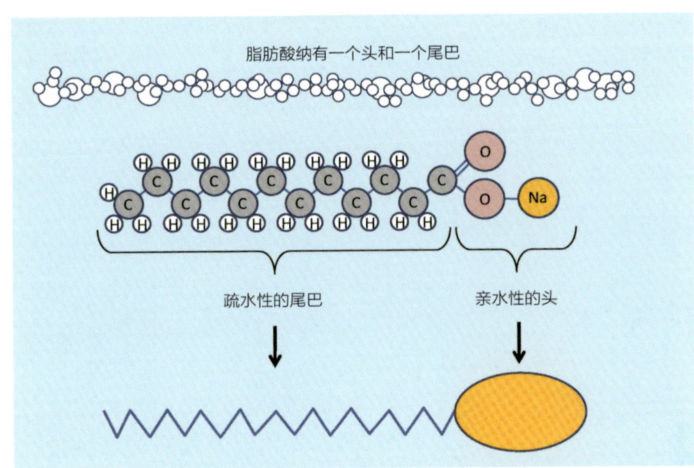

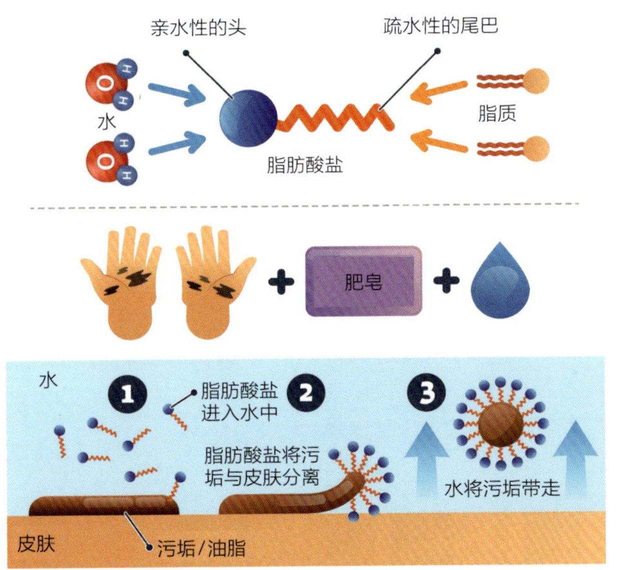

脂肪酸盐的尾部吸附住污垢，头部溶入水并将污垢从皮肤上脱离开来

:: 肥皂里的化学

三、秦月汉关，铁衣寒光

锤炼铁矿，需要在高温下，将氧化铁矿物中的氧原子和铁原子脱离开来。

世界上出土的最古老冶炼铁器是土耳其出土的铜柄铁刃匕首，距今4500年（公元前2500年）。

西周末年，中国进入早期铁器时代，开始大规模冶炼铁器并运用到生产生活中，铁剑、铁枪、铁锄、铁菜刀，这些铁工具远比铜工具锋利，而且铁矿原料丰富。

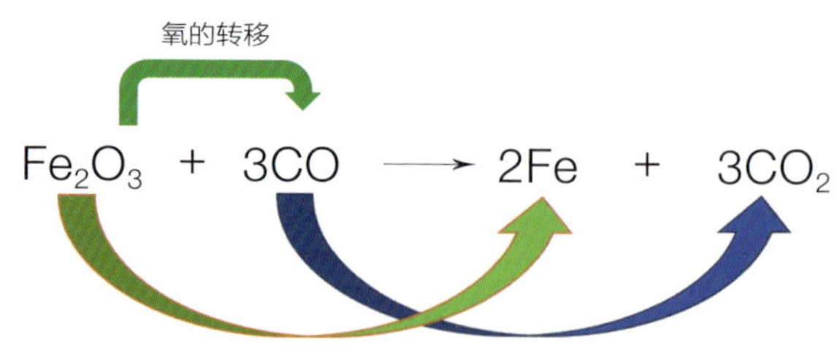

:: 铁器时代的秘密

“铁骑绕龙城”“铁马秋风大散关”，一个以铁器为名的人类文明时代，是确确实实“建立”在一个化学方程式之上的。

四、火树银花，硝碳硫磺

黑火药是中国古代的四大发明之一，可追溯至唐朝，距今已有1 000多年的历史。

黑火药在适当的外界能量作用下，自身能进行迅速而有规律的燃烧，同时生成大量高温燃气的物质。在军事上主要用作枪弹、炮弹的发射药。

中国民间的说法是“一硝二硫三木炭”，指黑火药三种成分的质量比：一斤土硝或者火硝（硝酸钾），二两硫磺，三两木炭。三者的质量比为16:2:3。

中学化学中所说的“一硫二硝三碳”，实际是黑火药燃烧化学方程式的反应物分子系数：

折算成质量比，仍然是硝酸钾约75%，硫约10%，碳约15%，硝酸钾 : 硫 : 碳 = 15:2:3。

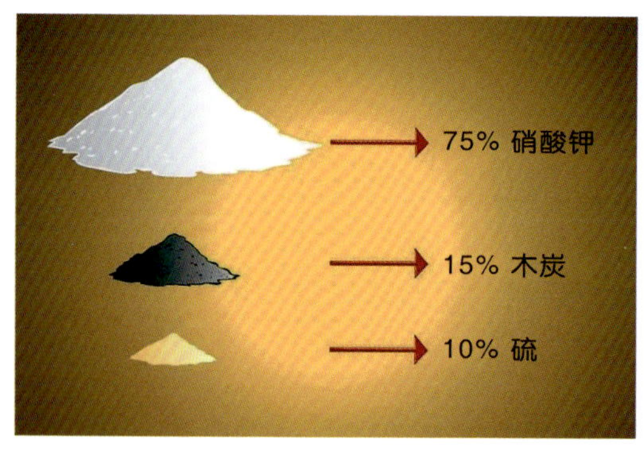

$$S + 2KNO_3 + 3C = K_2S + N_2\uparrow + 3CO_2\uparrow$$

:: 黑火药成分及燃烧化学方程式

五、哈伯固氮，空中取粮

氮元素对植物的生长有着非常重要的作用，给植物施加氮肥可以让作物产量翻番。动物粪便是现成的氮肥。

在19世纪中叶，动物粪便（尤其是鸟粪）也成了各个国家抢夺的资源，各个国家甚至为了鸟粪爆发了几次战争，史称“鸟粪战争”。

地球大气中78%都是氮气，那么，能不能从空气中获取氮肥呢？这在化学上一直是个世界难题，因为氮气是一种化学性质不活泼的气体，很难与其他物质发生反应。

1908年，德国化学家哈伯解决了这个难题。他把氮气和氢气在高温、高压以及铁的催化作用下制成了氨气（NH_3）。这个人工固氮的哈伯法，至今还在使用。

根据科学家估计，如果没有人工化肥，当时的农业技术充其量只能养活40亿人。但是人工化肥被广泛使用以后，世界人口出现了猛增，直到今天人口达到了80亿。这多出来的几十亿人就是靠哈伯从空气中制造的氮肥养活的。从某一个角度来说，我们身体中的氮元素有将近一半来自于人工固氮的过程，来自于哈伯发明的化学方程式。

哈伯也因此获得1918年的诺贝尔化学奖，被称为用空气制造面包的人。

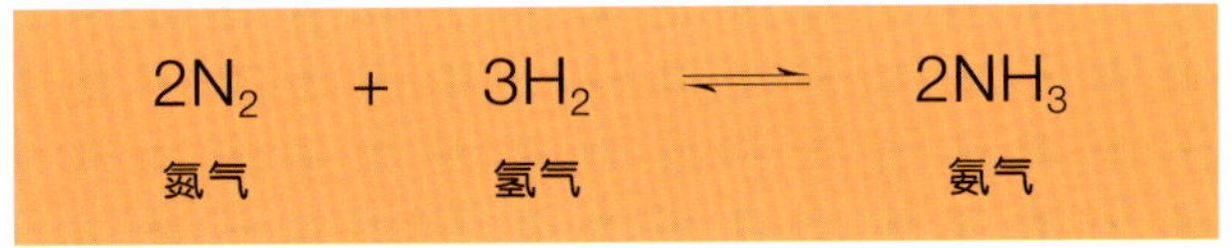

:: 人工氮肥

六、美拉德反应，口福难忘

想象下这样一个场景：你的面前放着一盘烤肉串儿，还有一盘清水煮肉，两者都是纯天然的，不加任何调味品，你会选择哪一盘？

可能大多数人会选择撸串儿，肉串上飘来的风味和香气，来自一种叫作“美拉德反应”的神奇化学机制。

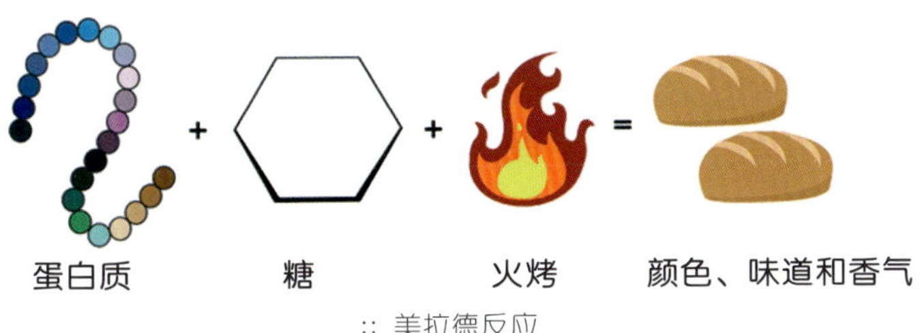

:: 美拉德反应

每次你烤面包、烤牛排、煎鱼、烘焙咖啡的时候，食物的颜色会发生变化，呈现褐色。在此过程中，氨基酸（来自蛋白质）和还原糖（葡萄糖、果糖、乳糖等）激烈碰撞、不断重组，产生数百种化合物，让食物散发出香味，让人久久难以忘怀。

这个化学反应最早可能发生于一次山火，让穴居的祖先们第一次品尝到了另一种有别于生肉的“鲜味”，从此与火为伴、欲罢不能。其中的化学原理，直到1912年被法国化学家美拉德发现。

七、燃烧火鸟，能源为王

现代人的长途出行，已经离不开汽车、火车或飞机。这些以汽油燃料为动力的交通工具，其内燃机的运作原理是将辛烷燃烧、释放出能量的化学反应。化学能转化为热能，再转化为机械能，驱动机械做功。

$$2C_8H_{18} + 25O_2 = 18H_2O + 16CO_2 + \text{Energy}$$

$2C_8H_{18}$	+	$25O_2$	=	$18H_2O$	+	$16CO_2$	+	Energy
辛烷		氧气		水		二氧化碳		能量

八、沙中炼硅，科技心脏

将沙子（主要成分是二氧化硅）变成手机上的芯片，是怎么完成的?

第一步是冶金纯化：加入碳，以氧化还原的方式，将二氧化硅转换成98% 以上纯度的硅。但是，98%纯度对于晶片制造来说依旧不够，仍需要进一步提升，直到99.9999999%。

高纯度的多晶硅溶解后掺入晶种，慢慢提拉，生长形成圆柱形的单晶硅棒。硅棒再经过研磨，抛光，切片后，形成硅晶圆片，也就是晶圆。

然后，在这个晶圆上面，通过各种化学和物理的方法，把精微而复杂的电子电路蚀刻出来。

现在电子时代的文明之光，是建立在一系列化学方程式上的。

$$SiO_2 + 2C \xlongequal{1400℃} Si + 2CO$$

SiO_2	+	$2C$	$\xlongequal{1400℃}$	Si	+	$2CO$
二氧化硅		碳		硅		一氧化碳

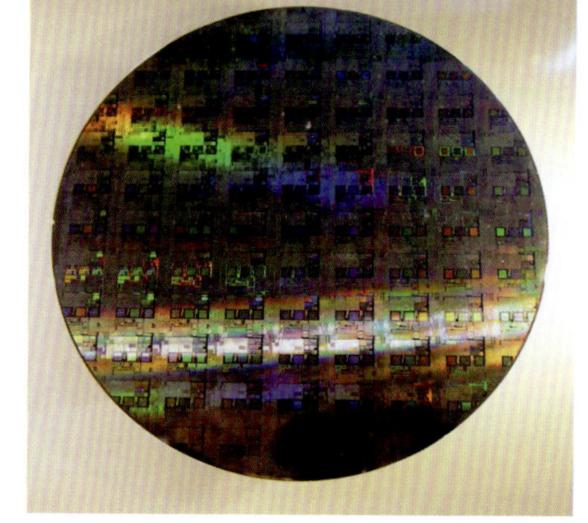

:: 硅晶元上制作了几百个芯片

九、光合作用，给我供养

在树林里散步，在山水间逍遥游，清新的空气让你心旷神怡。

这些清新的空气来自树木花草的光合作用。它们吸收光能，把二氧化碳和水合成富能的有机物（淀粉、蛋白质和糖类等），同时释放出氧气。植物既是地球大气系统中巨型的氧气生产工厂，同时也是地球生命系统中的能量制造转换站。

自从约12.5亿年前，真核生物拥有叶绿素，这个化学方程式就一直在地球上运行。此后，地球上才开始焕发出蓬勃的生机，演化出多姿多彩的生命。如果没有植物，动物必须自己进行光合作用合成有机物，头上和皮肤上必须长出绿油油的叶子才行。

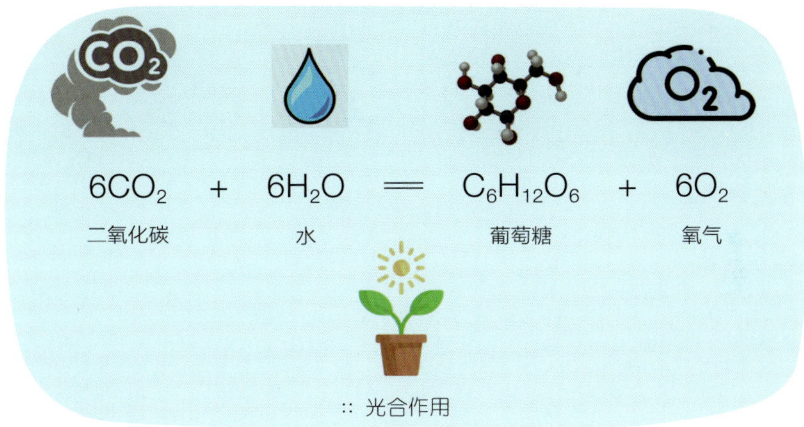

:: 光合作用

十、呼吸反应，线粒逞强

每一分，每一秒，你身体的细胞中进行着一种叫作“呼吸作用”的化学反应：细胞中的线粒体将葡萄糖进行氧化分解，生成二氧化碳和水，并且释放出能量ATP。你的走动、呼吸、心跳、思考和微笑，都离不开ATP，离不开下面这个化学方程式。

$$C_6H_{12}O_6 + 6O_2 == 6CO_2 + 6H_2O + \text{能量}$$

葡萄糖　　氧气　　二氧化碳　　水

铁马远去，硝烟飘散，尘埃洗净，珍惜生命中的每一次呼吸，享受五谷丰登、酒逢知己的喜悦，期待咖啡飘香的重逢，现代交通和通信让天涯若比邻。

把我们历史和生活中的化学方程式勾画出来，呼唤出来，会给你新鲜的观感。你或许没有学过

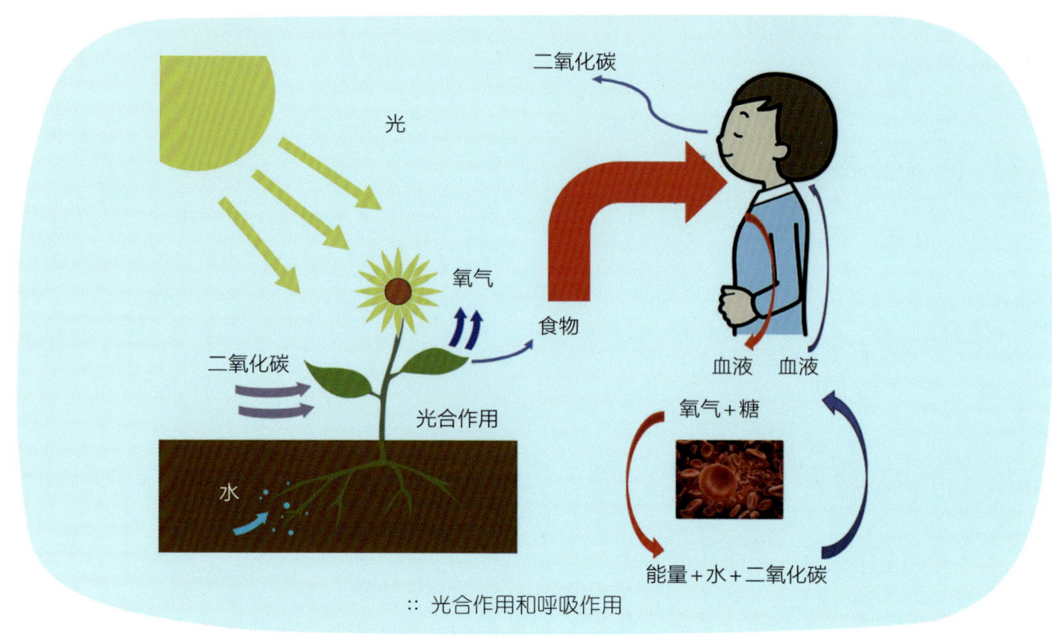

:: 光合作用和呼吸作用

这些化学方程式，但是，它们与我们的生活息息相关，也在我们的历史上留下了印迹。

这10个重要的化学反应除了哈伯固氮，其他的都和碳有关系，都有碳元素的参与。地球的生命被称为“碳基生命”，名正言顺，诚不虚也。

【趣味篇】

追寻你的名字

118种化学元素，它们每一个名字的来历都有故事。有的得名于其化学/物理性质，有的得名于其来源，有的以神话和星球命名，有的以国家和地名命名，有的为了纪念某位科学家。

以化学/物理性质命名：

氢：希腊语中能生成水的意思

铍：希腊语中蓝绿色的意思，一种含铍矿石的颜色

氧：希腊语中能生成酸的意思

磷：希腊语中发光的意思

氯：希腊语中绿黄色的意思

氩：希腊语中不活跃的意思

氪：希腊语中隐藏的意思

铑：希腊语中玫瑰的意思，指氯化物的颜色是美丽的玫瑰色

铟：拉丁语中蓝靛色的意思，指光谱中的蓝靛色谱线

碘：希腊语中紫色的意思

铯：拉丁语天蓝色，指光谱中的蓝色谱线

锇：希腊语中臭味的意思

铂：西班牙语中银的意思

镭：拉丁语中射线的意思

以来源命名：

氦：希腊语中太阳的意思，最先从太阳光谱中发现该元素

锂：希腊语中石头的意思

硼：阿拉伯语中一种用于焊接的矿石

碳：拉丁语中煤的意思

氮：希腊语中硝石的意思

铝：拉丁语中明矾的意思

硅：拉丁语中打火石的意思

硫：拉丁语中硫磺的意思

钙：拉丁语中石灰的意思

锝：希腊语中人工合成的意思

以神话和星球命名：

钛：希腊神话中的泰坦，是天穹之神乌拉诺斯和大地女神盖亚之子

钒：斯堪的纳维亚神话中的一个女神

硒：希腊神话中的月亮女神

铌：希腊神话中的一位公主

铈：谷神星，罗马神话中的丰收女神

钷：希腊神话中为人间盗来火种的普罗米修斯

钽：希腊神话中的一位国王

铱：希腊神话中的彩虹女神，该元素的多种化合物色彩丰富，灿若彩虹

汞：墨丘利，罗马神话中的信使，喻其流动很快

钍：斯堪的纳维亚神话中的雷神

铀：天王星，希腊神话中的天空之神

镎：海王星，罗马神话中的海神

钚：冥王星，罗马神话中的冥王

以国家和地名命名：

镁：希腊的一个地名，盛产该矿

钪：斯堪的纳维亚，发现者是瑞典人

镓：拉丁语中古代法国的意思，发现者是法国人

锗：拉丁语中德国的意思，发现者是德国人

锶：苏格兰的一个地名，该元素发现地

钇：伊特比，瑞典的一个小村庄，该元素发现地

钌：拉丁语中俄国的意思，发现者是俄国人

铕：拉丁语中欧洲的意思

铽：伊特比，瑞典的一个小村庄，该元素发现地

钬：拉丁语中斯德哥尔摩的意思，发现者是瑞典人

铒：伊特比，瑞典的一个小村庄，该元素发现地

镱：伊特比，瑞典的一个小村庄，该元素发现地

钋：波兰，发现者居里夫人的祖国

钫：法国，发现者是法国人

镅：美国，首次合成该元素的国家

锫：伯克利，首次合成该元素的地方

锎：加利福尼亚，首次合成该元素的地方

𨧀：俄国的一个地名，首次合成该元素的地方

𨭆：德国的一个地名，首次合成该元素的地方

𫟼：德国的一个地名，首次合成该元素的地方

鿭：日本，首次合成该元素的国家

镆：莫斯科，首次合成该元素的地方

𫟷：利弗莫尔，美国的一个国家实验室所在地

石田：田纳西，美国的一个国家实验室所在地

以科学家命名：

镓：布瓦博德兰，发现镓的法国化学家，其法语名字是公鸡之意，和高卢（古代法国）同义。不过科学家本人否认这种说法，取名镓纯粹是因为高卢。

钐：俄国工程师萨玛斯基

钆：芬兰化学家加多林，稀土元素的最先发现者

锔：法国物理学家居里夫妇

锿：物理学家爱因斯坦

镄：物理学家费米

钔：化学家门捷列夫

锘：化学家诺贝尔

铹：回旋加速器的发明者劳伦斯，也是美国劳伦斯伯克利国家实验室

𬬻：物理学家卢瑟福

𬭳：物理学家西博格，一生中发现了10种新的元素

𬭛：丹麦物理学家玻尔

鿏：迈特纳，奥地利－瑞典原子物理学家，普朗克的学生

𬬭：物理学家伦琴（X射线的发现者）

鿔：波兰科学家哥白尼

𫓧：俄国物理学家弗洛伊洛夫

鿫：俄罗斯物理学家奥加涅相，元素发现榜状元

西博格是地球上唯一一个可以用元素符号来表示自己通信地址的人：

镅 锎 锫 铹 𬭳（Am Cf Bk Lr Sg）

美国，加利福尼亚州，伯克利市，劳伦斯伯克利国家实验室，西博格

8

【趣味篇】

那些年那些人那些事

1661年

1661年，英国的波义耳发表了《怀疑派的化学家》，从此化学作为一门重要的科学分支诞生了。在此之前，从事这方面工作的人称为炼金术士（alchemist）。在此之后，有些人继续炼金，有些人则成了化学家（chemist）。

就在同一年，18岁的牛顿考入剑桥大学。这位创立了经典力学和微积分的物理学家和数学家，是科学史上的天才和伟人，却在化学上折戟。每个人都知道牛顿是伟大的科学家，却很少有人记得他花了半生的时间在炼金术中寻找点金石，那是他真正想找到的“海边的鹅卵石”。遗憾的是他终身没有成为化学家。

波义耳在实验室雇用的一名小助手胡克，在玩弹簧时发现了胡克定律。在玩显微镜时，又发现了细胞，成为生物学的早期探险者。胡克后来被人称为“英国的达芬奇”。他是牛顿一生的对手，争夺万有引力定律署名权之战让两人互为仇雠。科学界乃至民间至今仍有人为胡克的遭遇打抱不平。

这三人的故事可以拍成大片了。

1789年

1789年，法国的拉瓦锡发表了《化学基础论说》，书中列出了他制作的化学元素表。这一年，英国的道尔顿23岁，还在艰难中寻找出路；贝采尼乌斯10岁，在贫穷中求学；中产家庭出身的盖·吕萨克和戴维都是11岁；意大利贵族阿伏伽德罗13岁。日后，这五位科学家为现代化学奠定了基础。各种新元素的发现，电解方法的普及，原子理论和分子理论的创立，全赖五人之力。19世纪上半叶，是他们在化学界叱咤风云的年代，而勇气盖世的盖·吕萨克为了实验，曾经单独乘坐热气球到达约7 010米（23 000英尺）的高空。

1859年，达尔文发表《物种起源》。1860年，卡尔斯鲁厄会议召开，这是化学界第一次国际性的大会，对化学的发展影响深远，我们今天用到的化学术语和相关规范，不少起源于此。当时的科学家没有料到，生物和化学这两门学科会在不远的将来深度交叉和融合。

1859年

1864年，盖·吕萨克一脉相传的学生凯库勒梦到苯的环形结构——一条吞吃自己尾巴的蛇。1866年，在奥地利种豆的神父孟德尔总结出了基因和遗传规律。1869年，门捷列夫梦到了纸牌的元素周期律。两位化学家梦得一生最大的科学成就，遗传学家孟德尔没有做梦，而是靠10年种豆发现生物遗传的规律。几十年后核酸的发现才让人们恍然大悟，这三位科学家研究的背后是同一样东西在起作用，那就是元素。

1864年

1895年，伦琴发现X射线。这种可以穿透物质的射线，成了科学家探索物质内部微观结构的利器。他因此获得第一届（1901年）诺贝尔物理学奖。而此后的很多年，与X射线相关的研究，在物理、化学、生物领域屡屡突破，多次获奖。

1895年

1896年，贝克勒尔由X射线得到启发，发现了元素的天然放射性，和居里夫妇共同获得1903年的诺贝尔物理学奖。

1896年

1901年、1902年、1905年，凯库勒的三位学生范特霍夫、费歇尔、贝耶尔先后获得诺贝尔化学奖。他们使有机化学成为一个生机勃勃的研究领域：糖、核酸、氨基酸、蛋白质以及各种有机染料，它们的化学组成和结构，让我们进一步看清世界的真相和颜色。

1901年

1903年的诺贝尔化学奖由阿伦尼乌斯获得。他的电离学说在物理学和化学两个学科都具有重要的应用，构建起了物理和化学间的重要桥梁。

1903年

1904年的诺贝尔物理学奖和化学奖都颁给了研究并发现稀有气体方面成果的科学家。得到物理学奖的是瑞利，得到化学奖的是拉姆塞。这一年

1904年

可以说是稀有气体最高光的一年。

1906年

1906年，瑞利的学生J.J.汤姆孙在阴极射线管上发现了电子而获得诺贝尔物理学奖。电子质量大约是氢原子的1/2 000。因为氢原子是当时已知的最小的原子，电子这么小，它肯定是原子里面的一小部分。所以，汤姆孙认为，原子是可以继续细分下去的。这在当时是非常大胆的假设。此前的科学家都认为，原子是组成世界的最小微粒。

同一年，法国的莫瓦桑因成功提取氟元素而获得诺贝尔化学奖。这是用生命换来的成果，他在次年就因为氟中毒的后遗症而去世。

1908年

1908年，J.J.汤姆孙的学生卢瑟福因为在放射性物质方面的研究获得诺贝尔化学奖。α射线、β射线和半衰期是他的获奖成果。

卢瑟福有一句名言："世界上所有的科学，不是物理学，就是集邮。"言下之意是，与物理学相比，其他所有的自然科学都和集邮一个档次。这句话得罪了很多其他领域的科学家，特别是一些化学家。给他颁化学奖，或许是那些化学家提名者们的"报复"，一种善意的捉弄。卢瑟福在获奖感言时调侃说："我在不同时期处理过许多不同的转变，但我遇到的最快的是我自己在一瞬间从物理学家变为化学家。"

在微观领域，物理学研究原子及其内部的结构和作用，化学研究原子和分子层面的相互作用。核物理方面的研究成果，既可以算作物理学，也可以归入化学。

获得同一年物理学奖的是居里夫人的老师利普曼。老师比学生晚得奖，这在诺贝尔奖中并不少见。一直持之以恒推荐利普曼为诺贝尔奖候选人的是贝克勒尔。

1909年

1909年，"物理化学三剑客"之一的奥斯特瓦尔德，在被提名20次、被范特霍夫和阿伦尼乌斯两兄弟重磅推荐之后，终于获得诺贝尔化学奖。同年，马可尼因为无线通信获得诺贝尔物理学奖。

1910年

1910年，范德华因为液体和气体状态方程而获得诺贝尔物理学奖，化学分子间作用力被称为范德华力，是水之所以流动的原因，也是壁虎之所以能在墙上来回穿梭的秘密。

同年的诺贝尔生理学或医学奖颁给了在核酸发现和研究方面做出卓越贡献的科塞尔。核酸，一种细胞核中的物质，其化学成分被分析了出来。在未来，它将成为遗传学研究的焦点。

1911年

1911年，居里夫人再度获奖，这次是诺贝尔化学奖。和卢瑟福的“大物理主义”不同，居里夫人对物理和化学一视同仁。

1915年

1915年，布拉格父子因X射线的晶体衍射研究而获得诺贝尔物理学奖，他们一击而中，第一次被提名就获奖，而且距他们发表成果不到两年。这种运气在当时的科学史上是很少见的。后来，小布拉格又在他主导的卡文迪许实验室将X射线对准了核酸，试图发现遗传的秘密。

同年获得化学奖的是发现叶绿素的德国化学家韦尔斯泰特。光合作用的秘密，在于叶绿素的化学分子结构。在获得诺贝尔奖之后，他的德国同行哈伯力邀他加入毒气研究。作为一个有良知的科学家，他最后选择的研究项目是设计毒气的防护设备。

1918年

3年后，哈伯获得诺贝尔化学奖，其得奖理由是用氮气和氢气合成氨的工业方法，开创了人工氮肥的时代。地球可以养活这么多人口，哈伯功莫大焉。

同年的物理学奖授予了普朗克，一个从来不承认量子力学、却被推崇为量子力学开山鼻祖的物理学家。他是在被提名了74次之后，最终获奖。此时，距他提出量子理论已经18年了。后来，量子力学被引入化学领域，来分析解释电子轨道和化学键的原理。

1921年

在被提名了62次之后，爱因斯坦终于获得1921年的诺贝尔物理学奖。爱因斯坦获奖道路之所以曲折，是因为他的相对论打破了牛顿以来的经典力学规范，很多人持怀疑态度，投反对票。他得奖的光电效应，其重要性是远弱于相对论的。这一年的诺贝尔物理学奖，是在1921年空缺的情况下，在1922年补选决定和宣布的。爱因斯坦得知自己获诺贝尔奖时，正在上海访问。1922年的诺贝尔物理学奖得主，正是爱因斯坦一生的朋友和论战“对手”玻尔。

1933年

1933年，狄拉克和薛定谔因为量子力学获得诺贝尔物理学奖。同年，摩尔根因为染色体方面的研究获得生理学或医学奖。有意思的是，薛定谔之后成功跨界，出版了《生命是什么》，是20世纪最有影响的科学经典著作之一。书中以纯物理的观念对生物体遗传现象的本质进行了探讨，并提出了一些深刻的观点。这些思想对DNA双螺旋结构的发现者沃森和克里克等后来的生物学家产生了很大影响。从物理跨界到生物学，其幅度还是相当大的。

1934年

1934年，尤里因为发现氢的同位素氘而获得诺贝尔化学奖。他的运气非常好，第一次被提名就获奖，而氘是两年前被他发现的。他后来与学生米勒一起通过模拟原始大气和闪电，从无机物生成氨基酸，是现代生物起源的一个重要实验。这也是从物理学跨界到生物学的案例。

1935年

1935年，约里奥－居里夫妇因为发现人工放射性而获得诺贝尔化学奖。同年的物理学奖给了发现中子的查德威克。约里奥－居里夫妇曾经在实验中发现了中子却不自知，以至于失之交臂。如果约里奥－居里夫妇没有错失发现中子的良机，他们会不会左手拿诺贝尔物理学奖，右手拿诺贝尔化学奖呢？

1943年

1943年，赫维西因创立同位素放射性示踪方法，而获得诺贝尔化学奖。他用自己的身体做了同位素示踪剂方面的实验，每天服用重水，检测尿液，最后发现水分子在人体内循环一周要花费9天时间。这是“以身犯险”的科学典范，模仿者需事先了解风险。

1951年

1951年，西博格和麦克米伦获得诺贝尔化学奖。他们得奖的原因是发明了寻找新元素的方法：制备超铀元素，用回旋加速器轰击铀靶，分裂得到新的元素。利用这个对撞的方法，西博格的团队一共发现了10多种新元素。

1953年，施陶丁格因为大分子的研究获得诺贝尔化学奖。施陶丁格开创了大分子聚合材料的新时代，从此橡胶、尼龙、塑料等各种大分子材料层出不穷。

1953年

1954年，量子力学的开创者之一玻恩，在被提名34次后，终于获得诺贝尔物理学奖。此时，距他提出波动方程的概率解释已经28年了。他的学生和助手海森堡和泡利早在20多年前就已经获奖。这奖姗姗来迟，是因为他的概率解释很难被人理解接受，争议很大，即使是波动方程的创立者薛定谔，也是强烈反对。最后，时间证明了他的理论。

1954年

同年，鲍林因为将量子力学引入化学键的理论而获得诺贝尔化学奖。他的杂化轨道假设，让化学家们腰杆硬了起来，那些复杂的化学键是有物理基础的。

1956年，巴丁、布拉顿、肖克莱因为晶体管的发明而获得诺贝尔物理学奖，人类从此进入了硅基文明。三人之间的恩怨在拙书《百年计算机》中有详细描述。这些晶体管中的主要化学元素是硅、硼和磷。巴丁在1972年因超导理论再次获得诺贝尔物理学奖。

1956年

1957年，杨振宁、李政道因提出宇称不守恒定律而获得诺贝尔物理学奖。他们是第一次被提名就获奖，距发表成果才一年时间。这个速度被誉为诺贝尔奖中的奇迹，几乎绝无仅有。

1957年

1958年，桑格因桑格测序法获得诺贝尔化学奖，此测序法为全世界的生物学家们打开了测定蛋白质结构的大门。

1958年

实际上，化学和生物在生化这个领域是交叉重叠的。很多生物化学方面的成果，既可以归为化学领域，也可以划为生理学或医学领域。

1962年

1962年，沃森、克里克和威尔金斯共同获得诺贝尔生理学或医学奖，他们发现的DNA双螺旋结构解释了生命延续之谜。从此，人类从分子水平上解释生命，认识生命，直到改造生命。这些由碳、氢、氧、氮、磷等化学元素组成的分子，是生命传承的物质基础。

有意思的是，鲍林也曾对DNA结构做了大量的研究，在缺乏高清晰度照片的情况下，提出了三螺旋的DNA结构——一旋之差，错过了DNA双螺旋结构，他在同年获得诺贝尔和平奖。鲍林两次独获诺贝尔奖，足以名垂青史了。

1965年

1965年，费曼因在量子电动力学方面的成就而获得诺贝尔物理学奖。最初出版于1962年的《费曼物理学讲义》被《科学美国人》赞誉为教师和学生的学习指南。

同年，居里夫人的小女儿艾芙的丈夫拉布伊斯代表联合国国际儿童基金会接受了诺贝尔和平奖，成为居里家庭中第五位获得诺贝尔奖的成员。

1968年

1968年，阿尔瓦雷茨因为液氢气泡室的发明而获得诺贝尔物理学奖。他更为公众熟知的是1980年提出的一个非常大胆的假说：6 600万年前一颗小行星的撞击是恐龙灭绝的“罪魁祸首”，证据是某个地层中异常的铱元素含量。

同年，尼伦伯格由于“对遗传密码及其在蛋白质合成过程方面作用的解释”而获得诺贝尔生理学或医学奖。三个核酸对应一个氨基酸的“三字经”，是地球上所有形式的生命都使用的遗传密码。地球上所有形式的生命都源于一个共同的祖先。

1980年

1980年，桑格因为基因测序，再次获得诺贝尔化学奖。

1993年

1993年，穆利斯因发明了聚合酶链式反应法（PCR）获得诺贝尔化学奖。PCR的最大特点是能将微量的DNA大幅增加，能1变2、2变4、4变8……指数倍地增加DNA的数量。如果每个周期只要2min，1h内周期就能重复30次，产生超过 10亿个原始DNA序列的副本。

2015年，屠呦呦因为在青蒿素方面的开创性工作而获得诺贝尔生理学或医学奖。自20世纪70年代初发现青蒿素以来，青蒿素的有效性、安全性和廉价性使其成为抗疟疾的一线药物，已挽救了数以百万人的生命。屠呦呦利用分析化学的提纯技术，提出用乙醚提取青蒿素这一步，至今被认为是当时发现青蒿素提取物有效性的关键所在。

2015年

2020年，杜德纳和卡彭蒂耶因基因编辑技术CRISPR/Cas9获得了诺贝尔化学奖。这是人类在细菌中找到的一套基因工具，可以执行剪切、复制和粘贴的任务，去掉不想要的基因片段，换上想要的基因片段，进而可以改造动植物、细菌等生物体的基因构成。这对于人类是福音，也是一个潘多拉盒。正如当年诺贝尔发明的炸药一样，既可以造福于人，也可能带来灾难。

2020年

诺贝尔化学奖最遗憾的一件事是，路易斯被提名41次而没有获得诺贝尔奖。他是共价键理论的先驱，他的学生中有尤里、西博格、利比等多人得奖。加州大学伯克利分校因为他成为化学研究成果迭出的名校，化学中的“路易斯结构式”也是以其名字命名。

化学300多年的历史，从早期的炼金术中开辟出一条路，到如今可以编辑生物的基因，这是一部波澜壮阔的发展史，有前赴后继的献身，有上万次的失败和不懈坚持，有“穷且益坚，不坠青云之志”的励志，也有“老骥伏枥，志在千里”的豪情。

1987年诺贝尔化学奖得主莱恩这样说：一个没有化学的世界将没有合成材料，这意味着没有电话、没有电脑、没有电影院、没有合成布料。那也将是一个没有阿司匹林、肥皂、洗发水、牙膏，没有化妆品、纸张（因此也就没有报纸和书籍），没有胶水和油漆的世界。

实际上，如果这个世界没有化学这门科学，我们不会理解世界的组成，不会知道人类生存、繁衍和思考的真相。

9

【趣味篇】

婉约派的元素周期表

我们把118种化学元素按顺序列出并断句。

氢氦锂铍硼，碳，氮氧氟，氖钠镁铝硅，磷硫氯氩。
钾钙钪钛钒铬锰，铁钴镍，铜锌镓锗，砷硒溴氪。
铷锶钇：锆铌钼锝。钌铑钯银，镉铟锡锑，碲碘氙铯钡。
镧铈镨，钕钷钐铕钆铽镝，钬铒铥镱镥。
铪钽钨铼，锇铱铂金，汞铊铅铋。
钋砹氡钫镭，锕钍镤，铀镎钚镅锔锫锎？
锿镄钔，锘铹𬬻𬭊𬭳，𬭛𬭶鿏𫟼。
𬬭鿔鿭𫓧，镆𫟷鿬鿫。

是不是犹如天书?
再处理一下，把这118种字换成谐音。

情海离疲篷，叹，淡杨拂，乃那梅侣归，邻柳绿芽。
甲盖炕台翻硌梦，铁骨逆，同心家者，深惜袖扣。
如思忆，高霓莫得。缭绕八音，歌隐细啼，荻淀显色悲。
览石浦，履破山幽笳太低，忽而丢驿路。

荷潭雾来，俄已帛浸，共他浅碧。
颇爱东坊酹，按图谱，由哪埠梅菊陪开?
挨扉门，诺老垆独兮，波黑鸖达。
轮歌溺夫，寞立田坳。

这段古韵长调，如果翻译成白话文，就是这样的：

自情海漂离的乌篷船，正疲惫不堪，长叹抒怀。嫩绿的杨树在风中拂动，邻家的良人也已回归，柳枝早已发了新芽。

铠甲盖在炕台上，辗转硌痛了旧梦，铮铮铁骨逆水而寒。结得同心之人啊，爱惜当年缝制的衣衫袖扣。

斯情斯景如思如忆，就像天空的彩虹触手不可及。缭绕的乐声隐约了细涕，芦淀边，荻花染上悲伤的颜色。

遍览石浦，踏破鞋履也要找寻山谷中那幽沉的胡笳，不觉间竟迷失了驿路。

荷潭雾升起了，弥弥漫漫，俄而已浸透了衣衫，青莲和青衫一起朦胧成了浅碧。

往偏爱的东坊小酌，持群芳图谱，看有哪一个渡头的梅菊陪我同在？

挨倚门扉，果然诺言易老，而今当垆独斟，看水波已暗，暮霾已起。

是那轮番传唱的轶曲歌谣让人沉溺深陷啊，晚风中，一个人寂寞地站立在田坳。

这段文字给你什么感受？疲惫的乌篷船，铠甲硌痛的旧梦，荻花秋瑟，胡笳声声，雾笼荷塘，东坊把酒，当垆独斟，远方传来暮霭中的离歌。

你尽可展开想象，构思背后的故事。

若问这是按何词牌？算是自度曲吧，遵照的不是词牌，而是“门牌”，门捷列夫的扑克牌。

如果这篇拙文能让读者多记得几种化学元素，则是化学之幸，文字之幸，作者之幸。

（注：本篇中的诗歌，经过微云老师、玲玲老师和曼无老师探讨和润色，一并感谢。）

118 种化学元素的符号、读音和英文名称：

第 01 号元素：氢 H, 读“轻”,Hydrogen

第 02 号元素：氦 He, 读“亥”,Helium

第 03 号元素：锂 Li, 读“里”,Lithium

第 04 号元素：铍 Be, 读“皮”,Beryllium

第 05 号元素：硼 B, 读“朋”,Boron

第 06 号元素：碳 C, 读“炭”,Carbon

第 07 号元素：氮 N, 读“淡”,Nitrogen

第 08 号元素：氧 O, 读“养”,Oxygen

第 09 号元素：氟 F, 读“弗”,Fluorine

第 10 号元素：氖 Ne, 读“乃”,Neon

第 11 号元素：钠 Na, 读“纳”,Sodium

第 12 号元素：镁 Mg, 读“美”,Magnesium

第 13 号元素：铝 Al, 读“吕”,Aluminum

第 14 号元素：硅 Si, 读“归”,Silicon

第 15 号元素：磷 P, 读“邻”,Phosphorus

第 16 号元素：硫 S, 读“流”,Sulfur

第 17 号元素：氯 Cl, 读“绿”,Chlorine

第 18 号元素：氩 Ar, 读“亚”,Argon

第 19 号元素：钾 K, 读“甲”,Potassium

第 20 号元素：钙 Ca, 读“丐”,Calcium

第 21 号元素：钪 Sc, 读“亢”,Scandium

第 22 号元素：钛 Ti, 读“太”,Titanium

第 23 号元素：钒 V, 读“凡”,Vanadium

第 24 号元素：铬 Cr, 读“各”,Chromium

第 25 号元素：锰 Mn, 读“猛”,Manganese

第 26 号元素：铁 Fe, 读“铁”,Iron

第 27 号元素：钴 Co, 读“古”,Cobalt

第 28 号元素：镍 Ni, 读“臬”,Nickel

第 29 号元素：铜 Cu, 读“同”,Copper

第 30 号元素：锌 Zn, 读“辛”,Zinc

第 31 号元素：镓 Ga, 读“家”,Gallium

第 32 号元素：锗 Ge, 读“者”,Germanium

第 33 号元素：砷 As, 读“申”,Arsenic

第 34 号元素：硒 Se, 读“西”,Selenium

第 35 号元素：溴 Br, 读“秀”,Bromine

第 36 号元素：氪 Kr, 读“克”,Krypton

第 37 号元素：铷 Rb, 读“如”,Rubidium

第 38 号元素：锶 Sr, 读“思”,Strontium

第 39 号元素：钇 Y, 读“乙”,Yttrium

第 40 号元素：锆 Zr, 读“告”,Zirconium

第 41 号元素：铌 Nb, 读“尼”,Niobium

第 42 号元素：钼 Mo, 读“目”,Molybdenum

第 43 号元素：锝 Tc, 读“得”,Technetium

第 44 号元素：钌 Ru, 读“了”,Ruthenium

第 45 号元素：铑 Rh, 读“老”,Rhodium

第 46 号元素：钯 Pd, 读“巴”,Palladium

第 47 号元素：银 Ag, 读“银”,Silver

第 48 号元素：镉 Cd, 读“隔”,Cadmium

第 49 号元素 : 铟 In, 读“因”,Indium

第 50 号元素 : 锡 Sn, 读“西”,Tin

第 51 号元素 : 锑 Sb, 读“梯”,Antimony

第 52 号元素 : 碲 Te, 读“帝”,Tellurium

第 53 号元素 : 碘 I, 读“典”,Iodine

第 54 号元素 : 氙 Xe, 读“仙”,Xenon

第 55 号元素 : 铯 Cs, 读“色”,Cesium

第 56 号元素 : 钡 Ba, 读“贝”,Barium

第 57 号元素 : 镧 La, 读“蓝”,Lanthanum

第 58 号元素 : 铈 Ce, 读“市”,Cerium

第 59 号元素 : 镨 Pr, 读“普”,Praseodymium

第 60 号元素 : 钕 Nd, 读“女”,Neodymium

第 61 号元素 : 钷 Pm, 读“颇”,Promethium

第 62 号元素 : 钐 Sm, 读“衫”,Samarium

第 63 号元素 : 铕 Eu, 读“有”,Europium

第 64 号元素 : 钆 Gd, 读“嘎”,Gadolinium

第 65 号元素 : 铽 Tb, 读“特”,Terbium

第 66 号元素 : 镝 Dy, 读“滴”,Dysprosium

第 67 号元素 : 钬 Ho, 读“火”,Holmium

第 68 号元素 : 铒 Er, 读“耳”,Erbium

第 69 号元素 : 铥 Tm, 读“丢”,Thulium

第 70 号元素 : 镱 Yb, 读“意”,Ytterbium

第 71 号元素 : 镥 Lu, 读“鲁”,Lutetium

第 72 号元素 : 铪 Hf, 读“哈”,Hafnium

第 73 号元素 : 钽 Ta, 读“坦”,Tantalum

第 74 号元素 : 钨 W, 读“乌”,Tungsten

第 75 号元素 : 铼 Re, 读“来”,Rhenium

第 76 号元素 : 锇 Os, 读“鹅”,Osmium

第 77 号元素 : 铱 Ir, 读“衣”,Iridium

第 78 号元素 : 铂 Pt, 读“博”,Platinum

第 79 号元素 : 金 Au, 读“今”,Gold

第 80 号元素 : 汞 Hg, 读“拱”,Mercury

第 81 号元素 : 铊 Tl, 读“他”,Thallium

第 82 号元素 : 铅 Pb, 读“千”,Lead

第 83 号元素 : 铋 Bi, 读“必”,Bismuth

第 84 号元素 : 钋 Po, 读“泼”,Polonium

第 85 号元素 : 砹 At, 读“艾”,Astatine

第 86 号元素 : 氡 Rn, 读“冬”,Radon

第 87 号元素 : 钫 Fr, 读“方”,Francium

第 88 号元素 : 镭 Ra, 读“雷”,Radium

第 89 号元素 : 锕 Ac, 读“阿”,Actinium

第 90 号元素 : 钍 Th, 读“土”,Thorium

第 91 号元素 : 镤 Pa, 读“葡”,Protactinium

第 92 号元素 : 铀 U, 读“由”,Uranium

第 93 号元素 : 镎 Np, 读“拿”,Neptunium

第 94 号元素 : 钚 Pu, 读“布”,Plutonium

第 95 号元素 : 镅 Am, 读“眉”, Americium

第 96 号元素 : 锔 Cm, 读“局”, Curium

第 97 号元素 : 锫 Bk, 读“培”, Berkelium

第 98 号元素 : 锎 Cf, 读“开”, Californium

第 99 号元素 : 锿 Es, 读“哀”，Einsteinium

第 100 号元素 : 镄 Fm, 读“费”，Fermium

第 101 号元素 : 钔 Md, 读“门”，Mendelevium

第 102 号元素 : 锘 No, 读“诺”，Nobelium

第 103 号元素 : 铹 Lr, 读“劳”，Lawrencium

第 104 号元素 : 𬬻 Rf, 读“卢”，Rutherfordium

第 105 号元素 : 𬭊 Db, 读“杜”，Dubnium

第 106 号元素 : 𬭳 Sg, 读“喜”，Seaborgium

第 107 号元素 : 𬭛 Bh, 读“波”，Bohrium

第 108 号元素 : 𬭶 Hs, 读“黑”，Hassium

第 109 号元素 : 鿏 Mt, 读“麦”，Meitnerium

第 110 号元素 : 𫟼 Ds, 读“达”，Darmstadtium

第 111 号元素 : 𬬭 Rg, 读“仑”，Roentgenium

第 112 号元素 : 鿔 Cn, 读“哥”，Copernicium

第 113 号元素 : 鿭 Nh, 读“你”，Nihonium

第 114 号元素 : 𫓧 Fl, 读“夫”，Flerovium

第 115 号元素 : 镆 Mc, 读“莫”，Moscovium

第 116 号元素 : 𫟷 Lv, 读“立”，Livermorium

第 117 号元素 : 石田 Ts, 读“田”，Tennessine

第 118 号元素 : 气奥 Og, 读“奥”,Oganesson

10

【趣味篇】

吃货版元素周期表

有读者看了“婉约派的元素周期表”后，反馈说不够通俗。我使出十二分功力，系上围裙，飞舞菜刀，整出一个“吃货版元素周期表”。

青海梨，枇杷摊蛋，羊脯，奶南梅，绿龟苓，熘绿芽。
加芥炕泰饭，鸽焖蹄骨。捏茼心，加蜇参，细嗅蚵。
鲁四姨糕，泥牡蛎，廖老吧饮，葛饮，西蹄，地点鲜。
色焙兰柿，葡鹿泼鳝油，加特低镬儿丢一炉虾。
坛焙莱鹅，一钵进贡鳎，芡葶，泼艾冻鲂，雷阿兔。
葡油纳布莓，菊醅咖爱啡，焖糯醪，卤肚。
锡箔黑麦，大轮蛤，泥敷馍。
梨甜噢。

青海梨：

可能有人没听说过青海产梨。青海土质肥沃，日照时间长，昼夜温差大，适合种植水果。青海秋子梨，虽其貌不扬，但味道如峰蜜般香甜，沁人心脾。削下的梨皮你别扔，别说我小气，实在是前四种元素合起来也是一件吃的——“青海梨皮”，用甘草、冰糖腌制，具有清心润肺、降火生津之功效。

枇杷摊蛋：

黄色的琵琶居于盘中，黄色的炒蛋围成一圈，菜名“皇中皇”，是本厨的创意菜。

羊脯：

羊肉产自新疆尉犁，天下羊肉尉犁香。

奶南梅：

奶油话梅的一种，摘自三国时刘备曹操煮酒种下的青梅树，浪花淘尽的英雄，皆在一颗奶南梅的回味中。

绿龟苓：

龟苓膏，药膳，做法非常简单，清热解毒，保健养颜，滋阴补肾，男女老幼都可食用。一般的龟苓膏呈棕褐色，因为元素周期表的要求制作成绿色。

熘绿芽：

炒绿豆芽。简单的一道菜，主要看颠锅水平，要“花椒与火苗齐飞，豆芽共葱花一色”。

加芥炕泰饭：

不要看到“炕”就以为是东北菜，这是泰国米做的炕饭（菜焖饭），放芥（gài）菜和肉末。不过，在炕上吃最有气氛。

鸽焖蹄骨：

猪蹄和鸽子一起油焖，创意菜名“马踏飞燕”。

捏茼心，加蜇参，细嗅蚵：

茼蒿嫩心拌海蜇皮和海参，外加蚵仔。其中的蚵仔经秘方腌制，所以，你要细嗅分辨其美味。

鲁四姨糕：绍兴街上一种松糕，特别好吃。

泥牡蛎：

此处的泥，不是泥巴，而是蒜泥。蒜泥配牡蛎，美味无穷。

廖老吧饮：成都一廖姓老板家的鸡尾酒，不醉人，只醉夜色。

葛饮：酒后来杯葛根饮料，解酒又健康。

西蹄：

西餐，德国烟熏猪蹄，此猪产自黑森林，吃橡果踩橡果长大，蹄里蹄外橡果香。

地点鲜：

东北地三鲜的豪华版，只取蔬菜的嫩尖点。东北人常说：十盘地三鲜不如一盘地点鲜。吃货界流传：点菜不点地点鲜，吃尽山珍也枉然。

色焙兰柿：西兰花和柿子一起烘烤，色香味俱全的菜肴，取名“好事来”。

葡鹿泼鳝油：

鳝鱼炒鹿肉，鹿肉来自葡萄牙科英布拉，鳝鱼产自广州，是当年两城市结为“国际友好合作交流城市”时的宴席菜。

加特低镬儿丢一炉虾：用古法秘制的厨具——“特低镬儿”，烤皮皮虾。

坛焐莱鹅：

莱州大白鹅，用青花瓷的坛子，文火焐熟。

一钵进贡鳎：
鳎，比目鱼，正面红烧，反面清蒸，创意菜名叫“两眼看天，一锅两制”。

芡荸：芡实炒荸荠，吃的就是脆的感觉。

泼艾冻鲂：鲂，三角鳊，清蒸后，撒上艾草末，泼热油，端午节热销。

雷阿兔：四川雷家的朝天椒熏兔子，辣到雷人。

葡油“纳布莓”：“纳布莓”，一种草莓，蘸葡萄籽油食用。

菊酩咖爱啡：
所爱的咖啡，必须上拉花。拉花拉的是菊花瓣，要求不被风吹乱，考的是手艺，喝的是情怀。

焖糯醪：秘制糯米醪糟，吃了舌头发软，开口就是吴侬软语，侬欢喜伐?

卤肚：卤猪肚和牛肚，菜名“敞怀相见”。

锡箔黑麦：将锡箔纸包着烤过的黑麦，泡水喝，清香解暑。

“大轮”蛤：超大号蛤蜊。此处之轮，不是车轮之轮，而是齿轮之轮，老实人做生意，绝不夸张。

泥敷馍：本店名馍，不夹肉，夹枣泥，甜甜蜜蜜。

梨甜噢：

怎么梨又上来了？是脱口秀里的Callback（扣题），还是营养学里的回甘？都不是。是你一直在听我唠叨菜单，开始上的青海梨刚得空咬第一口——“梨甜噢”！

第119号元素是什么？虽然我们现在还不知道，但是，等它被发现的时候，我们吃货一定会加一道菜，和化学家们一起举杯称庆。

如果这个菜单能让读者多记得几种化学元素，则是化学之幸，大厨之幸。

人啊，认识你自己！